Betriebswirtschaftslehre für Umweltwissenschaftler

Ado Ampofo

Betriebswirtschaftslehre für Umweltwissenschaftler

Ado Ampofo
Universität Koblenz-Landau
Landau
Deutschland

ISBN 978-3-658-12516-5   ISBN 978-3-658-12517-2 (eBook)
https://doi.org/10.1007/978-3-658-12517-2

Die Deutsche Nationalbibliothek verzeichnet diese Publikation in der Deutschen Nationalbibliografie; detaillierte bibliografische Daten sind im Internet über http://dnb.d-nb.de abrufbar.

Springer Gabler
© Springer Fachmedien Wiesbaden GmbH 2018
Das Werk einschließlich aller seiner Teile ist urheberrechtlich geschützt. Jede Verwertung, die nicht ausdrücklich vom Urheberrechtsgesetz zugelassen ist, bedarf der vorherigen Zustimmung des Verlags. Das gilt insbesondere für Vervielfältigungen, Bearbeitungen, übersetzungen, Mikroverfilmungen und die Einspeicherung und Verarbeitung in elektronischen Systemen.
Die Wiedergabe von Gebrauchsnamen, Handelsnamen, Warenbezeichnungen usw. in diesem Werk berechtigt auch ohne besondere Kennzeichnung nicht zu der Annahme, dass solche Namen im Sinne der Warenzeichen- und Markenschutz-Gesetzgebung als frei zu betrachten wären und daher von jedermann benutzt werden dürften.
Der Verlag, die Autoren und die Herausgeber gehen davon aus, dass die Angaben und Informationen in diesem Werk zum Zeitpunkt der Veröffentlichung vollständig und korrekt sind. Weder der Verlag, noch die Autoren oder die Herausgeber übernehmen, ausdrücklich oder implizit, Gewähr für den Inhalt des Werkes, etwaige Fehler oder Äußerungen. Der Verlag bleibt im Hinblick auf geografische Zuordnungen und Gebietsbezeichnungen in veröffentlichten Karten und Institutionsadressen neutral.

Gedruckt auf säurefreiem und chlorfrei gebleichtem Papier

Springer Gabler ist Teil von Springer Nature
Die eingetragene Gesellschaft ist Springer Fachmedien Wiesbaden GmbH
Die Anschrift der Gesellschaft ist: Abraham-Lincoln-Str. 46, 65189 Wiesbaden, Germany

Vorwort

Unternehmen sehen sich bereits angesichts geopolitischer Umwälzungen durch Krieg, Terror, Migration und wachsender Schuldenberge in einigen europäischen Mitgliedsstaaten ökonomisch vor große Herausforderungen gestellt. Diese Phänomene führen, einhergehend mit Veränderungen rechtlicher und wirtschaftlicher Rahmenbedingungen, zu hohen Volatilitäten an den Rohstoff- und Finanzmärken und stellen Manager vor große Herausforderungen. Zusätzlich wird in Anbetracht globaler Herausforderungen wie des Klimawandels und knapper werdender Ressourcen zunehmend nachhaltiges Verhalten von den Unternehmen gefordert.

Ein erfolgreiches Agieren als Mitarbeiter mit eigenem Verantwortungsbereich in einem Unternehmen ist ohne Grundkenntnisse im Bereich der Betriebswirtschaft praktisch unmöglich. Dies macht es für Fach- und Führungskräfte erforderlich, sich mit den grundlegenden betriebswirtschaftlichen Vorgängen und Zusammenhängen auseinanderzusetzen. Für Fachkräfte, die Managementpositionen anstreben, sind Grundkenntnisse im Bereich der Betriebswirtschaft unentbehrlich.

Dieses Buch richtet sich an Umweltwissenschaftler, Umwelttechniker und Umweltingenieure, die kompakt Grundkenntnisse im Rahmen der Betriebswirtschaft, speziell mit praxisrelevantem Fokus erlernen möchten.

Bedanken möchte ich mich bei meinem Mitarbeiter Herrn Philipp Steiner für die Unterstützung bei der Erstellung des Typoskriptes.

Kaiserslautern im Oktober 2016   Ado Ampofo

Inhaltsverzeichnis

1 **Das Unternehmen – ein Wirtschaftssubjekt eingebettet in seine Umwelt** 1
   1.1   Nachhaltigkeit und Sustainable Development 1
   1.2   Green Economy 4
   1.3   Umweltmanagement 5
   1.4   Corporate Governance 6
   1.5   Code of Conduct 6
   1.6   Business Case 7
   1.7   Compliance 8
   1.8   Corporate Social Responsibility 8
   Weiterführende Literatur 9

2 **Das Unternehmen und seine Ziele** 11
   2.1   Funktionale Gliederung – betriebliche Kernfunktionen 12
   2.2   Gewinnerzielung und Liquidität 16
   2.3   Weitere Zielsetzungen in Unternehmen 19

3 **Systemtheorie und Kybernetik** 25
   Weiterführende Literatur 27

4 **Der Betrieb als Organisationsstruktur** 31
   4.1   Aufbauorganisation 31
   4.2   Ablauforganisation 36
   Weiterführende Literatur 39

5 **Marketing** 41
   5.1   Bedürfnisse – Bedarf – Nachfrage 43
   5.2   Marktakteure – funktionale Einteilung 45
   5.3   Ausrichtung am Markt durch Corporate Identity 47
   5.4   Der richtige Marketing-Mix – die Marketinginstrumente 49
   5.5   Produktlebenszyklus und Diffusionsmodelle 51
       5.5.1   Produktlebenszyklus 51
       5.5.2   Diffusionsmodell 52
   5.6   BCG – Portfolioanalyse 56
   5.7   Ansoff-Matrix 57

	5.8 McKinsey-Portfolio	59
	5.9 SWOT-Analyse: Sich und den Markt erkennen	61
	Weiterführende Literatur	63
6	**Rechnungswesen**	**67**
	6.1 Definition Rechnungswesen	67
	6.2 Funktionen des Rechnungswesens	68
	6.3 Teilgebiete des Rechnungswesens	70
	6.4 Grundbegriffe des Rechnungswesens	71
	6.5 Externes Rechnungswesen	75
	6.5.1 Buchführungspflicht	75
	6.5.2 Einfache Buchführung	78
	6.5.3 Doppelte Buchführung	78
	6.5.4 Bücher in der Buchhaltung	82
	6.5.5 Buchungslogik	84
	6.5.6 Abschreibungen	88
	6.5.7 Kameralistik und Doppik	90
	6.5.8 Inventar und Inventur	92
	6.6 Internes Rechnungswesen	96
	6.6.1 Kostenmanagement und Controlling	97
	6.6.2 Kostenartenrechnung	98
	6.6.3 Kostenstellenrechnung	102
	6.6.4 Kostenträgerrechnung	104
	6.6.5 Prozesskostenrechnung	105
	Weiterführende Literatur	106
7	**Forderungsmanagement und Liquidität**	**109**
	7.1 Gerichtliches Mahnverfahren	109
	7.2 Factoring	113
	Weiterführende Literatur	115
8	**Rechtsformen der Unternehmen**	**117**
	8.1 Aspekte hinsichtlich der Wahl der Rechtsform	117
	8.1.1 Einzelunternehmen	119
	8.1.2 Personengesellschaften	120
	8.1.3 Kapitalgesellschaften	122
	8.1.4 Personenvereine	124
	8.2 Kooperations- und Konzentrationsformen in Märkten	125
	Weiterführende Literatur	128
9	**Steuern**	**129**
	9.1 Abgrenzung zwischen Gebühren, Beiträgen und Steuern	129
	9.2 Einkommensteuer	130
	9.2.1 Ausgewählte Einkunftsarten	131

9.3	Umsatzsteuer	135
9.4	Körperschaftsteuer	137
9.5	Gewerbesteuer	139
9.6	Gemeinnützigkeit	140
	Weiterführende Literatur	141

10 Projektmanagement 143
    10.1 Grundlagen 143
        10.1.1 Projekt 143
        10.1.2 Projektmanagement – Definition 145
        10.1.3 Ziele und Restriktionen 146
    10.2 Projektablauf – Phasen 147
    10.3 Projektteam – Rollen im Projektmanagement 150
    10.4 Risiken einschätzen 153
    Weiterführende Literatur 155

11 Qualitätsmanagement 157
    11.1 Qualitätsmanagement – Grundlagen 157
        11.1.1 Qualitätsmanagement – Qualitätsziele und Qualitätspolitik 158
        11.1.2 Normenreihe ISO 9000 ff. 161
        11.1.3 Qualitätsmanagementhandbuch 162
        11.1.4 Qualitätsmanagementbeauftragter 163
    11.2 Total-Quality-Management 164
    11.3 EFQM 165
    11.4 Übersicht über spezielle Qualitätsmanagementnormen 167
    11.5 Qualität und Qualitätsmanagement 168
    Weiterführende Literatur 170

12 Umweltzertifizierungen ISO 14001 und EMAS 171
    12.1 Umweltmanagement-Normen 172
    12.2 Umweltmanagement nach ISO 14001 ff. – Grundlagen 173
    12.3 EMAS 179
    12.4 Kurzvergleich EMAS und ISO 14001 184
    Weiterführende Literatur 186

13 Aufgaben und Wiederholungsfragen 189
    13.1 Aufgaben zum Rechnungswesen 189
    13.2 Betriebliche Organisation und Rechtsformen 193

14 Multiple-Choice: Wiederholung und Vertiefung 195

15 Lösungen 221
    15.1 Aufgaben zum Rechnungswesen 221
    15.2 Betriebliche Organisation und Rechtsformen 228

16 Multiple-Choice-Lösungen: Wiederholung und Vertiefung 233

Das Unternehmen – ein Wirtschaftssubjekt eingebettet in seine Umwelt 1

Gewinnmaximierung und nachhaltiges Verhalten im Sinne ökonomischen, ökologischen und sozial ausbalancierten Verhaltens treffen häufig als konkurrierende Zielsetzungen aufeinander. Während im betriebswirtschaftlichen Alltag dem Ziel der Gewinnmaximierung unter Aufrechterhaltung der Liquidität die größte Bedeutung zukommt und das Management der Betriebe hauptsächlich den Fokus auf die Erfüllung der Ziele im aktuellen Geschäftsjahr legt, erfordert nachhaltiges Verhalten im engeren Sinne oft eine Ausrichtung des Betriebes über mehrere Perioden. Neben den ökonomischen Zielen spielt auch die Realisierung ökonomischer und sozialer Ziele eine wesentliche Rolle. Im Nachhaltigkeitsmanagement dominiert eine mittel- bis langfristige Sichtweise. Je länger Ziele in die Zukunft verlagert werden, umso risikoreicher ist folglich die Entscheidung. Gerade in der heutigen Zeit hoher Volatilitäten in den Rohstoffmärkten und Finanzmärkten sowie in Anbetracht einer Vielzahl geopolitischer Herausforderungen stellt die Umsetzung des angeforderten Nachhaltigkeitsgedanken eine große Herausforderung dar.

Nicht nur der Begriff Nachhaltigkeit hat im unternehmerischen und betrieblichen Kontext in den letzten Jahrzehnten wachsende Bedeutung erlangt. Es haben sich eine ganze Reihe weiterer Begriffe herausgebildet und erfreuen sich zunehmender Bedeutung. Es ist somit also sinnvoll neben dem Begriff der Nachhaltigkeit einige Grundbegriffe, wie z. B. Sustainable Development, Green Economy, Umweltmanagement, Corporate Governance, Code of Conduct, Compliance, Business Case und Corporate Social Responsibility zu erlernen.

1.1 Nachhaltigkeit und Sustainable Development

Der Nachhaltigkeitsbegriff tritt im Bereich der Wirtschaft nachweisbar um das Jahr 1713 im Kontext einer zunehmenden überregionalen Holznot in Erscheinung. Hans Carl von

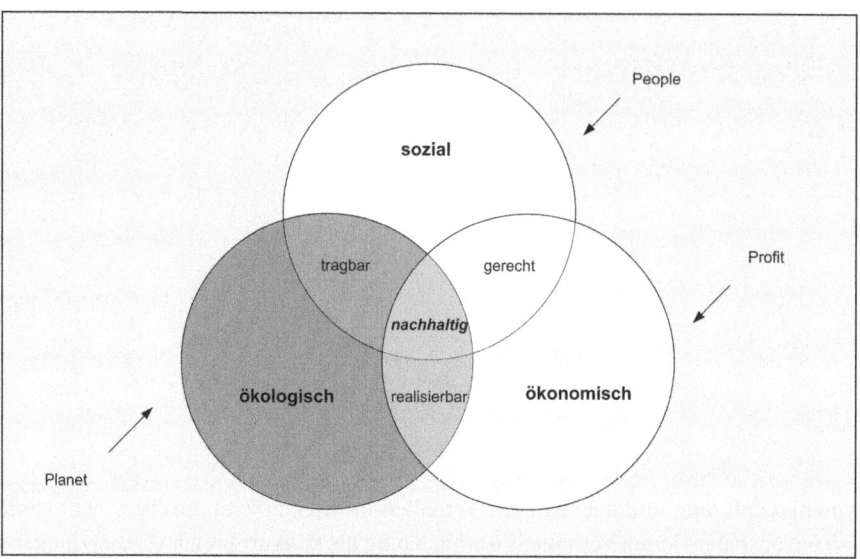

Abb. 1.1 Drei-Säulen-Modell der Nachhaltigkeit häufig auch als Magisches Dreieck der Nachhaltigkeit oder Nachhaltigkeitsdreieck (triangle of sustainability) bezeichnet.

Carlowitz stellte damals die Forderung auf, nur so viel Holz zu schlagen, wie durch planmäßige Aufforstung auch wieder nachwachsen konnte (von Carlowitz 1713, 105–106).

Nachhaltigkeit mit Blick auf wirtschaftliche Bedingungen bedeutet, sozial gerecht und umweltverträglich zu produzieren, Handel zu treiben und zu konsumieren. Zur Beschreibung von Nachhaltigkeit im betriebswirtschaftlichen Kontext wird häufig das Drei-Säulen-Modell angeführt, s. Abb. 1.1. Der Nachhaltigkeitsbegriff umfasst in dieser Perspektive drei Grundpfeiler, d. h. eine ökonomische, eine soziale und eine ökologische Säule. Häufig findet sich in der Literatur hierfür auch der Begriff des Triple-Bottom-Line-Ansatzes.

Die ökologische Nachhaltigkeit im Blick auf die Gesellschaft hat das Ziel, die Natur und Umwelt für zukünftige Generationen zu bewahren. Hierunter fallen der Klimaschutz, der Landschaftsschutz, die Erhaltung der Biodiversität und der schonende Umgang mit natürlichen Ressourcen. Aus betriebswirtschaftlicher Sicht haben Kennzahlen wie Schadstoffemissionen, Life-Cycle-Costs, geringer Ressourceneinsatz, Recycling und Langlebigkeit von Produkten einen Bezug zur Säule der ökologischen Nachhaltigkeit.

Die ökonomische Nachhaltigkeit aus gesellschaftlicher Sicht zielt auf die Schaffung dauerhaften Wohlstands ab. Damit einher gehen ein pfleglicher Umgang mit den für den wirtschaftlichen Erfolg des Unternehmens notwendigen Ressourcen, die Förderung von Bildung sowie Schaffung günstiger Rahmenbedingungen, welche den wirtschaftlichen Erfolg fördern. Aus betriebswirtschaftlicher Sicht berühren der Shareholder-Value, die Gewinnmaximierung, Kostensenkung, Rendite, Marktanteile und Wachstum etc. diese Dimension.

1.1 Nachhaltigkeit und Sustainable Development

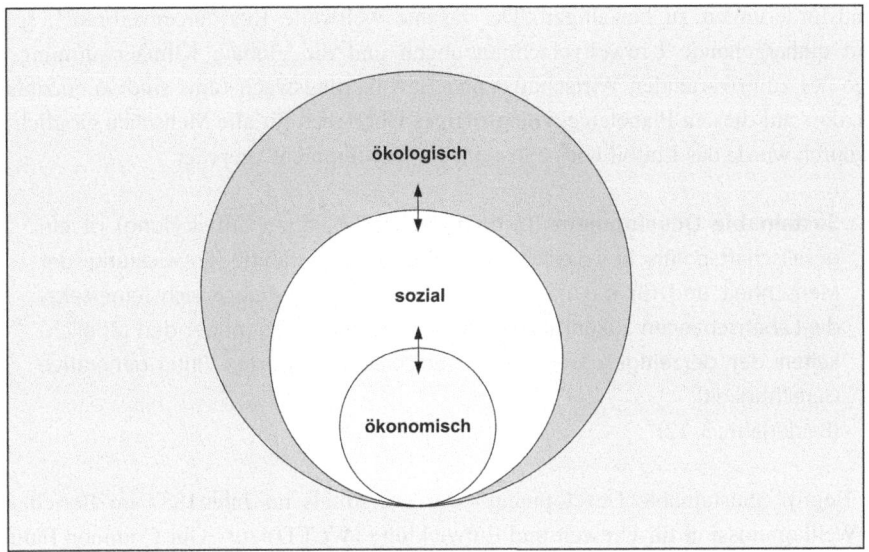

Abb. 1.2 Vorrangmodell der Nachhaltigkeit

Die Soziale Nachhaltigkeit zielt aus betriebswirtschaftlicher Sicht auf die Schaffung einer zukunftsfähigen und lebenswerten Gesellschaft ab, die Individuen Raum zur Entfaltung bietet, um am Potenzial der Gemeinschaft zu partizipieren. Aus betriebswirtschaftlicher Sicht sind hier Aspekte wie Mitarbeiterzufriedenheit, sichere Arbeitsplätze, Steuerzahlungen, soziales Engagement, ethische Verantwortung und Arbeitsschutz anzuführen.

Von diesem im betriebswirtschaftlichen Kontext dominanten Nachhaltigkeitsverständnis ist das Vorrangmodell, wie in Abb. 1.2 dargestellt, abzugrenzen. Beim Vorrangmodell wird davon ausgegangen, dass die drei Dimensionen nicht gleichberechtigt nebeneinander stehen, sondern abgestuft die ökologische Stufe Vorrang vor allen anderen hat. Auf ihr setzt die soziale und an dritter Stelle dann die ökonomische Stufe an. Es gilt der Grundsatz: „keine Wirtschaft ohne eine Gesellschaft, keine Gesellschaft ohne Ökologie". Grundvoraussetzung der sozialen und ökonomischen Stabilität ist hier also der Schutz natürlicher Ressourcen, wodurch die ökologische Nachhaltigkeit klaren Vorrang hat.

In der Praxis konnte sich trotz der Kritik kein anderes Modell gegenüber dem Drei-Säulen-Modell behaupten.

Die gestiegene Bedeutung des Begriffes „Nachhaltigkeit" in der westlichen Welt geht auf das Schaffen des Club of Rome zurück. Das 1972 veröffentlichte Buch „Grenzen des Wachstums: Bericht des Club of Rome zur Lage der Menschheit" gilt als ein Ausgangspunkt für die heutige wissenschaftliche Nachhaltigkeitsdebatte. Ohne den Begriff der Nachhaltigkeit explizit zu definieren, machte der Club of Rome deutlich, dass es eines weltweit gemeinsamen und koordinierten Handelns bedarf, um die anstehenden

Herausforderungen zu bewältigen. Der rasante weltweite Ressourcenverbrauch sowie damit einhergehende Umweltverschmutzungen und die globale Klimaerwärmung als Folge des zu erwartenden Wirtschafts- und Bevölkerungswachstums sind so einzudämmen, dass auf diesem Planeten ein langfristiges Überleben für alle Menschen möglich ist. Hierdurch wurde das Leitbild des „Sustainable Development" geprägt.

▶ **Sustainable Development** (Leitbild der Nachhaltigen Entwicklung) ist ein gesellschaftspolitisches Leitbild für eine zukunftsfähige Entwicklung der Menschheit und für das nachhaltige Wirtschaften, wonach sich [einerseits] die Lebenschancen zukünftiger Generationen nicht gegenüber den Möglichkeiten der derzeitigen Generation verschlechtern dürfen (inter-generative Gerechtigkeit)
(Balderjahn, S. 12)

Der Begriff „Sustainable Development" wurde erstmals im Jahr 1987 im Bericht der UN Weltkommission für Umwelt und Entwicklung (WCED) zur „Our Common Future" beschrieben. Er wird häufig nach dem Vorsitzenden der damaligen Kommission als Brundtlandbericht bezeichnet. Brundtlandt definiert Sustainable Development wie folgt: „Sustainable development is development that meets the needs of the present without compromising the ability of future generations to meet their own needs" (WCED 1987, Kap. 2, No. 1).

1.2 Green Economy

Aus der Forderung nach Sustainable Development lässt sich das Ziel der Entwicklung einer „Green Economy" ableiten. Die Etablierung einer **Green Economy** hat das Ziel, einen starken Antrieb für Wachstum und Beschäftigung zu geben und eine dauerhafte Beseitigung der weltweiten Armut zu bewirken. Inhaltlich lassen sich Kerngedanken der Green Economy vor allem auf die seit den 1980er-Jahren wirkende Strömung einer ökologischen Modernisierung zurückführen. Das Konzept der Green Economy ist eng verwandt mit dem Green New Deal. Der Begriff Green New Deal bezeichnet Konzepte, mit denen eine ökologische Wende des Kapitalismus eingeleitet werden soll, insbesondere durch arbeits- und wirtschaftspolitische Maßnahmen in Kombination mit einem ökologischen Umbau der Industriegesellschaft. Durch die Wirtschafts- und Finanzkrise haben diese Konzepte seit 2007 an Bedeutung gewonnen. Begrifflich ist der „Green New Deal" eine Anlehnung an bzw. Bezugnahme auf den von der Regierung Franklin D. Roosevelts geprägten Begriff „New Deal", mit dem er auf die ab 1929 einsetzende Weltwirtschaftskrise reagierte. Ursprünglich bedeutet der aus dem Kartenspiel kommende Begriff „new deal", dass die Karten neu gemischt und neu verteilt werden, dass ein Neuanfang stattfindet. Beim „Green New Deal" soll ein solcher Neubeginn dazu genutzt werden, eine ökologische Wende der Industriegesellschaft herbeizuführen.

1.3 Umweltmanagement

Einen Beitrag zur Verwirklichung von „Sustainable Development" und zur Etablierung einer „Green Economy" leistet das **Umweltmanagement** in den Betrieben. Das Umweltmanagement ist ein betriebliches Führungskonzept, das durch sein Bestreben gekennzeichnet ist, Belastungen für die natürliche Umwelt in allen Unternehmensbereichen und bei allen Prozessen des Unternehmens konsequent zu verringern bzw. zu vermeiden, ohne dabei seine betrieblichen Verpflichtung zu vernachlässigen. Es wird dazu über ein Umweltmanagementsystem (UMS) in den Betrieben implementiert. Bei Aufbau eines UMS, kann man sich an dem in Abb. 1.3 dargestellten Zyklus orientieren.

Das **Umweltmanagementsystem** (UMS) setzt die Vorgaben einer Organisationsleitung und damit auch die behördlichen bzw. gesetzlichen Anforderungen hinsichtlich des Umweltschutzes um. Die Umsetzung erfolgt u. a. durch das Erstellen und Dokumentieren entsprechender Vorgaben (Anforderungen) im Managementhandbuch. Regelungen und Verhaltensanforderungen werden in diversen Anweisungen und in Prozessbeschreibungen festgelegt. So dient das Umweltmanagementsystem der Umsetzung und Überwachung.

Die Verwirklichung des Umweltmanagements kann nach verschiedenen etablierten Standards erfolgen. So sind in der Praxis die Normen DIN EN ISO 140001 und EMAS von herausragender Bedeutung. Auf deren Besonderheiten wird im Abschn. 11.1.2 noch eingegangen.

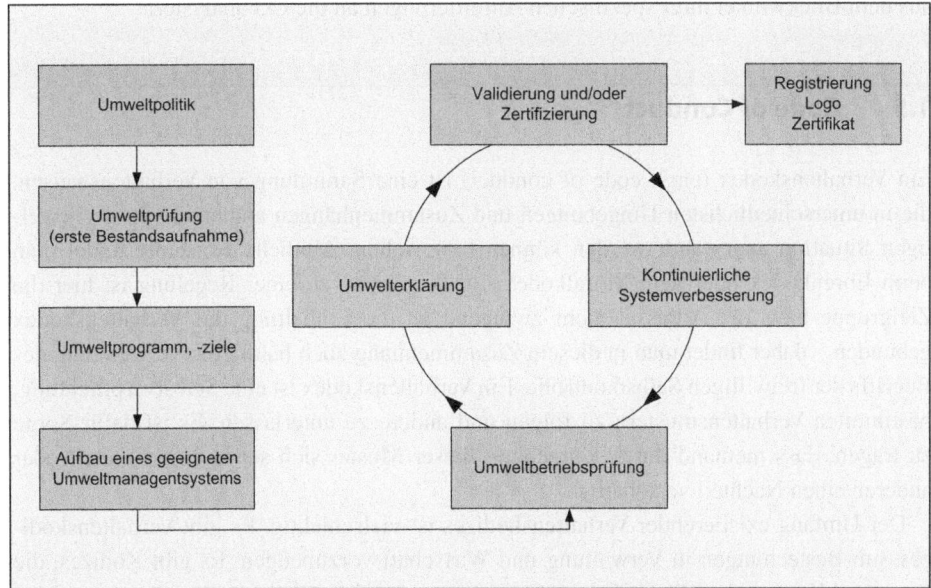

Abb. 1.3 Allgemeiner Zyklus des Aufbaus eines Umweltmanagementsystems

Integrierte Managementsysteme (IMS) fassen Methoden und Instrumente zur Einhaltung von Anforderungen aus verschiedenen Bereichen (z. B. Qualität, Umwelt- und Arbeitsschutz, Sicherheit) in einer einheitlichen Struktur zusammen, die der Corporate Governance, d. h. der Leitung und Überwachung von Organisationen dienen. Durch Nutzung von Synergien und die Bündelung von Ressourcen ist – im Vergleich zu einzelnen, isolierten Managementsystemen – ein schlankeres, effizienteres und effektiveres Management möglich. In der Realität werden IMS selten komplett neu in einem Unternehmen eingeführt. Vielmehr geht man in der Regel von der bestehenden Systemlandschaft aus und integriert dann die notwendigen anderen Systeme. Ausgangspunkt für die Entwicklung von IMS-Systemen, die UMS mit umfassen, stellen häufig die Qualitätsmanagement-systeme dar.

1.4 Corporate Governance

Corporate Governance (CG) bezeichnet den rechtlichen und faktischen Ordnungsrahmen für die Leitung und Überwachung eines Unternehmens. CG ist zu unterscheiden von der Unternehmensverfassung, die in erster Linie die Binnenordnung des Unternehmens betrifft. Unter dem Begriff der CG werden auch Fragen bezüglich der rechtlichen und faktischen Einbindung des Unternehmens in sein Umfeld – wie in den Kapitalmarkt und die Umwelt – behandelt. Dabei steht insgesamt die große börsennotierte Gesellschaft im Mittelpunkt des Interesses. Das Konzept gewinnt allerdings auch zunehmend unabhängig von der Rechtsform bei Unternehmen mittlerer Größenordnungen Bedeutung. Sie werden aus dem Blickwinkel ihrer spezifischen Anforderungen an die CG analysiert.

1.5 Code of Conduct

Ein Verhaltenskodex (engl. code of conduct) ist eine Sammlung von Verhaltensweisen, die in unterschiedlichsten Umgebungen und Zusammenhängen abhängig von der jeweiligen Situation angewandt werden können bzw. sollen. Ähnliche Konzepte findet man beim Ehrenkodex oder dem Moralkodex. Im Gegensatz zu einer Regelung ist hier die Zielgruppe bzw. der Adressat nicht zwingend an die Einhaltung des Verhaltenskodex gebunden – daher findet man in diesem Zusammenhang auch häufig die Verwendung des Begriffs der freiwilligen Selbstkontrolle. Ein Verhaltenskodex ist eine Selbstverpflichtung, bestimmten Verhaltensmustern zu folgen und andere zu unterlassen. Es ist dafür Sorge zu tragen, dass niemand durch Umgehung dieser Muster sich selbst einen Vorteil oder anderen einen Nachteil verschafft.

Der Umfang existierender Verhaltenskodizes ist vielschichtig. Es gibt Verhaltenskodizes, um Bestechungen in Verwaltung und Wirtschaft vorzubeugen. Es gibt Kodizes, die Form und Umgang von Menschen miteinander regeln und solche, die das allgemeine Verhalten in bestimmten Regionen, Staaten oder auch religiösen Zusammenhängen regeln.

Diese Kodizes werden auch als kulturell gewachsene Verhaltenskodizes bezeichnet und können in stiller Übereinkunft oder auch schriftlich festgehalten sein.

Verhaltensvorgaben können sich bzgl. ihrer zeitlichen Gültigkeit unterscheiden. Neben zeitlich unbeschränkten Vorgaben einer Verhaltensweise liefert eine sog. Vorgehensweise oder ein Vorgehensmodell bzw. *„procedure model"* einen Rahmenplan, der eine Folge von Handlungsabläufen für eine beschränkte Zeit, beispielsweise im Zusammenhang mit einem Veränderungsprozess, dem *„change management"*, vorgibt. Es gibt eine Vielzahl unterschiedlicher Verhaltenskodizes, hier seien exemplarisch einige aufgelistet:

- Deutscher Corporate-Governance-Kodex: Deutscher Kodex zur Führung börsennotierter Aktiengesellschaften
- Global Compact: Verhaltenskodex der Vereinten Nationen zur Gestaltung der globalisierten Wirtschaft
- Pressekodex: Verhaltenskodex des deutschen Presserates mit Richtlinien publizistischer Arbeit
- Kodex von Lissabon: Europäischer Kodex der Verhaltensgrundsätze in der Öffentlichkeitsarbeit (Code de Lisbonne)
- Verhaltenskodex für die Unternehmensbesteuerung in der EU vom 1. Dezember 1997 (ABl. EU 6. Januar 1998, C 2/1)
- OECD-Leitsätze für multinationale Unternehmen
- Vereinbarung über die Standesregeln zur Sorgfaltspflicht der Banken

Im Kontext international tätiger Unternehmen wird der Code of Conduct oft bezüglich der Implementierung von Sozialstandards, dem Verbot der Kinderarbeit, der Zahlung von Löhnen, welche die Lebenshaltungskosten decken, und der Unzulässigkeit von Lohnkürzungen als Disziplinarmaßnahme eingefordert. Hinzu kommen Forderungen nach einer regelmäßigen Höchstarbeitszeit von 48 Stunden pro Woche und einer maximalen wöchentlichen Arbeitszeit von nicht mehr als 60 Stunden einschließlich der Überstunden. Ferner können in Verhaltenskodizes der Anspruch auf mindestens einen arbeitsfreien Tag pro Woche, das Recht auf Gründung von Arbeitnehmerorganisationen, und das Verbot von Diskriminierung der Beschäftigten aufgrund persönlicher Eigenschaften oder Überzeugungen berücksichtigt werden. Regelmäßig verbieten die Verhaltenskodizes Zwangsarbeit, untersagen körperliche Bestrafung und zielen auf eine Verwirklichung möglichst sicherer und gesundheitsverträglicher Arbeitsbedingungen ab.

1.6 Business Case

Gerade im unternehmerischen Kontext wird häufig der Begriff „Business Case" verwendet.

Ein **Business Case** untersucht ein bestimmtes Geschäftsszenario hinsichtlich dessen Rentabilität einer Investitionsmöglichkeit. Er dient zur Darstellung und Abwägung der prognostizierten finanziellen und strategischen Auswirkungen der Investition. Es findet ein Vergleich verschiedener Handlungsoptionen statt. Eine oftmalig unterstellte Handlungsoption ist die Beibehaltung des Status quo.

In der Praxis wird ein Business Case oft auch im Vorfeld eines Projekts angewendet, um die Wirtschaftlichkeit des Projekts unter verschiedenen Gesichtspunkten und Szenarien zu untersuchen, um die geschätzten Auswirkungen auf das Geschäft darzustellen. Durch eine Analyse von Nutzen, Aufwendungen und Risiken trägt er dazu bei, dass die Ressourcen von Unternehmen auf die erfolgversprechenden Projekte konzentriert werden.

Der Begriff Business Case wird häufig als Synonym für eine Kosten-Nutzen-Analyse, Wirtschaftlichkeitsrechnung, Renditerechnung bzw. Investitionsrechnung verwendet. Keiner dieser Begriffe wird einheitlich verwendet oder ist standardisiert.

1.7 Compliance

Compliance – Regeltreue bzw. Regelkonformität – ist in der betriebswirtschaftlichen Fachsprache der Begriff für die Einhaltung von Gesetzen und Richtlinien wie auch freiwilliger Kodizes in Unternehmen. Die Gesamtheit der Grundsätze und Maßnahmen eines Unternehmens zur Einhaltung bestimmter Regeln – und damit zur Vermeidung von Regelverstößen – wird als „Compliance Management System" bezeichnet (IDW PS 980 Tz.6). Die weltweit strengsten Anforderungen an konkrete Compliance-Maßnahmen in Unternehmen enthält das britische Anti-Korruptions-Gesetz Bribery Act 2010. Der Deutsche Corporate-Governance-Kodex (DCGK) definiert Compliance als die in der Verantwortung des Vorstands liegende Einhaltung der gesetzlichen Bestimmungen und unternehmensinternen Richtlinien.

Der Begriff Compliance steht für die Einhaltung gesetzlicher Bestimmungen, regulatorischer Standards und die Erfüllung weiterer, wesentlicher und in der Regel vom Unternehmen selbst gesetzter ethischer Standards und Anforderungen. Bei Kreditinstituten wird der Begriff „Compliance" oft noch eingeengt für die speziellen Vorschriften aus dem Wertpapierhandelsgesetz verwendet.

1.8 Corporate Social Responsibility

In Wirtschaftsbetrieben wird häufig das Konzept der **Corporate Social Responsibility** (CSR) verfolgt.

Auf unterster Stufe der CSR-Pyramide steht die Verantwortung gegenüber dem Unternehmen im Hinblick auf die ökonomischen Zielvorstellungen. Zielgrößen sind hier insbesondere die Profitabilität, ferner die Wettbewerbsfähigkeit und die Effizienz. Bezeichnet wird diese Stufe als Ökonomische Verantwortung (Carroll 1991, vgl. Abb. 1.4). Auf ihr sitzt die nächste Stufe, die die Einhaltung der Gesetze („Legal Responsibilities" oder Compliance) bezeichnet. Das Unternehmen sollte sich als „guter Staatsbürger" konform gemäß landesspezifischer sozialer Normen und Werte verhalten. Es folgt die dritte Stufe

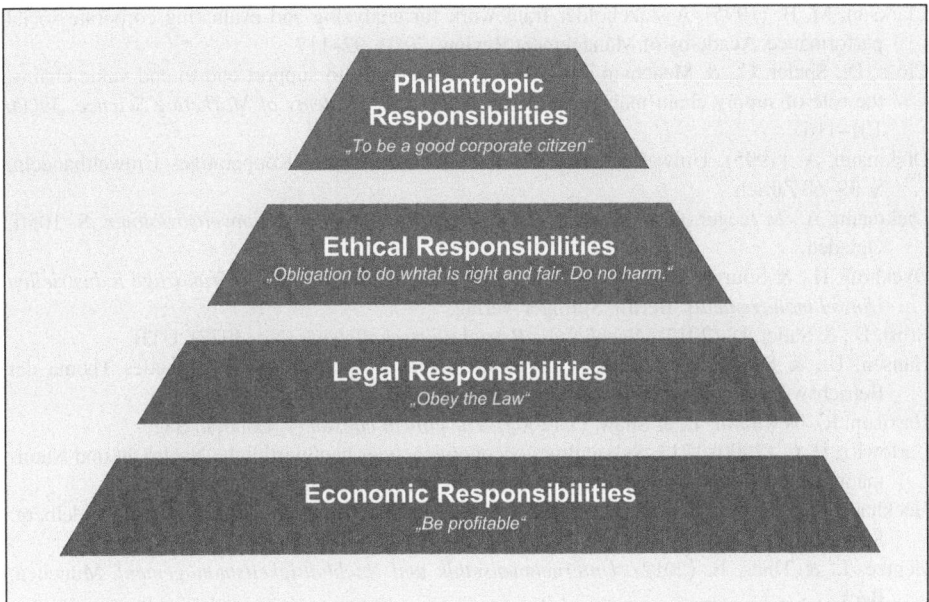

Abb. 1.4 CSR-Pyramide

der „Ethical Responsibilities". Seiner ethischen Verantwortung gemäß hat sich das Unternehmen „right, just and fair" zu verhalten und Schäden zu vermeiden. Die letzte Ebene der CSR-Pyramide verlangt die Verantwortung des Unternehmens für das Gemeinwesen. Das Unternehmen trägt hier auf freiwilliger Basis zu einer Verbesserung der Lebensqualität der Menschen bei. Möglichkeiten bestehen u. a. in freiwilligen sozialen Aktivitäten und Spenden.

Weiterführende Literatur

Balderjahn, I. (2013). *Nachhaltiges Management und Konsumentenverhalten*. Wiesbaden: UVK-Verlag-Ges.
Brockhoff, K. (Hrsg.). (2013). *Geschichte der Betriebswirtschaftslehre: kommentierte Meilensteine und Originaltexte*. Berlin: Springer-Verlag.
Carroll, A. (1979). A three-dimensional conceptual model of corporate performance. *Academy of Management Review, 4*(4), 497–505.
Carroll, A. (1991). The pyramid of corporate social responsibility: toward the moral management of organizational stakeholders. *Business Horizons, 34*(4), 39–48.
Castaldo, S. P., Misani, N., & Tencati, A. (2009). The missing link between corporate social responsibility and consumer trust: the case of fair trade products. *Journal of Business Ethics, 84*, 1–15.
Choi, J.-S., Kwak, Y.-M., & Choe, C. (2010). Corporate social responsibility and corporate financial performance: evidence from Korea. *Australian Journal of Management, 35*, 291–311.

Clarkson, M. B. (1995). A stakeholder framework for analyzing and evaluating corporate social performance. *Academy of Management Review*, 20(1), 92–117.

Closs, D., Speier, C., & Meacham, N. (2011). Sustainability to support end-to-end value chains: the role of supply chain management. *Journal of the Academy of Marketing Science*, 39(1), 101–116.

Diekmann, A. (1995). Umweltbewußtsein oder Anreizstrukturen. Kooperatives Umwelthandeln, S. 39–68 Zürich

Diekmann, A., & Jaeger, C. C. (Hrsg.). (1996). *Homo Ökonomicus. Umweltsoziologie*, S. 105ff. Opladen

Dyckhoff, H., & Souren, R. (2008). *Nachhaltige Unternehmensführung. Grundzüge industriellen Umweltmanagements*. Berlin: Springer-Verlag.

Ernst, D., & Sailer, U. (2013). *Nachhaltige Betriebswirtschaftslehre* (No. 3977). UTB.

Hansen, U., & Sehrader, U. (2005). Corporate Social Responsibility als aktuelles Thema der Betriebswirtschaftslehre. *Die Betriebswirtschaft (DB\XI)*, 65, 373–395.

Harrison, R., Newholm, T., & Shaw, D. (2005). *The ethical consumer*. London: Sage.

Carlowitz, H. C. (2000) 1713. Sylvicultura oeconomica. oder haußwirthliche Nachricht und Naturmäßige Anweisung zur wilden Baum-Zucht. JF Braun, Leipzig

Heckhausen, J., & Heckhausen, H. (2006). *Motivation und Handeln*, 3. Aufl. Berlin Heidelberg: Springer.

Hentze, J., & Thies, B. (2012). *Unternehmensethik und Nachhaltigkeitsmanagement*. München: Beck.

IfMUG. (1997). *Unternehmenstest – Neue Herausforderungen für das Management der sozialen und ökologischen Verantwortung*: Vahlen.

Kuhn, T. (1993). *Unternehmerische Verantwortung in der ökologischen Krise*. München: Bern.

Loew, T., Ankele, K., Braun, S., & Clausen, J. (2004). *Bedeutung der internationalen CSR-Diskussion für Nachhaltigkeit und die sich daraus ergebenden Anforderungen an Unternehmen mit Fokus Berichterstattung*. Berlin, Münster: Springer.

Mossmayer, K. (2015). *Compliance: Praxisleitfaden für Unternehmen (Compliance für die Praxis)*. München: Beck.

Pfriem, R., & Richter, W. (1995). Unternehmenspolitik in sozialökologischen Perspektiven. Marburg *Jahrbücher für Nationalökonomie und Statistik*, 214(6), 764–766.

Pufé, I. (2014). *Nachhaltigkeit*. Stuttgart: UVK.

Rieger, W. (1928). *Einführung in die Privatwirtschaftslehre von Dr. rer. pol. Wilhelm Rieger...* Nürnberg: Krische & Company.

Souren, R., & G R, W. (2010). Unternehmensethik und CSR im Lichte des Nachhaltigkeitsmanagements – Eine literaturbezogene Analyse. *Die Unternehmung*, 64(4), 422–436.

Stahlmann, V. (1994). *Umweltverantwortliche Unternehmensführung*: München. CH. Beck.

Suchanek, A. (2007). Ökonomische Ethik.

Taschner, A. (2008). *Business Cases. Ein anwendungsorientierter Leitfaden*. Wiesbaden: Gabler, Springer.

WCED, U. (1987). *Our common future*. World Commission on Environment and Development, Oxford: Oxford University Press.

Weber, J., Georg, J., Janke, R., & Mack, S. (2012). *Nachhaltigkeit und Controlling. Advanced Controlling* (Bd. 80). Weinheim: John Wiley & Sons. John Wiley & Sons.

Wimmer, F. (1995). Umweltbewusstsein. *Handbuch zur Umweltökonomie*, (S. 268–274). Berlin: Analytica.

Wood, D. J. (1991). Corporate social performance revisited. *Academy of Management Review*, 16(4), 691–718.

Das Unternehmen und seine Ziele

Im Mittelpunkt der weiteren Betrachtung steht das Unternehmen bzw. der Betrieb mit seinen unterschiedlichen Funktionsbereichen und Aufgaben. Umgangssprachlich werden die Begriffe Betrieb und Unternehmen häufig synonym verwendet. Es macht allerdings Sinn, die Begriffe zunächst genauer voneinander abzugrenzen:

▶ Ein **Betrieb** ist eine planvoll organisierte Wirtschaftseinheit, in der Produktionsfaktoren kombiniert werden, um Güter und Dienstleistungen herzustellen und abzusetzen (Wöhe 2013, S. 27).

▶ Als **Unternehmen** bezeichnet man einen Betrieb im marktwirtschaftlichen Wirtschaftssystem.

Diese Abgrenzung geht auf Erich Gutenberg zurück. Er sieht den Begriff „Betrieb" als eine Form von Oberbegriff an. Die Sichtweise grenzt weiter Unternehmen als marktwirtschaftliche Betriebe im Verhältnis zu den nicht marktwirtschaftlichen Betrieben ab. Die Einteilung ermöglicht es, einen Bezug zur Wirtschaftsordnung herzustellen.

Nicht-marktwirtschaftliche Betriebe sind folglich gekennzeichnet durch

- nicht-erwerbswirtschaftliche Tätigkeit,
- Kostendeckungsprinzip,
- absenten Marktbezug.

Nicht-marktwirtschaftliche Betriebe treten häufig als planwirtschaftliche Betriebe, öffentliche Betriebe und öffentliche Verwaltungsbetriebe in Erscheinung.

Unternehmen sind hingegen gekennzeichnet durch die Verwirklichung

- des erwerbswirtschaftlichen Prinzips,
- des Autonomieprinzips,
- Marktbezug

Unternehmen sind demnach Betriebe in einer Marktwirtschaft. Die Gewinnmaximierung unter Aufrechterhaltung der Liquidität ist hier die oberste Maxime.

In der Betriebswirtschaftslehre gibt es dazu noch weitere Abgrenzungsmöglichkeiten. Rieger (1928) sieht es als wesentlich an, dass Unternehmungen durch die Idee des Gewinnstrebens dominiert sind. Im Betrieb hingegen sieht er die Gesamtheit der technischen Grundlagen, die der Unternehmung dienen.

Umgangssprachlich wird für die Begriffe Unternehmen und Betrieb auch noch der Begriff Firma verwendet. Der Begriff Firma hat eher juristische Bedeutung. Nach § 17 HGB ist die Firma der Name, unter dem ein Kaufmann seine Geschäfte betreibt, seine Unterschrift leistet und unter dem er sowohl klagen, als auch verklagt werden kann. Der Begriff der Firma steht damit im engen Zusammenhang mit der Rechtsform eines Unternehmens und ist wesentlicher Bestandteil der Unternehmenspersönlichkeit.

Unabhängig davon, welcher Definition man folgt, bleibt im Kern von Unternehmen und Betrieben das wesentliche Element die Erzeugung und der Absatz von Gütern und Dienstleistungen aus einer Kombination von Produktionsfaktoren. Deshalb ist es sinnvoll, sich zu Beginn näher mit den Funktionsbereichen eines Betriebes zu beschäftigen.

2.1 Funktionale Gliederung – betriebliche Kernfunktionen

Die zentrale Funktion von Betrieben ist es, Leistungen zu erstellen und diese an Wirtschaftssubjekte abzusetzen. Der Leistungserstellungsprozess wird auch als **Transformationsprozess** bezeichnet. Der Betrieb bzw. das Unternehmen, eingebettet in Beschaffungs- und Absatzmärkte, nimmt hierbei Produktionsfaktoren (z. B. Rohstoffe, Mitarbeiter, Betriebsmittel und Hilfsstoffe) auf und erstellt in einem mehr oder weniger komplexen Produktionsprozess Güter, die es über den Absatzmarkt an nachfragende Wirtschaftssubjekte absetzt. **Güter** können in materielle Güter und immaterielle Güter unterteilt werden. Materielle Güter werden auch als Sachgüter bezeichnet. Zu den immateriellen Gütern zählen Dienstleistungen, Rechte und Informationen. Die Wirtschaftssubjekte, an die Güter abgesetzt werden, können selbst wieder Unternehmen, staatliche Organisationseinheiten, Betriebe oder aber Konsumenten in der Rolle des Endverbrauchers sein. In diesem betrieblichen Transformationsprozess, der Produktionsfaktoren (Input) in absatzfähige Güter (Output) wandelt, findet die eigentliche Wertschöpfung statt. Ein Transformationsprozess, in welchem aus Produktionsfaktoren ein Output erzeugt wird, findet sich in allen Betrieben.

2.1 Funktionale Gliederung – betriebliche Kernfunktionen

Beispiele

Man betrachte zum Beispiel ein Unternehmen der Automobilindustrie. Hier werden aus den Produktionsfaktoren menschlicher Arbeitskraft und diverser Sachgüter wie Metallen, Gummi und Kunstoffen unter Zuhilfenahme von Maschinen neue Automobile hergestellt. Die Qualität des Produktionsprozesses und auch der erfolgreiche Vertrieb der erzeugten Fahrzeuge sind von der zur Verfügung stehenden Information abhängig. Um erfolgreich einen Betrieb aufbauen zu können, werden finanzielle Mittel benötigt. Finanzielle Mittel – also Geld -, werden über den Kapitalmarkt bezogen. Es gibt in jedem Automobilkonzern eine Unternehmensleitung, die den Betrieb führt. Sie übernimmt Aufgaben der Planung, Steuerung und Kontrolle der einzelnen Funktionsbereiche. Die Unternehmensleitung stellt im Management des Unternehmens sicher, dass die einzelnen Funktionsbereiche möglichst „reibungsfrei" miteinander arbeiten.

Aber nicht nur in Betrieben, die Sachgüter erzeugen, finden sich die dargestellten Funktionsbereiche wieder. In Unternehmen, in welchen Dienstleistungen erstellt werden, findet man genau die gleiche Struktur vor. Man betrachte z. B. eine Rechtsanwaltskanzlei. Die Rechtsanwälte der Kanzlei erzeugen letztlich Dienstleistungen – hier konkret: die Beratung der Mandanten in rechtlichen Angelegenheiten und deren Vertretung vor Gericht. Um diese Dienstleistung erzeugen zu können, benötigt die Kanzlei ebenfalls Input. Dieser besteht beispielsweise im Personal. Nicht Jeder kann diese Dienstleistung anbieten, vielmehr sind hierzu qualifiziert ausgebildete Juristen notwendig. Der Betrieb der Kanzlei erfordert aber in der Regel weiteres Personal, wie z. B. Schreibkräfte und Rechtanwaltsgehilfen. Das Personal wird über den Arbeitsmarkt bezogen. Weitere notwendige Produktionsfaktoren sind die Räumlichkeiten der Kanzlei, Betriebs- und Bürobedarf, Telefon, Fax, Papier und so weiter. Auch diese Produktionsfaktoren in Form von Sachgütern werden über den Markt bezogen. Diese Güter bzw. ihre systematischen Interaktionen fließen dann in den Produktionsprozess bei der Erstellung der konkreten Dienstleistung, hier nämlich einer Rechtsberatung, mit ein. Bei Dienstleistungen zeigt sich jedoch häufig ein Phänomen: Obwohl Produktion und Absatz hier eng miteinander verknüpft sind, sind die beiden Phasen im zeitlichen Ablauf oft schwer voneinander zu trennen. Nimmt ein Mandant also eine Rechtsberatung in Anspruch, so wird sie bereits bei ihrer „Erzeugung" an den Kunden bzw. den Mandanten abgesetzt.

Bei allen Unternehmen lassen sich, unabhängig von ihrer Branche, in der sie platziert sind, grundsätzliche betriebliche Grundfunktionen identifizieren (siehe Abb. 2.1). Diese kann man unterteilen in Beschaffung, Produktion, Absatz. Aus diesen drei Punkten besteht der eigentliche betriebliche Leistungserstellungsprozess. Darüber legen sich das Finanzwesen und die Unternehmensführung bzw. das Management.

Ziel der **Beschaffung** ist es, Produktionsfaktoren in notwendiger Menge und Qualität zu erwerben, sodass sie zum richtigen Zeitpunkt, das heißt bedarfsgerecht, im Betrieb zur Verfügung stehen. Der Bereich der Beschaffung umfasst dabei alle Tätigkeiten, die zur

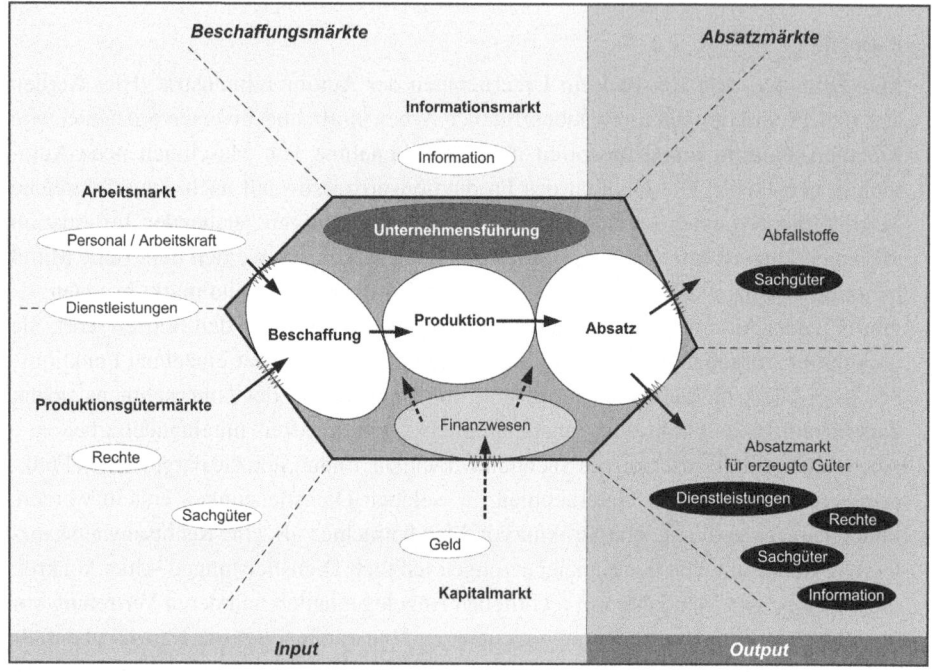

Abb. 2.1 Funktionale Gliederung eines Betriebes

Bereitstellung von Sachgütern, Rechten und Dienstleistungen zum Zwecke der weiteren Verarbeitung im Betrieb dienen. Typische betriebswirtschaftliche Herausforderungen im Bereich der Beschaffung sind u. a. die Optimierung der internen Logistik, Senkung der Prozesskosten sowie die Senkung der Kapitalbindung.

Unter **Produktion** wird die effiziente Herstellung von Gütern und Leistungen durch die Kombination von Produktionsfaktoren verstanden. Die Produktion ist der Kern des eigentlichen unternehmerischen Leistungserstellungsprozesses.

Der **Absatz** als Funktionsbereich in einem Unternehmen bildet den Abschluss des eigentlichen betrieblichen Leistungserstellungsprozesses. Der Absatz überführt das Leistungsangebot aus dem Unternehmen an den Nutzer. Rechtlich gesehen zielt der Absatz meist auf den Abschluss schuldrechtlicher Verträge in Form von Kauf-, Miet-, Pacht-, Dienst- oder Werksverträgen ab. Der Absatz ist damit Zielobjekt auch für die anderen betrieblichen Funktionen. Hieraus hat sich letztlich der Teilbereich des Marketings entwickelt. Die Absatzaktivitäten im Sinne einer Unternehmensfunktion umfassen zahlreiche Aufgaben, die in Absatzpolitik, Absatzplanung sowie seine Organisation und Kontrolle untergliedert werden können. Absatz wird häufig umgangssprachlich mit Vertrieb gleichgesetzt. Aus Sicht der Betriebswirtschaftslehre stellt der Vertrieb allerdings nur die Umsetzung des Absatzes in technischer, logistischer und organisatorisch-personeller Sicht dar.

Das **Rechnungswesen** ist eine zentrale betriebliche Funktion, die sehr große Bedeutung für den betrieblichen Erfolg eines Unternehmens besitzt. Rechnungswesen kann sehr weitgehend definiert werden als Teilgebiet der Betriebswirtschaftslehre, das der systematischen Erfassung, Überwachung und informatorischen Verdichtung der durch den betrieblichen Leistungsprozess entstehenden Geld- und Leistungsströme dient. Dem Rechnungswesen wird die systematische Überwachung und Erfassung aller Geld- und Leistungsströme zuteil. Dabei dient das Financial Accounting der Rechenschaftslegung gegenüber außerhalb des Unternehmens stehenden Adressaten, wie z. B. der Öffentlichkeit, dem Staat und Banken. Das Controlling hingegen übernimmt die Unterstützung des Managements und dient der Planung, Steuerung und der Überwachung der betrieblichen Teilbereiche. Ziel ist es, die Ausrichtung von Prozessen zu prüfen und ihre Leistungsfähigkeit sicher zu stellen.

Das **Finanzmanagement** bzw. die Finanzwirtschaft (Investition und Finanzierung) beschäftigt sich mit der Frage, wie ein Unternehmen Geld erwirtschaftet und dieses einsetzt, um erneut Geld zu erwirtschaften. Die Liquiditätssicherung hat die Aufgabe zu gewährleisten bzw. sicherzustellen, dass zu jedem Zeitpunkt der Unternehmung ausreichend abrufbare Finanzmittel zur Verfügung stehen. Der Teilbereich Treasury zielt darauf ab, die finanziellen Risiken im Falle einer Krise abzumildern. Hierzu werden Sicherheiten aufgebaut.

Management soll im Kontext dieses Buches als Unternehmensführung verstanden werden. Die Führung des Unternehmens ist eine wesentliche betriebliche Teilfunktion. Management kann als ein zyklischer Prozess aufgefasst werden (siehe Abb. 2.2). Das Lösen einer Managementaufgabe beginnt mit dem Identifizieren und dem Setzen von Zielen. Um diese Ziele später umsetzen zu können, muss eine Planung erstellt werden. Die Planung bzw. die einzelnen Pläne müssen in dieser Phase häufig genau aufeinander abgestimmt werden. Nach der Planungsphase wird dann eine Entscheidung über die Realisierung der Pläne getroffen. In der anschließenden Realisierungsphase erfolgt eine Umsetzung der Pläne. Im Anschluss daran muss die Realisierung der gesetzten Ziele überprüft, analysiert und kontrolliert werden. Oftmals werden hier Abweichungen festgestellt. Die Ergebnisse wiederum finden Eingang in einen neuen Zyklus und werden bei der erneuten Zielsetzung berücksichtigt.

Abb. 2.2 Managementprozess

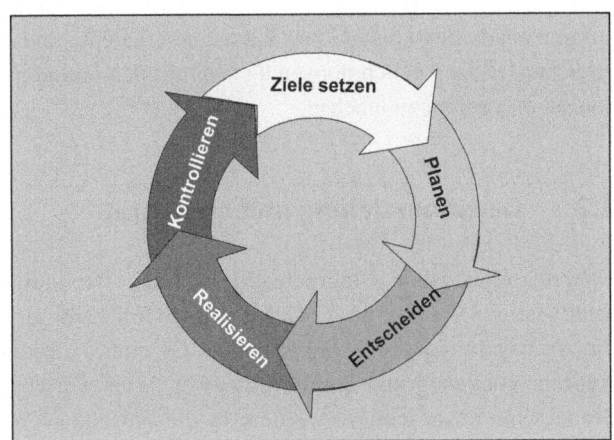

Mit Hinblick auf den zeitlichen Horizont der Managementtätigkeiten muss zwischen der strategischen Unternehmensführung und der operativen Unternehmensführung differenziert werden. Die **strategische Unternehmensführung** umfasst die langfristige Ausrichtung und Positionierung des Unternehmens im relevanten Wettbewerbsumfeld mit dem primären Ziel, die Existenz des Unternehmens langfristig zu sichern. Die langfristige Unternehmensplanung zielt darauf ab Erfolgspotentiale zu erkennen und aufzubauen. Eine weitere Aufgabe der strategischen Unternehmensführung ist der Aufbau eines zukunftsgerichteten Informationssystems. Hierbei ist insbesondere in größeren Unternehmen in dynamischen Märkten die Nutzung strategischer Analyse- und Verfahrenstechniken von Bedeutung. Im Gegensatz hierzu umfasst die **operative Unternehmensführung** die kurz- bis mittelfristige Steuerung des Unternehmens und der Unternehmensressourcen mit dem primären Ziel, die Liquidität und den Erfolg des Unternehmens zu sichern. Im Rahmen der operativen Unternehmensführung stehen der Aufbau und die Anwendung eines Planungs- und Kontrollsystems, die Durchführung von Wirtschaftlichkeitsanalysen und die Nutzung betriebswirtschaftlicher Analyse- und Verfahrenstechniken im Vordergrund.

Häufig werden in der Betrachtung die genannten Funktionsbereiche feiner untergliedert. Dies eröffnet ggf. die Möglichkeit einer detaillierteren Analyse und ist unternehmensspezifischen Erfordernissen geschuldet. Eine wirklich einheitliche Darstellung und Bezeichnung findet sich nicht. So wird in einigen Darstellungen gesondert eine Personalfunktion (Personalverwaltung) ausgewiesen. Wiederum andere Darstellungen sprechen hier von einem Funktionsbereich Logistik. Entscheidend für das funktionale Verständnis einer Organisation ist, dass in diesen Funktionsbereichen sich dann häufig Bestandteile mehrerer Kernfunktionen wiederfinden. So umfasst z. B. die Personalfunktion (-verwaltung) regelmäßig die Beschaffung, Weiterbildung, Administration, Abrechnung und Management rund um das Personal eines Unternehmens – damit werden die betrieblichen Kernfunktionen hier spezifisch mit Blick auf den Produktionsfaktor Arbeit in einem eigenen Funktionsbereich zusammengefasst.

Die Funktionsbereiche müssen aufeinander abgestimmt werden, damit sie reibungslos zusammenarbeiten können. Das kann eine effiziente und effektive Organisationsstruktur erreichen. Es ist folglich notwendig sich mit den Grundlagen der Ablauf- und Aufbauorganisation vertraut zu machen.

2.2 Gewinnerzielung und Liquidität

Oberstes Ziel eines Unternehmens in einer freiheitlich organisierten Marktwirtschaft ist die Erzielung von Gewinn. **Gewinn** kann als Überschuss der Erträge über die Aufwendungen aufgefasst werden. Gewinne, die durch das Unternehmen erzielt werden, können grundsätzlich auf zwei Arten verwendet werden: Einerseits kann der Gewinn ausgeschüttet werden. In diesem Fall werden primär die Interessen der Shareholder (Eigentümer) befriedigt. Andererseits ist die Einbehaltung der Gewinne

2.2 Gewinnerzielung und Liquidität

(Thesaurierung) und damit die Stärkung der Eigenkapitalbasis des Unternehmens möglich. Hierdurch wird das Unternehmen letztlich „robuster" und kann die Mittel zum Erwerb weiterer Produktionsfaktoren oder zur Befriedigung der Interessen anderer Anspruchsgruppen, wie beispielsweise der Mitarbeiter, Lieferanten, Gläubiger oder Kunden einsetzen. Der Gewinn ist quasi das *„Lebenselixier"* eines Unternehmens. Gerät ein Unternehmen in die Verlustzone und gelingt es ihm nicht, aus dieser mittelfristig herauszukommen, ist letztlich das Ausscheiden des Unternehmens aus dem Markt die Folge. Dies kann auf unterschiedliche Weise erfolgen. Klassische Wege sind die Liquidation oder Insolvenz. Zwar liegt das Hauptaugenmerk im Unternehmen auf der Gewinnerzielung, jedoch ist das Einhalten einer weiteren Rahmenbedingung für das Überleben der Unternehmen notwendig: die Sicherung der Liquidität. Unter **Liquidität** wird die Zahlungsfähigkeit eines Unternehmens verstanden. Das Management eines Unternehmens ist also aufgefordert so zu handeln, dass immer in ausreichendem Maße Zahlungsmittel zur Begleichung fälliger Zahlungsverpflichtungen vorhanden sind. Diese Forderung wird auch als „Prinzip der Aufrechterhaltung des finanziellen Gleichgewichts" bezeichnet.

▶ Oberstes Ziel eines Unternehmens ist die Gewinnmaximierung unter Aufrechterhaltung der Liquidität.

Das Ziel der Gewinnmaximierung wird durch Einhaltung des ökonomischen Prinzips realisiert (siehe Abb. 2.3). In Unternehmen stehen regelmäßig verschiedene Handlungsalternativen zur Erstellung der betrieblichen Leistung zur Auswahl. Zur Beurteilung betriebswirtschaftlicher Handlungsalternativen ist das ökonomische Prinzip, nach dem die Schaffung einer bestimmten Menge von Gütern bzw. Dienstleistungen immer mit dem geringstmöglichen Einsatz an Produktionsfaktoren zu erfolgen hat, das entscheidende Auswahlprinzip (Wöhe 2013, S. 33). Das **ökonomische Prinzip** verlangt nach einem optimalen Verhältnis aus Produktionsergebnis (Output bzw. Ertrag) und dem Produktionseinsatz (Input bzw. Aufwand). Die **Effizienz**, als das Verhältnis von wertmäßigem Output zu wertmäßigem Input, ist für den Ökonomen der allein gültige Maßstab zur Beurteilung betrieblicher Handlungsalternativen (siehe Abb. 2.4).

Der Begriff der Effizienz ist abzugrenzen vom Begriff der Effektivität, der auch sehr häufig im Management verwendet wird. Die **Effektivität** ist ein Maß für die Zielerreichung. Oftmals wird auch vom Zielerreichungsgrad gesprochen. Im Hinblick auf die Effektivität wird nur die Wirksamkeit der betrachteten Maßnahmen beleuchtet. Die Frage, wie hoch der Aufwand für den erzielten Output ist, spielt hier keine Rolle. Mit einfachen Worten kann der Unterschied zwischen Effizienz und Effektivität wie folgt ausgedrückt werden:

▶ Effizienz ist geleichbedeutend mit der Aussage, die Dinge richtig tun.

▶ Effektivität ist gleichbedeutend mit der Aussage, die richtigen Dinge tun.

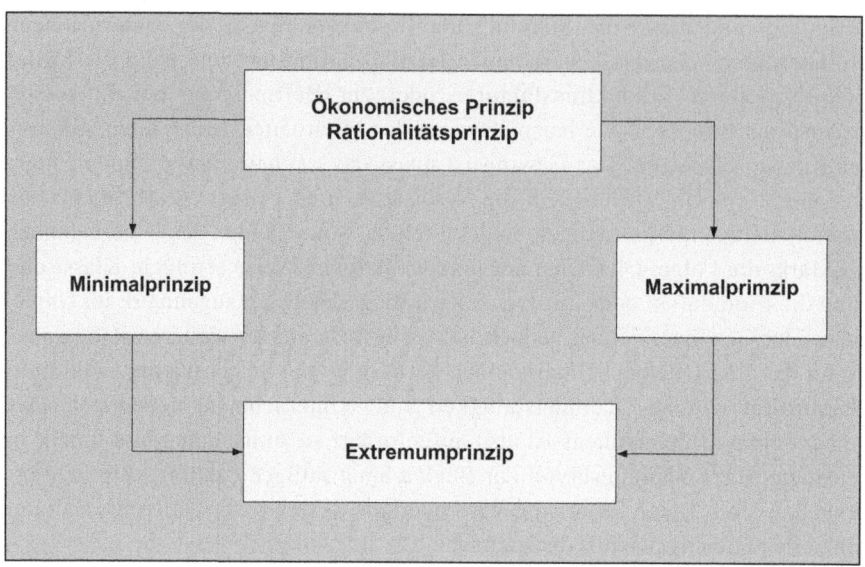

Abb. 2.3 Ökonomisches Prinzip

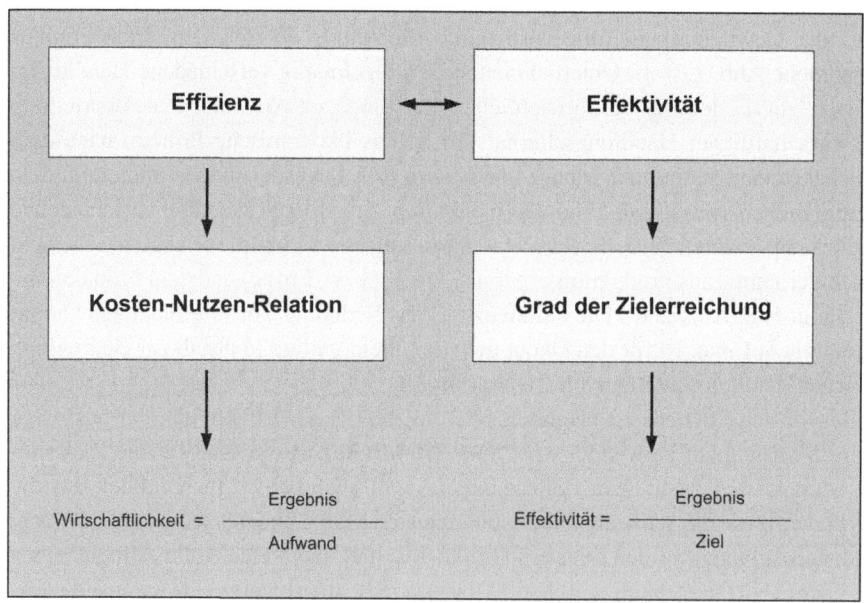

Abb. 2.4 Effizienz und Effektivität

Effizienz und Effektivität sind nicht die einzigen Ziele in einem Unternehmen, vielmehr gibt es noch weitere Zielgrößen wie z. B. die Mitarbeiterzufriedenheit, den Umweltschutz, die Reduktion von Emissionen, Ressourcenschonung und Risikominimierung. Häufig ist es für den Manager notwendig, die bestehenden Zielsetzungen zu analysieren und miteinander zu vergleichen. Hierzu ist es sinnvoll, einige grundsätzliche Abgrenzungs- und Gliederungsmöglichkeiten zu kennen.

2.3 Weitere Zielsetzungen in Unternehmen

Während man in vielen Branchen von der uneingeschränkten Gültigkeit dieses Oberziels der Gewinnmaximierung ausgehen kann, gibt es in vielen Unternehmen oft Kollisionen mit Zielsetzungen externer oder auch interner Anspruchsgruppen.

Zwischen Unternehmen und den Interessengruppen innerhalb und außerhalb des Unternehmens können Interessenkonflikte entstehen, die ihre Ursache in den unterschiedlichen Zielsetzungen der Beteiligten haben. So können Umweltauflagen z. B. die Kosten der Produktion erheblich erhöhen. Das seitens des Staates und zahlreicher NGOs geforderte Ziel, sich als Unternehmen nachhaltig zu verhalten, kann somit im Konflikt zur Gewinnmaximierung stehen.

Beispiel: Kraftwerk Moorburg

„Wegen der hohen erwarteten Ausstöße von CO_2, Schwefeldioxid und Stickoxid mussten sich die Betreiber gegen Druck sowohl aus der Bevölkerung, als auch aus der Politik behaupten.

Der erste Block des umstrittenen Kohlekraftwerks Moorburg ist bereits seit Anfang des Jahres in Betrieb, der zweite sollte eigentlich in diesen Wochen folgen, nun wird es wohl erst im August so weit sein – aber unabhängig vom exakten Zeitpunkt wird das Kraftwerk die für seine Genehmigung durch den Hamburger Senat selbst auferlegte Verpflichtung zur CO_2-Reduktion nicht erfüllen. ‚Im Kohlekraftwerk Moorburg findet keine Reduktion des CO_2-Ausstoßes statt', sagt jedenfalls Karsten Smid, Energieexperte von der Umweltorganisation Greenpeace, ‚und sie wird auch in Zukunft nicht kommen, obwohl sie vom Kraftwerksbetreiber Vattenfall und dem Hamburger Senat einst angekündigt worden war.'

Der Hamburger Senat und Moorburg-Betreiber Vattenfall versicherten in der sogenannten Moorburg-Vereinbarung von 2007, dass beim Bau und Betrieb des Kraftwerks diverse Umweltauflagen erfüllt würden. Die Vereinbarung war rechtlich nicht bindend, allerdings notwendig, um das Kohlekraftwerk gegen massiven Widerstand politisch durchzusetzen. Eine der wichtigsten dieser selbst auferlegten Verpflichtungen war die Reduktion des CO_2-Ausstoßes. Die müsse ‚schnell und deutlich' geschehen, wie es in der Vorbemerkung der Moorburg-Vereinbarung heißt, um die ansteigende ‚CO_2-Konzentration in der Erdatmosphäre zu begrenzen...'"
http://www.welt.de/regionales/hamburg/article143207224/Kraftwerk-Moorburg-und-die-Vereinbarung-ohne-Wert.html

Einerseits gibt eine unüberschaubare Vielzahl von Konfliktsituationen. Andererseits gibt es aber auch Situationen, in denen Synergien auf Basis komplementärer Zielsetzungen die Zielerreichung erleichtern können. So können sich z. B. Unternehmen in einer Branche zu „Joint Ventures" zusammenschließen, beispielsweise um gemeinsam ihr Risiko von Produktfehlentwicklungen zu reduzieren.

> **Beispiel: Joint Venture von Mitsubishi Heavy Industries und Siemens**
>
> Mitsubishi Heavy Industries, Ltd (MHI) und die Siemens AG gaben heute den Abschluss ihres Joint Venture in der metallurgischen Industrie bekannt. Das neue Unternehmen firmiert unter dem Namen Primetals Technologies, Limited und hat seinen Hauptsitz in London, Großbritannien. Mit dem Joint Venture entsteht ein global operierender Komplettanbieter für Anlagen, Produkte und Dienstleistungen für die Eisen-, Stahl- und Aluminiumindustrie. Mitsubishi-Hitachi Metals Machinery, Inc. – ein von MHI konsolidiertes Unternehmen mit den Anteilseignern Hitachi, Ltd. und IHI Corporation – hält 51 Prozent und Siemens 49 Prozent der Anteile am Joint Venture. Primetals Technologies nimmt den Betrieb mit insgesamt 9000 Mitarbeitern auf, die von beiden Partnern kommen.
>
> Shunichi Miyanaga, President und CEO von Mitsubishi Heavy Industries: „Bei MHI und Siemens stimmt die Chemie, was die jeweilige Unternehmenskultur angeht, und jeder der beiden Partner bringt seine Stärken im Hinblick auf Produktportfolio und geografische Präsenz gleichermaßen mit ein. Daher versprechen wir uns von dem neuen Joint Venture sehr vorteilhafte Synergien. Durch den Zusammenschluss können wir unseren Kunden noch bessere Lösungen als zuvor anbieten."
>
> Joe Kaeser, Vorsitzender des Vorstands der Siemens AG: „Mitsubishi Heavy Industries ist ein bewährter Partner mit einem herausragenden Technologieportfolio. Mit Primetals Technologies entsteht ein starker Global Player und Anbieter von weltweit führender Technologie. Die Bildung des Gemeinschaftsunternehmens ist ein weiterer Schritt bei der Umsetzung der Siemens Vision 2020. Damit stärken wir unsere Kernaktivitäten weiter." (Auszug aus der gemeinsamen Presseinformation Siemens 2015).

Um ein Unternehmen gezielt managen und am Markt ausrichten zu können, ist es notwendig, seine Ziele, Zielkonflikte und beteiligte Interessengruppen zu analysieren und zu strukturieren.

Formalziele und Sachziele:
Gewinnerzielung und Aufrechterhaltung der Liquidität zählen neben anderen zu den **ökonomischen Zielen** eines Unternehmens. Sie werden häufig auch als **Formal- oder Wertziele** bezeichnet. Diese Ziele sind dadurch gekennzeichnet, dass sie den Erfolg des unternehmerischen Handelns widerspiegeln. Formalziele werden oft durch betriebswirtschaftliche Kennzahlen ausgedrückt. Sie sind deshalb gut messbar und ermöglichen den Vergleich verschiedener Unternehmen. Die wichtigsten Formalziele eines Unternehmens sind der Gewinn und die Liquidität, da diese allgemein als zwingende Voraussetzung für das Bestehen von Wirtschaftsunternehmen angesehen werden. Es gibt darüber hinaus noch

viele weitere verschiedene Erfolgskenngrößen. Man kann sich u. a. an der Produktivität, Wirtschaftlichkeit, Umsatzrentabilität oder am Return on Investment orientieren. Formalziele sind auf das Erreichen „erwünschter geldwerter Zustände" ausgerichtet.

Sachziele oder Leistungsziele: sind Ziele, die sich auf das konkrete Handeln eines Betriebes oder einer öffentlichen Einrichtung bei der Leistungserstellung beziehen. Das umfasst die Art, Menge, Qualität, den Ort und die Zeit der zu produzierenden Güter oder einer zu erbringenden Dienstleistung. Sachziele richten sich meist nach den Formalzielen. Beispiele für Sachziele in der umweltorientierten Unternehmensführung sind die Realisierung von Umweltauflagen bei möglichst niedrigen Kosten, die Implementierung des Nachhaltigkeitsgedanken bis in die Betriebsabläufe oder ein „grünes" Marketing bzw. öffentliches Auftreten. Sachziele sind auf das Erreichen „erwünschter naturaler Zustände" ausgerichtet, unter Berücksichtigung der Interessen der Stakeholder.

Soziale und ökologische Ziele:
Sozialziele, Humanziele, ökologische Ziele beschreiben das angestrebte Verhalten gegenüber Mitarbeitern, Lieferanten, Kunden bzw. Patienten, Staat und der Öffentlichkeit. Es findet eine Orientierung an den sozialen und ökologischen Interessen der Stakeholder statt. Da diese inhaltliche Dimension nicht direkt für das wirtschaftliche Überleben eines Unternehmens notwendig ist bzw. nicht unmittelbare Erfolge generiert, wird sie oft als zweitrangig angesehen. Häufig ist die Umsetzung gewisser sozialer und ökologischer Ziele aber auch gesetzlich verankert. Man denke an die Regelung von Arbeitszeiten oder an die Einhaltung von Umweltschutzauflagen. Viele Standards im Bereich des Qualitätsmanagements und Umweltmanagements (z. B. ISO 90001 und 14001) tragen zur Umsetzung und Einhaltung sozialer und ökologischer Ziele bei. Im Bereich sozialer und ökologischer Ziele kommt besonders dem Grundgedanken der Nachhaltigkeit hohe Bedeutung zu.

Zielhierarchie:
Mit Hinblick auf die Hierarchie zwischen den Zielen kann zwischen **Oberzielen, Zwischenzielen** und **Unterzielen** unterschieden werden. Während Formalziele oft Oberziele sind, verhalten sich Sachziele meist als Zwischen- oder Unterziele, um die angestrebten Formalziele zu erreichen. So kann beispielsweise das Oberziel der Emissionsreduktion eines Kohlekraftwerks durch das Zwischenziel (bzw. Unterziel) der Anschaffung einer Pre- oder Post-Combustion-Anlage erreicht werden. Das Oberziel der Steigerung der Mitarbeiterzufriedenheit ist beispielsweise durch das Unterziel des Einrichtens eines firmeneigenen Kindergartens erreichbar. Das Oberziel einer Gemeinde, möglichst unabhängig beispielsweise von einer zentralisierten (Lebensmittel-)Versorgung zu sein, könnte durch das Zwischenziel der gezielten Förderung lokaler Lebensmittelproduktionen oder Sozialer Landwirtschaftsprojekte verwirklicht werden.

Zielbeziehungen:
Ein erfolgreiches betriebliches Management setzt den Umgang mit vielen unterschiedlichen Interessengruppen und deren verschiedenen Zielsetzungen voraus. Deshalb ist es notwendig, sich grundlegend mit den auftretenden Zielbeziehungen auseinander zu setzen.

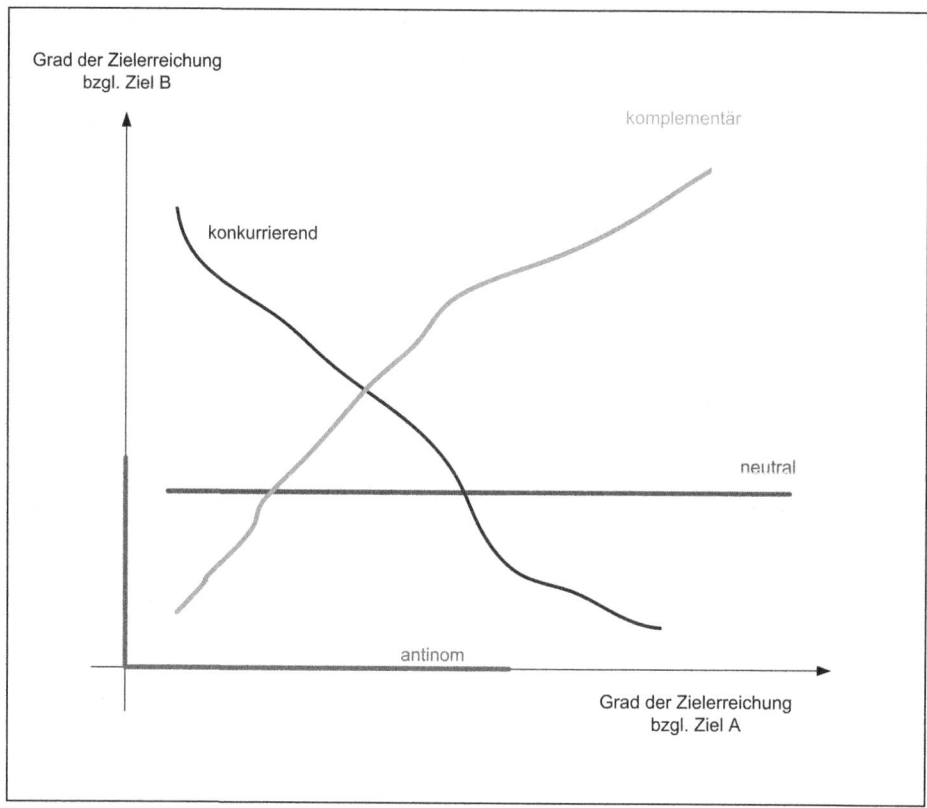

Abb. 2.5 Zielbeziehungen

Ein Manager wird dem ökonomischen Prinzip folgend versuchen, einen effizienten Interessenausgleich für das Unternehmen vorzunehmen.

Mit Blick auf die Beziehung einzelner Ziele untereinander können Ziele eingeteilt werden in komplementäre, konkurrierende, antinome und indifferente Zielsetzungen, wie in Abb. 2.5 dargestellt. **Komplementäre Ziele** sind durch eine synergetische Zielbeziehung gekennzeichnet. Was zur Erfüllung des einen Ziels beiträgt, fördert zugleich das Erreichen des anderen Ziels. Komplementäre Zielbeziehungen stehen im Gegensatz zu konkurrierenden Zielbeziehungen. **Konkurrierende Zielbeziehungen** sind dadurch gekennzeichnet, dass jeder Schritt in Richtung der Umsetzung des einen Ziels dazu führt, dass man sich von der Realisierung des anderen Ziels entfernt. Die Umsetzung eines Ziels geht zu Lasten der Verwirklichung des anderen Ziels. Bei **antinomen Zielsetzungen** schließt sich die gleichzeitige Verwirklichung der Ziele aus. Es muss letztlich eine Entweder-oder-Entscheidung getroffen werden. **Neutrale bzw. indifferente Zielbeziehungen** sind dadurch kennzeichnet, dass die Verwirklichung der Ziele vollkommen unabhängig voneinander erfolgen kann. Die Verfolgung des einen Ziels hat keinen Einfluss auf das andere Ziel.

2.3 Weitere Zielsetzungen in Unternehmen

Als Manager sollte man sich stets vor Augen halten, dass an die Zielformulierung gewisse Anforderungen zu stellen sind. Zielsetzungen im Betrieb sollten **konkret, fordernd, erreichbar** und **persönlich** sein. Ferner ist der Fokus oder die **Beschränkung auf das Wesentliche** ein nicht zu unterschätzender Faktor, der das Erfüllen des Ziels häufig maßgeblich beeinflusst. Als guter Manager sollten Sie ihre Ziele operational formulieren. Das bedeutet, dass der Grad der Zielerreichung gemessen und mit dem geplanten Zielwert verglichen werden kann. Die Zielformulierung sollte deshalb in der Regel den Zielinhalt, das Zielausmaß und den Zieltermin enthalten.

> **Beispiel**
>
> Bereichsleiter H. Kauder plant eine Umsatzsteigerung im Marktsegment „Trucks" für das kommende Jahr um 12 %.
> Zielinhalt: Umsatzsteigerung im Marktsegment „Trucks"
> Zielausmaß: + 12 %
> Zieltermin: kommendes Jahr

Operationale Zielformulierungen erleichtern erheblich den Planungs- und Steuerungsprozess und unterstützen die Ergebniskontrolle sowie die Analyse von Abweichungen.

Weiterführende Literatur

Berthel, J., & Becker, F. (2013). *Personalmanagement*, 10. Aufl. Stuttgart: Schäffer Poeschel.
Biethahn, J., Mucksch, H., & Ruf, W. (2004). *Ganzheitliches Informationsmanagement–Band 1: Grundlagen*, 6. Aufl. München: Walter de Gruyter GmbH & Co KG.
Biethahn, J., Mucksch, H., & Ruf, W. (2007). *Ganzheitliches Informationsmanagement: Band II: Entwicklungsmanagement*, 4. Aufl. München: Walter de Gruyter GmbH & Co KG.
Dubs, R., Euler, D., Rüegg-Stürm, J., & Wyss, C. (2009). *Einführung in die Managementlehre* (Bd. 2, S. 5). Haupt.
Dyckhoff, H., & Souren, R. (2007). *Nachhaltige Unternehmensführung: Grundzüge industriellen Umweltmanagements*. Berlin: Springer-Verlag.
Gutenberg, E. (1958). *Einführung in die Betriebswirtschaftslehre*. Berlin: Springer-Verlag.
Gutenberg, E. (1980). *Grundlagen der Betriebswirtschaftslehre Band. III*. Berlin: Die Finanzen.
Gutenberg, E. (1984). *Grundlagen der Betriebswirtschaft, Band II: Der Absatz*, 17. Aufl. Berlin u. a: Springer.
Gutenberg, E. (1961). *Grundlagen der Betriebswirtschaftslehre: Band. Die Produktion (Vol. 1)*. Berlin: Springer-Verlag. raus nehmen)
Heinen, E. (2013). *Das Zielsystem der Unternehmung: Grundlagen betriebswirtschaftlicher Entscheidungen* (Bd. 1). Berlin: Springer-Verlag.
Hungenberg, H., & Wulf, T. (2015). *Grundlagen der Unternehmensführung: Einführung für Bachelorstudierende* Berlin, Heidelberg: Springer-Verlag.
Macharzina, K., & Wolf, J. (2008). *Unternehmensführung: das internationale Managementwissen; Konzepte, Methoden, Praxis*. Berlin: Springer-Verlag.

Meyer, M. (2013). *Ziele in Organisationen: Funktionen und Äquivalente von Zielentscheidungen.* Berlin: Springer-Verlag.
Peters, S., Brühl, R., & Stelling, J. N. (2005). *Betriebswirtschaftslehre: Einführung.* München: Oldenbourg Verlag.
Rieger, W. (1928). *Einfuehrung in die Privatwirtschaftslehre von Dr. rer. pol. Wilhelm Rieger... .* Nürnberg: Krische & Company.
Schewe, G. (2005). *Unternehmensverfassung: corporate governance im Spannungsfeld von Leitung, Kontrolle und Interessenvertretung.* Berlin: Springer.
Schneck, O. (2011). *Lexikon der Betriebswirtschaft.* 3500 grundlegende und aktuelle Begriffe für Studium und Beruf (Hrsg.) 8. Aufl. München: Beck Wirtschaftsberater im dtv.
Siemens. (2015). Joint Venture von Mitsibishi Heavy Industries und Siemens nimmt Geschäftstätigkeit auf. [Online]. www.siemens.com/press/PR2015010088CODE. Zugegriffen: Febr. 2017].
Strasser, H. (1966). *Begriffliche Grundlagen der unternehmerischen Zielbildung. In Zielbildung und Steuerung der Unternehmung* (S. 9–17). Wiesbaden: Gabler Verlag
Ulrich, P. (2008). *Integrative Wirtschaftsethik: Grundlagen einer lebensdienlichen Ökonomie*, 4. Aufl. Bern: Haupt.
Winkelmann, P. (2012). *Vertriebskonzeption und Vertriebssteuerung.* München: Verlag Franz Vahlen GmbH
Witte, H. (2007). *Allgemeine Betriebswirtschaftslehre: Lebensphasen des Unternehmens und betriebliche Funktionen.* München: Oldenbourg Verlag.
Wöhe, G., & Döring, U. (2013). *Einführung in die Allgemeine Betriebswirtschaftslehre*, 25. Aufl., Beiträge zur Controlling-Forschung. München: Vahlen.

Systemtheorie und Kybernetik 3

Unternehmen bzw. Betriebe bestehen nicht aus einem reinen Selbstzweck. Sie übernehmen in der Gesellschaft eine wichtige Funktion. Im Zentrum der Betrachtung steht die Aufgabe der Erzeugung – der Produktion von Gütern und Dienstleistungen und deren Absatz an die Nachfrager. Unternehmen sind damit in die Gesellschaft eingebettet und stehen in einem komplexen Beziehungsgeflecht mit verschiedensten Akteuren – den Stakeholdern. Die Beschaffung der Produktionsfaktoren und der Absatz des Outputs findet mittels eines komplizierten Beziehungsgeflechts statt. Letztlich bildet ein Unternehmen ein Teilsystem in einem komplexen System von gesellschaftlichen Akteuren. Insofern ist es sinnvoll, sich mit den Grundbegriffen der Kybernetik vertraut zu machen. Zum unverzichtbaren Wissen in diesem Bereich zählen die Begriffsinhalte von System, komplexen Systemen, Rückkoppelung, Autopoieis, Dezentralität, Emergenz und Holismus. Es wird zunächst auf diese Grundbegriffe eingegangen, wie sie von Jeschke S. (2015) beschrieben werden:

▶ Ein **System** ist eine Gesamtheit von Objekten, die sich in einem ganzheitlichen Zusammenhang befinden und durch die Wechselbeziehungen untereinander gegenüber ihrer Umgebung abzugrenzen sind. Als System wird allgemein ein aus mehreren Einzelteilen zusammengesetztes Ganzes bezeichnet. Für ein System ist es bezeichnend, dass die Gesamtheit seiner Elemente aufeinander bezogen bzw. untereinander verbunden sind und sie so miteinander interagieren, dass sie als eine aufgaben-, sinn- oder zweckgebundene Einheit angesehen werden können.

▶ **Komplexe Systeme:** Der Untersuchungsgegenstand der Kybernetik sind Viel-Komponenten-Systeme. Regelmäßig treten nicht-lineare Wechselwirkungen zwischen den Elementen oder Teilsystemen auf, die ihren Ursprung auch in der Heterogenität haben können. Zentraler Aspekt der Kybernetik ist, dass keine Einschränkung der „Art" der beteiligten Komponenten erfolgt.

▶ **Rückkoppelung** ist der wichtigste Mechanismus in der Regeltechnik. Im Feedback Loop (Rückkoppelungsschleife) wird das „Ergebnis" – das Outputsignal – an die Eingangsgröße zurückgemeldet und dort moduliert, sodass es gewichtet oder abgeschwächt zurückwirkt. Hier liegt ein zentrales Element der kybernetischen Sichtweise. An die Stelle geradlinig-kausaler Erklärungsansätze treten zirkuläre Erklärungsansätze, die nicht auf einen umfassenden Forecast des Systemverhaltens zielen, sondern die vielmehr Grundätze des Verhaltens des Systems abbilden. Rückkoppelungsschleifen, welche das Potential der Selbstregulationseigenschaften entfalten, sind das kennzeichnende Merkmal der Funktionsweise natürlicher Systeme. Kybernetische Systeme werden durch multiple Rückkoppelungsschleifen beschrieben.

▶ **Autopoiesis** ist ein weiteres Kennzeichnen kybernetischer Systeme: Autopoietische Systeme haben die Fähigkeit zu selbständiger Reproduktion. Autopoietische Systeme sind in diesem Sinne „lebendig". Lebendig ist hier allerdings nicht zwingend im biologischen Sinne zu verstehen. Autopoietisch sind sämtliche stabilen, langlebigen Systeme, die neue Fähigkeiten ausbilden können, um sich geänderten Bedingungen anzupassen. Der Begriff wurde durch den Biologen Humberto Matura und Francisco Valero geformt.

▶ **Dezentralität:** Kybernetische Systeme sind durch eine weitgehende dezentrale Steuerung gekennzeichnet. Die Dezentralität ergibt sich als natürliche Konsequenz des rückkoppelungsgetriebenen Ansatzes. Die Folge ist ein weitgehend von unten nach oben, also bottom-up induziertes Systemverhalten. Die Kybernetik postuliert damit eine prinzipielle Überlegenheit selbstorganisierter Prozesse über zentralistische Top-down-Prozesse.

▶ **Emergenz:** Kybernetische Systeme zeigen emergentes Verhalten: Infolge des dezentralen Zusammenspiels seiner Komponenten, die die einzelnen Systemelemente nicht aufweisen, kommt es zu spontaner Herausbildung neuer Eigenschaften, Strukturen oder Verhaltensweisen eines Systems. So kann etwa das Schwarmverhalten von Bienen erst dann entstehen, wenn ausreichend viele Bienen vorhanden sind. Eine Biene allein kann keinen Schwarm bilden. Emergenzeffekte sind grundsätzlich als positiv für das betrachtete System anzusehen. Zwar sind auch negative Emergenzbildungen möglich, das führt allerdings häufig zum Ableben des Systems und somit zum Verschwinden des Effekts und wird deshalb weniger beobachtet. Emergenzbildung ist folglich eine zentrale Grundlage für das Überleben „höherwertiger", also besser angepasster Systeme an ihre Umgebung. In diesem Sinne bietet die Schwarmbildung einen erhöhten Schutz vor Räubern, das „neue Verhalten" führt somit zu einer höheren Lösungsqualität als die Verfolgung einer Einzelstrategie.

▶ **Holismus** (Ganzheitslehre) ist die Vorstellung, dass natürliche Systeme und ihre Eigenschaften nicht als Zusammensetzung ihrer Teile zu betrachten sind. Dies gilt u. a. für gesellschaftliche, wirtschaftliche, physikalische, chemische, biologische Systeme. Ein System, das als Ganzes funktioniert, kann nicht vollständig durch das Zusammenwirken seiner Einzelteile erklärt werden. Der Holismus bildet damit eine Gegenposition zum Atomismus bzw. Reduktionismus. Holistische Ansätze finden sich bei Platon und Aristoteles: „Das Ganze ist mehr als die Summe seiner Teile". Das Entstehen von Synergien, d. h. das sich gegenseitig fördernde Zusammenwirken von Lebewesen, Stoffen oder Kräften, lassen sich holistisch begreifen. Unter Synergetik wird die Lehre vom Zusammenwirken von Elementen gleich welcher Art bezeichnet, die in dynamischen komplexen Systemen miteinander in Wechselwirkung treten.

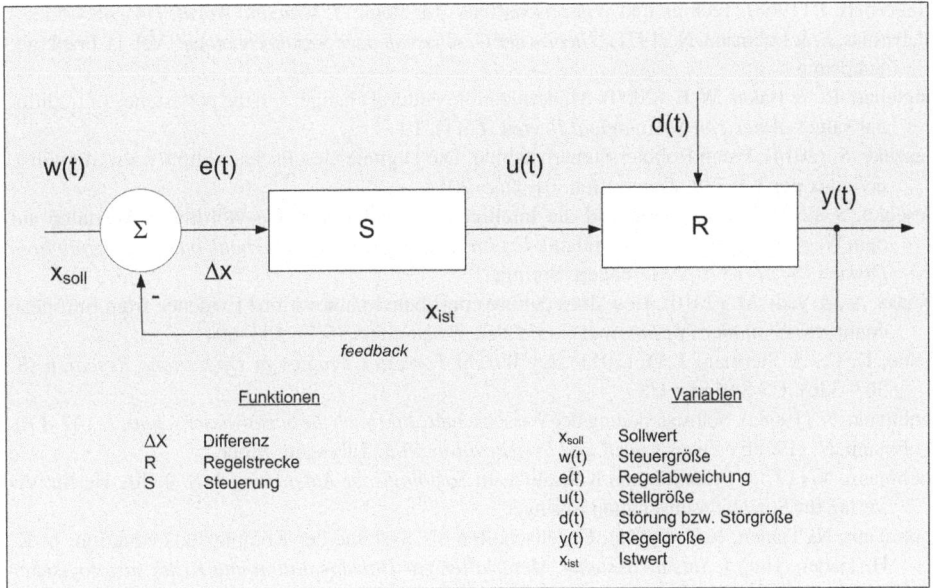

Abb. 3.1 Einfacher Regelkreis

In Abb. 3.1 ist das Grundprinzip eines kybernetischen Systems abgebildet. Zentrales Element der Kybernetik ist die Rückkoppelung, das Feedback. In jedem System, in dem eine Transformation erfolgt, gibt es einen Input und einen Output. Die Inputs sind die Einflüsse der Umwelt auf das System, die Outputs sind die Einflüsse des Systems auf die Umwelt. Zwischen Input und Output liegt eine Zeitspanne. In jedem Feedback Loop (Rückkoppelungsschleife) werden Informationen über den Output als Input an das System zurückgegeben. Wenn diese Informationen die Transformation in der gleichen Richtung begünstigt, liegt eine positive Rückkoppelung vor. In diesem Fall folgt ein exponentielles Wachstum oder eine exponentielle Schrumpfung. Wenn die neue Information in der Gegenrichtung wirkt, haben wir eine negative Rückkoppelung. In diesem Fall stabilisiert sich das System.

Weiterführende Literatur

Adorno, T. W. (1966). *Negative Dialektik*. Frankfurt am Main: Suhrkamp.
Benner, D. (2003). Niklas Luhmann: Das Erziehungssystem der Gesellschaft. *Zeitschrift für Pädagogik, 49*(1), 151–157.
Brooks, R. A. (1991). Intelligence without representation. *Artificial Intelligence, 47*(1–3), 139–159.
Bühner, R. (2004). *Betriebswirtschaftliche Organisationslehre*, 10. Auflage. München/Wien: Oldenbourg.
Dieckmann, J. (2005). *Einführung in die Systemtheorie: Johann Dieckmann*. Munich: Fink.
Dieckmann, J. (2006). *Schlüsselbegriffe der Systemtheorie*. Munich: Fink.
Ewert, D. (2013). *Adaptive Ablaufplanung für die Fertigung in der Factory of the Future (PhD Thesis)*. Aachen: RWTH Aachen University.

Habermas, J. (1968). Technik und Wissenschaft als „Ideologie"?. *Man and World*, *1*(4), 483–523.

Habermas, J., & Luhmann, N. (1971). *Theorie der Gesellschaft oder Sozialtechnologie* (Vol. 1). Frankfurt: Suhrkamp.

Inglehart, R., & Baker, W. E. (2000). Modernization, cultural change, and the persistence of traditional values. *American Sociological Review*, *65*(1), 19.

Jeschke, S. (2014). Wenn Roboter Steuern zahlen. Die Digitale Gesellschaft. http://www.digitalist.de/index.php?id=739. Zugegriffen: 01. Dec. 2014

Jeschke, S. (2015). Kybernetik und die Intelligenz verteilter Systeme–Nordrhein-Westfalen auf dem Weg zum digitalen Industrieland. *Exploring Cybernetics: Kybernetik im interdisziplinären Diskurs* (S. 277–370). Wiesbaden: Springer.

Kaasa, A., & Vadi, M. (2010). How does culture contribute to innovation? Evidence from European countries. *Economics of Innovation and New Technology*, *19*(7), 583–604.

Lane, D. C., & Sterman, J. D. (2011) *Jay Wright Forrester Profiles in Operations Research* (S. 363–386). US Springer US

Luhmann, N. (1968a). Selbststeuerung der Wissenschaft. *Jahrbuch für Sozialwissenschaft*, *2*, 147–170.

Luhmann, N. (1968b). *Zweckbegriff und Systemrationalität*. Tübingen: Mohr.

Luhmann, N. (1970). Funktion und Kausalität. In *Soziologische Aufklärung 1* (S. 9–30). Berlin: VS Verlag für Sozialwissenschaften Springer.

Luhmann, N. Tjaden, K.H. (1971). Gesellschaften als Systeme der Komplexitätsreduktion. In K. H. Tjaden (Hrsg.), *Soziale Systeme, Materialien zur Dokumentation und Kritik soziologischer Ideologie*. (S. 346–362) Unter Mitarbeit von Armin Hebel. Neuwied und Berlin: Luchterhand.

Luhmann, N. (1972a). Knappheit, Geld und die bürgerliche Gesellschaft. *Jahrbuch für Sozialwissenschaft, 23*(2), 186–210.

Luhmann, N. (1972b). *Rechtssoziologie 1 und 2*. Hamburg: rororo Studium 580.

Luhmann, N. (1975). Interaktion, organisation, gesellschaft. In *Soziologische Aufklärung 2* (S. 9–20). Wiesbaden: VS Verlag für Sozialwissenschaften, Springer.

Luhmann, N. (1981). Symbiotische Mechanismen. In *Soziologische Aufklärung 3* (S. 228–244). Wiesbaden: VS Verlag für Sozialwissenschaften, Springer.

Luhmann, N. (1982). Autopoiesis. *Handlung und kommunikative Verständigung. Zeitschrift für Soziologie*, *11*(4), 366–379.

Luhmann, N. (1984a). Die Wirtschaft der Gesellschaft als autopoietisches System. *Zeitschrift für Soziologie*, *13*(4), 308–327.

Luhmann, N. (1984b). *Soziale Systeme* (Bd. 478). Frankfurt am Main: Suhrkamp.

Luhmann, N. (1987). Die Differenzierung von Politik und Wirtschaft und ihre gesellschaftlichen Grundlagen. *In Soziologische Aufklärung 4* (S. 32–48). Wiesbaden: VS Verlag für Sozialwissenschaften, Springer.

Luhmann, N. (1990). *Die Wissenschaft der Gesellschaft*. Frankfurt am Main: Suhrkamp.

Luhmann, N. (1991). Steuerung durch Recht? Einige klarstellende Bemerkungen. *Zeitschrift für Rechtssoziologie*, *12*(1), 142–146.

Luhmann, N. (1993). *Das Recht der Gesellschaft*. Frankfurt am Main: Suhrkamp.

Luhmann, N. (1995a). *Die Kunst der Gesellschaft*. Frankfurt am Main: Suhrkamp.

Luhmann, N. (1995b). *Soziologische Aufklärung 6*. Opladen: Westdeutscher Verlag.

Luhmann, N. (1995c). Die Realität der Massenmedien. In *Die Realität der Massenmedien* (S. 5–73). Wiesbaden: VS Verlag für Sozialwissenschaften, Springer.

Luhmann, N. (1997). Öffentliche Meinung. In *Demokratische Politik-Analyse und Theorie* S (.35–61). Wiesbaden: VS Verlag für Sozialwissenschaften, Springer.

Luhmann, N. (1999). *Die Wirtschaft der Gesellschaft*, 2. Aufl. Frankfurt am Main: Suhrkamp.

Luhmann, N. (2004). *Ökologische Kommunikation: Kann die moderne Gesellschaft sich auf ökologische Gefährdungen einstellen?* Berlin: Springer.

Luhmann, N. (2005). Interaktion, Organisation, Gesellschaft. In *Soziologische Aufklärung 2* S (. 9–24). Wiesbaden: VS Verlag für Sozialwissenschaften, Springer.

Luhmann, N., & Schorr, K. E. (1979). *Reflexionsprobleme im Erziehungssystem (Vol. 740)*. Stuttgart: Klett-Cotta

Müller-Schloer, C., Malsburg, Cvd., & Würt, R. P. (2004). Organic computing. *Informatik-Spektrum*, 27(4), 332–336.

Pfeifer, R., & Bongard, J. (2006). *How the body shapes the way we think: A new view of intelligence*. New York: Bradford Books.

Pias, C. (2004). Zeit der Kybernetik – Eine Einstimmung. *Cybernetics The Macy – Conferences 1946 – 1953 Dokumente und Reflexionen*, 2, 9–41, Zürich, Diaphanes.

Pias, C. (2006). Geschichte und Theorie der Kybernetik [Online]. http://homepage.univie.ac.at/claus.pias/veranstaltungen/06_ws_kybernetik.html. Zugegriffen: 22. Nov. 2014.

Peters, S., Brühl, R., & Stelling, J. N. (2005). *Betriebswirtschaftslehre: Einführung*. München: Oldenbourg Verlag.

Sowa, J. F.(2011). Cognitive architectures for conceptual structures. In *Conceptual structures for discovering knowledge* (S. 35–49). Berlin Heidelberg: Springer.

Sterman, J. D. (2000). *Business dynamics: Systems thinking and modeling for a complex world*. Boston: Irwin Mcgraw-Hill.

Wiener, N. (1948). *Cybernetics, or control and communication in the animal and the machine*. Cambridge: The MIT Press.

Der Betrieb als Organisationsstruktur 4

Ein zentrales Ziel eines Unternehmens ist es, sein Unternehmenspotential zu sichern. Die Aufrechterhaltung des Unternehmungspotentials erreicht das Unternehmen dadurch, dass es Gewinn erwirtschaftet und Liquidität besitzt. Dieses Oberziel führt letztlich dazu, dass Unternehmen danach streben sollten, eine effiziente und effektive Organisationstruktur aufzubauen. In der Regel findet sich das Prinzip „Form folgt Funktion" verwirklicht. Um also die Organisationsstruktur eines Betriebes zu erfassen ist es sinnvoll, sich zunächst mit der Funktion und der eigentlichen Aufgabe von Unternehmen zu befassen.

4.1 Aufbauorganisation

Die Aufbauorganisation beschäftigt sich mit dem hierarchischen Aufbau eines Unternehmens. Sie stellt den äußeren Rahmen beziehungsweise die Form, unter der Mensch und Sachmittel zur Erfüllung von Aufgaben mit dem Ziel der betrieblichen Leistungserstellung zusammenarbeiten. Sie bildet das Gegenstück zur Ablauforganisation, die sich mit den Prozessen im Unternehmen beschäftigt.

Ausgangspunkt für das Errichten der Aufbauorganisation sind die im Unternehmen zu verrichtende Aufgaben. Unter **Aufgabe** wird die Verpflichtung verstanden, eine vorgegebene Handlung vorzunehmen. Eine Aufgabe ist einerseits durch Aufgabenträger und andererseits durch die Aufgabenmerkmale determiniert. Zu den Aufgabenmerkmalen zählen die zu verrichtende Tätigkeit (Verrichtung), das Objekt, an dem die Verrichtung vorgenommen wird, sowie der Raum und die Zeit zu der die Aufgabe durchgeführt wird. Als Aufgabenträger sind die Subjekte zu verstehen, die die Aufgabe durchführen. Dies können Menschen oder Sachmittel, wie z. B. Maschinen, sein. Diese allgemeine Struktur liegt jeder Aufgabe zugrunde, s. Abb. 4.1.

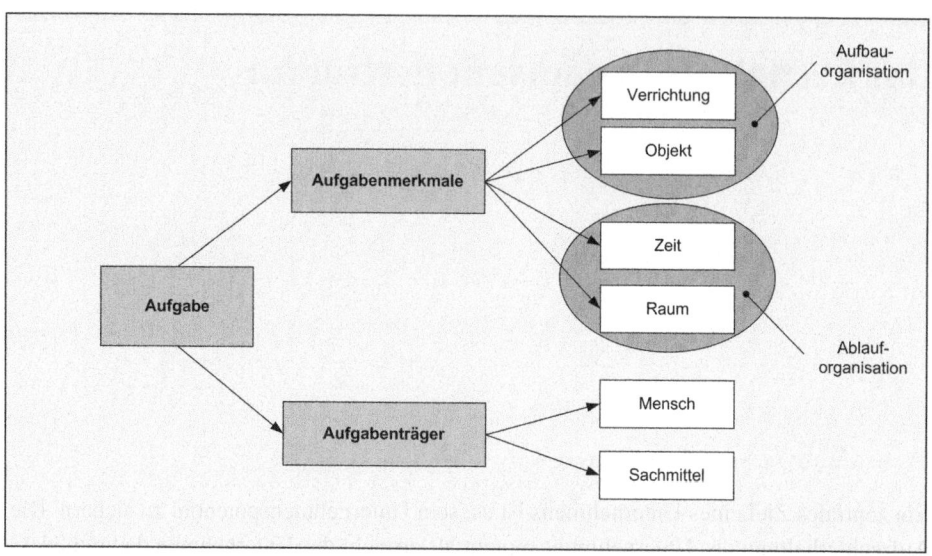

Abb. 4.1 Aufgabe

Aufgaben können komplex sein, d. h. sie lassen sich wiederum in einzelne Teilaufgaben zerlegen oder sie sind einfach und lassen sich nicht weiter sinnvoll zerlegen. Beispiele für eine einfache Aufgabe sind: der Kundenbesuch durch einen Vertriebsmitarbeiter, das Bearbeiten des Posteingangs, das Ausführen von Banküberweisungen. Hingegen gibt es komplexe Aufgaben, wie die Entwicklung oder der Bau eines Autos, Schiffs oder Flugzeugs oder die Entwicklung und Implementierung eines komplexen Softwaresystems. Hier sind einzelne Teilaufgaben abzuarbeiten, die wiederum von unterschiedlichen Personen ausgeführt werden, welche sich verschiedenster Sachmittel bedienen. Damit ein Unternehmen zu einer effizienten Aufbauorganisation gelangen kann, ist eine Auseinandersetzung mit der Struktur der einzelnen Aufgaben im Betrieb notwendig. Dies geschieht regelmäßig in zwei Schritten – der Aufgabenanalyse und der Aufgabensynthese, wie in Abb. 4.2 dargestellt. Die Aufgabenanalyse zerlegt die Aufgabe in ihre Teilaufgaben. Nachdem die betrieblichen Aufgaben so zergliedert sind, werden in der Phase der Aufgabensynthese gleichartige Teilaufgaben zu Stellen zusammengefasst und somit gebündelt. Dies hat den Vorteil, dass Aufgaben kosten- und zeitsparend (effizient) abgewickelt werden können. Als Stelle wird die kleinste Einheit innerhalb der Organisationslehre verstanden, der Begriff Arbeitsplatz kann hier synonym verwendet werden. Ihre Merkmale werden durch eine Stellenbeschreibung für die Mitarbeiter definiert. Die Stellenbeschreibung dient für den Stelleninhaber als zentraler Orientierungspunkt für seine Tätigkeiten. Mit Hinblick auf eine effiziente Erfüllung der Gesamtaufgabe werden Stellen zu Abteilungen gebündelt.

Die sich ergebende Struktur aus betrieblichen Organisationseinheiten wird häufig in einem Organigramm abgebildet. Dies spiegelt die hierarchische Struktur des Unternehmens

4.1 Aufbauorganisation

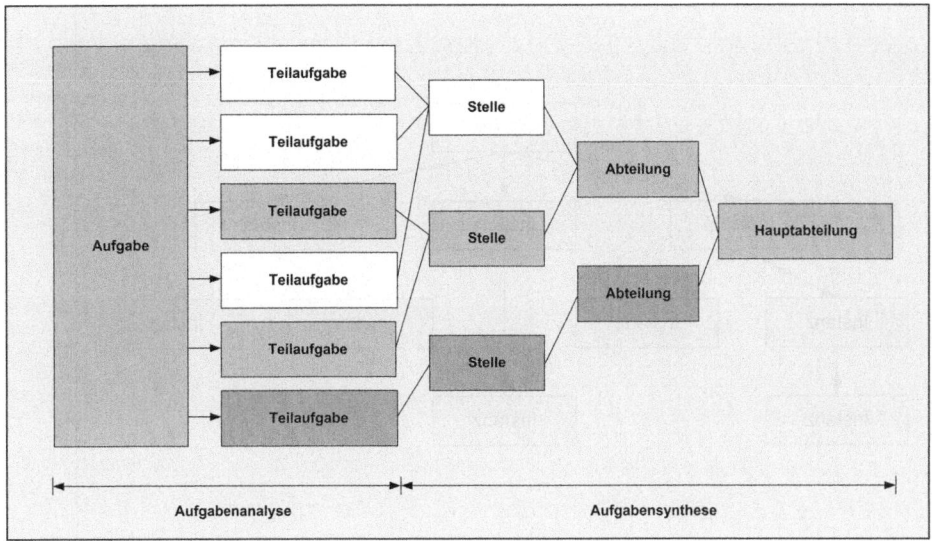

Abb. 4.2 Aufgabenanalyse

wider. Es dient als Orientierungspunkt für die Mitarbeiter und als Ausgangspunkt für die betriebliche Planung, Steuerung und Kontrolle.

Bezüglich sich ergebender Hierarchien können zwei Grundtypen unterschieden werden: Das Einliniensystem und das Mehrliniensystem. Zentrale Begrifflichkeit in diesem System ist die Instanz. Eine Instanz ist eine Stelle mit Leitungs- und Weisungsbefugnis. Das Einliniensystem, wie in Abb. 4.3 skizziert, ist dadurch gekennzeichnet, dass jede Instanz (bis auf die oberste Instanz) genau eine vorgesetzte, direkt übergeordnete, Instanz besitzt. Aus diesem Strukturprinzip ergibt eine sich von oben nach unten immer stärker verzweigende hierarchische Struktur. Der Vorteil eines solchen Unternehmensaufbaus besteht in der Klarheit und Einheitlichkeit – in der Vertikalität der Auftragserteilung. Die strukturelle Schwäche liegt hauptsächlich im Problem des Behandelns und im Abarbeitens von Informationsrückflüssen von den unteren Instanzen in Richtung der Unternehmensführung. Die Struktur führt schnell zur Überlastung oberer Instanzen. Hier muss eine Informationsselektion stattfinden. Die Kriterien hierfür sind häufig unklar. Da eine horizontale Vernetzung fehlt, kann auf der Ebene gleichgeordneter Instanzen nur schwer eine Abwägung unterschiedlicher Interessen und Ziele stattfinden.

Zu den Vorteilen des Einliniensystems gehören:

- klare, übersichtliche Organisation
- eindeutige Dienstwege
- klare Kompetenzen
- gute Steuerung und Kontrolle durch die vorgesetzte Instanz

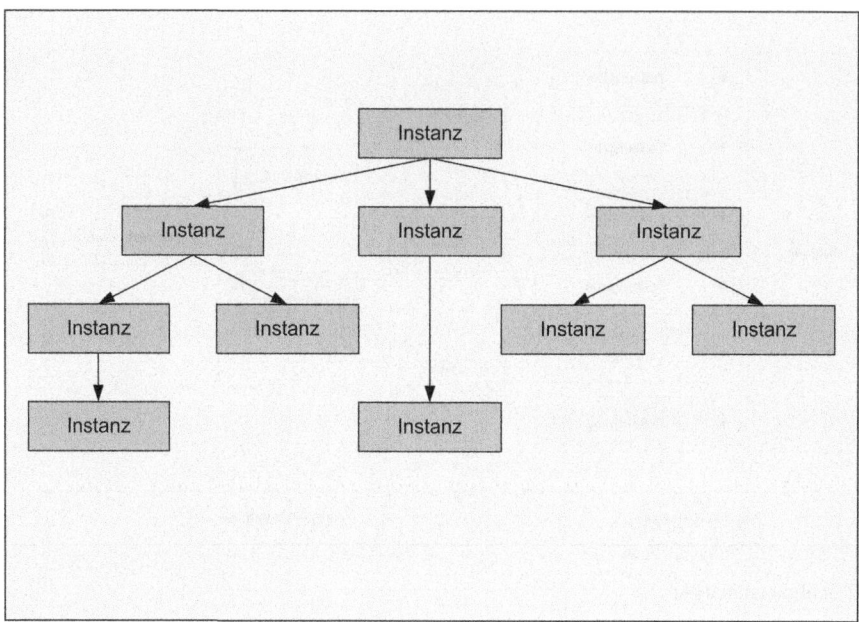

Abb. 4.3 Einliniensytem

Zu den Nachteilen des Einliniensystems gehören:

- mangelnde Flexibilität und Anpassungsfähigkeit durch starre Dienstwege
- starke Belastung der Vorgesetzte durch Informationsrückfluss und Entscheidungsdruck
- Gefahr der Überorganisation - Bürokratie
- Motivationsverlust der Mitarbeiter

Das Problem der Überlastung einzelner Instanzen bei der Entscheidungsfindung kann durch Einführung von Stabsstellen gemildert werden, siehe Abb. 4.4. Stabstellen haben beratende Funktion und sind Stellen ohne Weisungsbefugnis. Ihre Aufgabe besteht im Beschaffen und Auswerten von Informationen und im Vorbereiten einer Entscheidungsgrundlage für Instanzen. Stabstellen mindern damit das Problem der Überlastung von Instanzen bzgl. der Entscheidungsfindung. Sie schaffen aber ein neues Problem. Stabstellen haften in der Regel nicht für die Entscheidung, die auf Basis ihrer Informationen getroffen werden, sondern das Haftungsrisiko trifft primär die Instanz, da sie die Verantwortung und Weisungsbefugnis trägt. Diese Herausforderung wird dadurch verschärft, dass Stäbe die Möglichkeit der Informationsselektion besitzen und damit aktiv ihren Eigennutzen durch Filtern und Bewerten der Informationen maximieren können. Ihr persönlicher Eigennutzen muss sich dabei nicht vollkommen mit dem Nutzen der Instanz decken.

Weitere mögliche Organisationstrukturen bieten Mehrliniensysteme. Die Struktur eines Mehrliniensystems ist in Abb. 4.5 schematisch dargestellt. Bei einem Mehrliniensystem

4.1 Aufbauorganisation

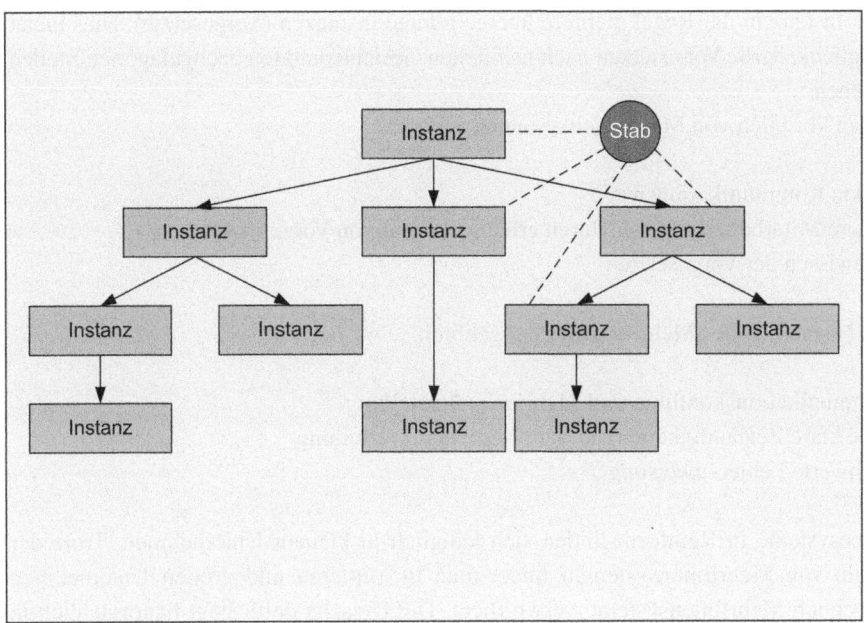

Abb. 4.4 Einliniensystem mit Stabstelle

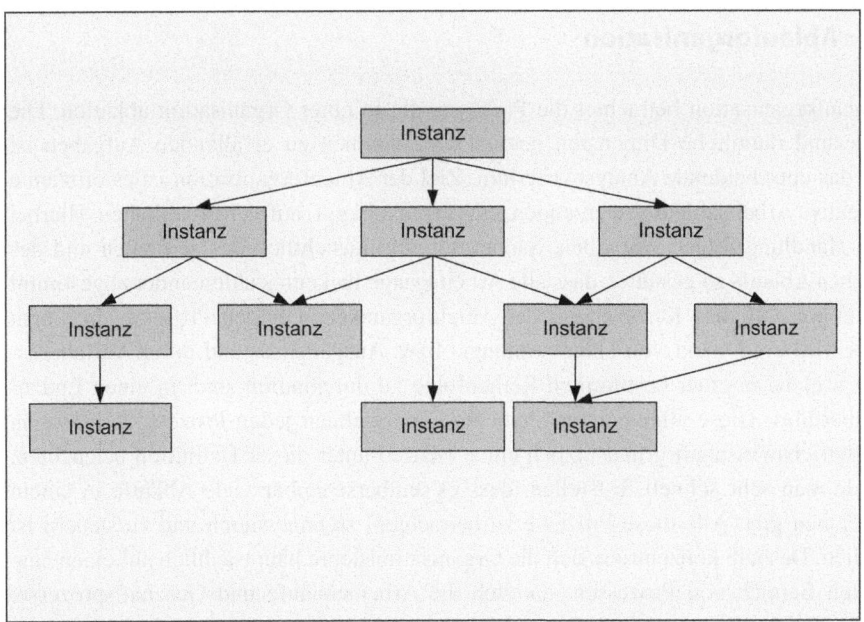

Abb. 4.5 Mehrliniensystem

hat eine Instanz in der Regel mehrere übergeordnete Instanzen (Vorgesetzte). Dies bietet die Möglichkeit, die Vorgesetzen nach fachlichen Gesichtspunkten nachgelagerten Stellen zuzuordnen.

Zu den Vorteilen von Mehrliniensystemen zählen:

- direkte Kommunikationswege
- bessere Mitarbeiterkontrolle durch erhöhte Anzahl von Vorgesetzten
- Fachwissen der Vorgesetzten

Zu den Nachteilen des Mehrliniensystem gehören:

- Kommunikationskonflikte und Mehrfachunterstellung
- keine klare Zuständigkeiten, unklare Kompetenzverteilung
- erschwerte Fehlerzuweisung

Einliniensysteme in Reinform finden sich lediglich in kleinen Unternehmen. Trotz der Nachteile von Mehrliniensystemen findet man in mittleren und großen Unternehmen hauptsächlich Mehrliniensysteme verwirklicht. Die Ursache dafür liegt hauptsächlich in der Notwendigkeit von Flexibilität und die Komplexität der zu lösenden Aufgaben, die eine Spezialisierung der Instanzen erfordert. Spezielle Mehrliniensysteme sind die Matrixorganisation und Tensororganisation.

4.2 Ablauforganisation

Die Ablauforganisation betrachtet die Prozesse, die in einer Organisation ablaufen. Die zeitliche und räumliche Dimension der im Unternehmen zu erfüllenden Aufgaben ist hierbei das entscheidende Analysekriterium. Ziel der Ablauforganisation ist es effiziente und effektive Arbeitsabläufe zu erzeugen, etablieren und ggf. aufrecht zu erhalten. Hierbei werden Handlungsträger, Aufgaben, Sachmittel etc. hinsichtlich des zeitlichen und des räumlichen Ablaufs so gestaltet, dass alle Arbeitsgänge lückenlos aufeinander abgestimmt sind. Ein wesentliches Kernelement der Ablauforganisation bilden Prozesse. In einem **Prozess** wird ein Objekt von einem Anfangs- bzw. Ausgangszustand durch Verfahrensschritte, welche in einer bestimmten Reihenfolge zu durchlaufen sind, in einen Endzustand überführt. Diese allgemeinen Elemente kennzeichnen jeden Prozess. Würde man in der Betriebswirtschaft grundsätzlich einen Betrieb unter dieser Definition beleuchten, so würde man sehr schnell feststellen, dass es unüberschaubar viele Abläufe in einem Unternehmen gibt. Alle diese Prozesse zu betrachten, zu analysieren und zu steuern ist unmöglich. Deshalb konzentriert sich die Organisationslehre hauptsächlich auf einen ausgewählten Bereich von Prozessen, nämlich die Arbeitsabläufe und Geschäftsprozesse. Ein **Arbeitsablauf** ist eine definierte Abfolge von Aktivitäten in einem Arbeitssystem einer Organisation. Arbeitsabläufe werden heute häufig mit dem englischen Begriff des

4.2 Ablauforganisation

„Workflow" bezeichnet. Von diesem Oberbegriff werden auch Arbeitsaufträge und Arbeitsschritte eingeschlossen. Ein **Geschäftsprozess** ist eine Menge logisch verknüpfter Einzeltätigkeiten (z. B. Aufgaben), die ausgeführt werden, um ein bestimmtes geschäftliches oder betriebliches Ziel zu erreichen. Er wird durch ein definiertes Ereignis ausgelöst und transformiert Produktionsfaktoren (Inputs) unter Beachtung bestimmter Regeln zu einem oder mehreren Erzeugnissen (Outputs). Häufig wird für die Analyse und Organisation von Prozessen eine Einteilung in Kernprozesse, Management- und Unterstützungsprozesse vorgenommen. Eine andere gängige Gliederung ist die Einteilung in Primär-, Sekundär- und Tertiärprozesse. In Primärprozessen (direkten Prozessen) findet die eigentliche Wertschöpfung des Unternehmens statt. Sekundäre Prozesse (indirekte Prozesse) unterstützen die Primärprozesse durch Bereitstellung von Leistungen innerhalb des Unternehmens. Tertiärprozesse umfassen Steuerungs- und Regelungsprozesse. Ihre Aufgabe ist es, die Primärprozesse zu steuern. Abb. 4.6 zeigt eine mögliche Kategorisierung von Prozessen.

Die Entwicklung von Geschäftsprozessen und Arbeitsabläufen, die zur Organisation des Unternehmens passen, ist aufgrund der sich ständig ändernden Rahmenbedingungen selbst ein immerwährender Prozess. Man denke beispielsweise an die sich häufig ändernden rechtlichen Rahmenbedingen oder an den technologischen Fortschritt. Die Entwicklungen in der IT und dem Internet allein führen zu einer immer weiter fortschreitenden Vernetzung, die es erforderlich macht, Arbeitsabläufe immer wieder zu überdenken und erneut anzupassen.

Um diese Anpassung vorzunehmen, wurden verschiedenste Managementkonzepte entwickelt. Die Bandbreite wird durch zwei grundlegend verschiedene Ansätze bestimmt, dem „Business Process Reengineering" (BPR) und dem „Kontinuierlichen Verbesserungsprozess"

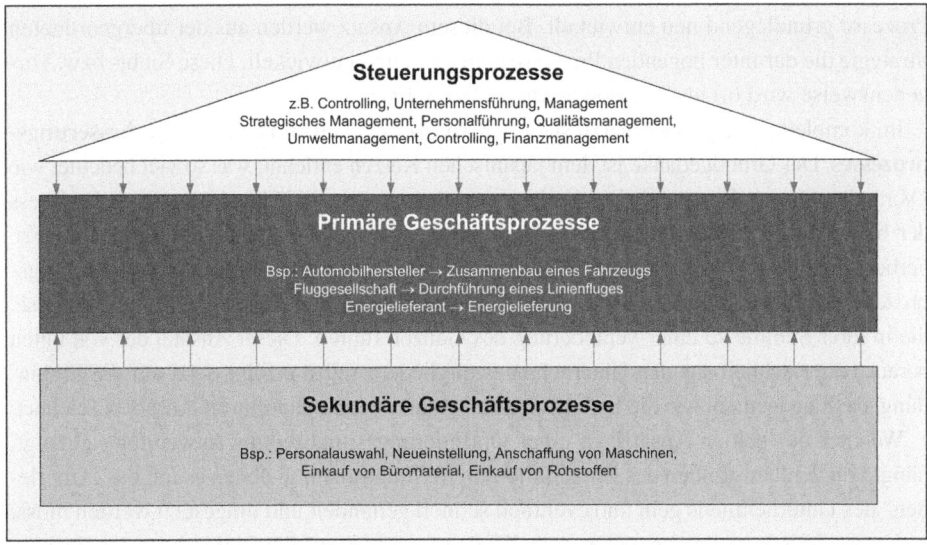

Abb. 4.6 Mögliche Einteilung von Prozessen

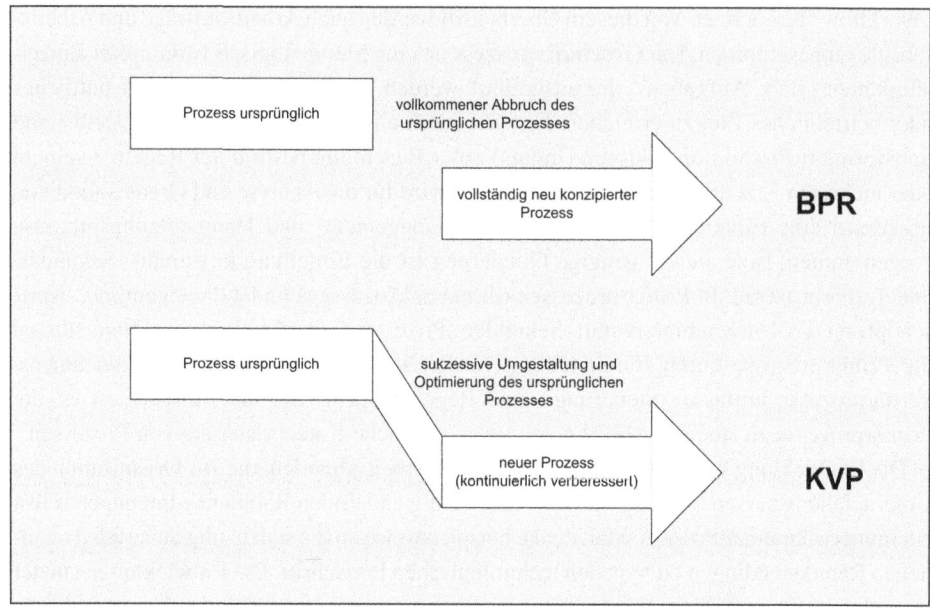

Abb. 4.7 Kontinuierliche Verbesserung im Vergleich zu Business-Process-Reengineering

(KVP). Der grundsätzliche strukturelle Unterschied zwischen KVP und BPR wird in Abb. 4.7 verdeutlicht.

Das **Business Process Reengineering** verfolgt die radikale Neugestaltung von Unternehmensprozessen. Vorhandene Geschäftsprozesse werden weder analysiert, noch sukzessive verbessert. Zur Erfüllung der Unternehmstrategie werden die erfolgskritischen Prozesse grundlegend neu entwickelt. Bei diesem Ansatz werden aus der übergeordneten Strategie die darunter liegenden Prozesse abgeleitet und entwickelt. Diese Sicht- bzw. Vorgehensweise wird oft als Top-down-Ansatz bezeichnet.

Im kompletten Gegensatz hierzu steht der Ansatz des **Kontinuierlichen Verbesserungsprozesses**. Der Grundgedanke ist dem japanischen Kaizen entlehnt, was so viel bedeutet wie „Veränderung zum Besseren". Das Ziel ist hier, einen kontinuierlichen Verbesserungsprozess der betrieblichen Leistungserstellung durch stetige, schrittweise Optimierung der Prozesse herbeizuführen. KVP setzt darauf, dass die einzelnen Mitarbeiter direkt am Verbesserungsprozess teilnehmen. Hauptaugenmerk liegt auf der lokalen Veränderung einzelner Prozesse, die in ihrer Summe zu einer Veränderung des Ganzen führen. Dieser Ansatz, der von unten heraus hauptsächlich aus den Unternehmensmitgliedern selbst erfolgt, setzt auf die Einbindung, das Engagement wie die Initiative derselben und wir als Bottom-up-Ansatz bezeichnet.

Welcher der beiden Ansätze in einer Optimierungssituation zur Anwendung gelangt, hängt von den Umständen des Einzelfalles ab. In Situationen, in denen es um das „Überleben" des Unternehmens geht und eventuell schnell gehandelt und umgesetzt werden muss, weist das BPR Vorteile gegenüber dem KVP auf, da hier auf die Einbindung der Basis in die Entscheidungsfindung verzichtet wird, wodurch aufwendige Abstimmungsvorgänge entfallen. In einem funktionierenden Betrieb bietet sich der Ansatz des KVP an. KVP als menschenorientierter Ansatz erfordert längerfristige Disziplin von allen Beteiligten.

Weiterführende Literatur

Bea, F.X, Göbel, E. (2010). *Organisation: Theorie und Gestaltung*, (4. Aufl.)., Stuttgart: UTB.
Bleicher, K. (2011). *Das Konzept Integriertes Management: Visionen – Missionen – Programme* (8. Aufl.), Frankfurt/New York: Campus.
Braun, J. (2003). Grundlagen der Organisationsgestaltung. In *Neue Organisationsformen im Unternehmen* (S. 1–67). Berlin Heidelberg: Springer.
Breisg T. (2015) *Betriebliche Organisation: Organisatorische Grundlagen und Managementkonzepte. Aufbau- und Prozessorganisation. Organisationswandel. Aufgaben und Lösungen.* (2. Aufl.). Herne: NWB Verlag.
Bühner, R. (2004). *Betriebswirtschaftliche Organisationslehre* (10. Aufl.). München/Wien: Oldenbourg.
Engelmann, T. (2013). *Business Process Reengineering: Grundlagen—Gestaltungsempfehlungen—Vorgehensmodell.* Wiesbaden: Springer-Verlag.
Hammer, M. (2015). What is business process management?. In *Handbook on Business Process Management 1* (S. 3-16). Berlin Heidelberg: Springer.
Helbig, R. (2013). *Prozessorientierte Unternehmensführung: Eine Konzeption mit Konsequenzen für Unternehmen und Branchen dargestellt an Beispielen aus Dienstleistung und Handel.* Wiesbaden: Springer-Verlag.
Kieser, A., & Ebers, M. (Hrsg.). (2006). *Organisationstheorien.* Stuttgart: W. Kohlhammer Verlag.
Korndörfer, W. (1999) *Allgemeine Betriebswirtschaftslehre* (12. Aufl.). Wiesbaden: Gabler Verlag.
Kostka, C., & Kostka, S. (2013). *Der Kontinuierliche Verbesserungsprozess: Methoden des KVP* (Bd. 22). München: Carl Hanser Verlag GmbH Co KG.
Kühl, S. (2011). *Organisationen: eine sehr kurze Einführung.* Wiesbaden: Springer-Verlag.
Laux, H., & Liermann, F. (2005): Grundlagen der Organisation: Dies Steuerung von Entscheidungen als Grundproblem der Betriebswirtschaftslehre, (6. Aufl.). Springer
Nicolai, C. (2009). *Betriebliche Organisation.* Stuttgart: Lucius & Lucius, UTB.
Schreyögg, G. (2016). *Grundlagen der Organisation* (2. Aufl.). Wiesbaden: SpringerGabler.
Schreyögg, G. (2015). *Organisation–Grundlagen moderner Organisationsgestaltung–mit Fallstudien.* 6., überarbeitete und erweiterte Auflage. Wiesbaden: SpringerGabler.
Simon, F. B. (2015). *Einführung in die systemische Organisationstheorie* (Bd. 1, 5. Aufl.). Heidelberg: Carl-Auer-Verlag.
Staehle, W. H. (2013). *Kennzahlen und Kennzahlensysteme als Mittel der Organisation und Führung von Unternehmen.* Wiesbaden: Springer-Verlag.
Todnem By, R. (2005). Organisational change management: A critical review. *Journal of change management, 5*(4), 369–380.
Vahs, D. (2009). *Organisation: Ein Lehr-und Managementbuch* (9. Aufl.). Stuttgart: Schäffer-Poesche.
Vom Brocke, J., & Rosemann, M. (2010). *Handbook on business process management.* Heidelberg: Springer.
Wöhe, G., & Döring, U. (2013). *Einführung in die Allgemeine Betriebswirtschaftslehre* (25. Aufl.). Lüneburg: Vahlen.

Marketing 5

In zahlreichen Discountern kann man beispielsweise Slogans lesen, wie: *„Bei uns Bio genießen – Bei uns genießen Sie mit über 450 Produkten Qualität und Natürlichkeit, denn die Produkte sind sorgfältig ausgesucht, kontrolliert und ohne unnötige Zusätze. Immer mehr unser Bio Produkte tragen zudem das Naturland Zeichen für hohe biologische und soziale Standards."* Ganz offensichtlich versuchen Unternehmen sich mit solchen und ähnlichen Werbetexten Kundenwünsche anzupassen und sich auf die Bedürfnisse in ihren Zielgruppen auszurichten – vielleicht sogar diese zu verstärken oder zu wecken. Es ist ein klassischer Fall von Werbung, der es dem Unternehmen ermöglicht, sich am Markt auszurichten. Oft werden die Begriffe Werbung und Marketing synonym verwandt, allerdings ist dies falsch. Werbung ist ein Bestandteil von Marketing. Marketing ist in seinem Begriffsinhalt viel umfassender, wie das folgende Kapitel zeigen wird.

Unternehmen erstellen eine Vielzahl von Leistungen und müssen sich an den Bedürfnissen des Marktes orientieren. Nur dies gewährt langfristig den Erfolg eines Unternehmens. Insofern ist es unerlässlich, sich mit den Grundlagen des Marketings vertraut zu machen.

▶ Unter **Marketing** versteht man die konsequente Ausrichtung des gesamten Unternehmens an den Bedürfnissen des Marktes. Marketing ist eine unternehmerische Denkhaltung und Aufgabe, zu deren wichtigsten Herausforderungen das Erkennen von Marktveränderungen und Bedürfnisverschiebungen gehört, um rechtzeitig Wettbewerbsvorteile aufzubauen.

Einfach formuliert können folgende Aussagen als **Marketingmaximen** angesehen werden:

▶ Versuche nicht zu verkaufen, was du schon produziert hast, sondern produziere nur, was sich verkaufen lässt.
▶ Warte nicht darauf, dass der Kunde seinen Bedarf anmeldet, sondern wecke Bedürfnisse, die der Kunde unbewusst in sich trägt.

Um das Unternehmen im Sinne des Marketings richtig auszurichten, müssen alle Maßnahmen aus der Perspektive des Markes betrachtet werden.

Betrachtet man z. B. die Markteinführung eines neuen Elektrofahrzeugs (Kleinwagen) durch einen Automobilhersteller, so fällt der erste Blick, wenn man an Marketing denkt, sofort auf den Käufer. Sie werden sich Fragen stellen, wie z. B.: Wer kommt als Käufer für das Fahrzeug überhaupt in Frage? Welchen Preis kann oder soll man für das Fahrzeug am Markt verlangen? Wie sieht es mit Konkurrenzanbietern in dem Marktsegment aus? Dies ist naheliegend, denn es sind die Bedürfnisse des Konsumenten (Käufers), die primär befriedigt werden müssen. Dieses Kapitel wird allerdings zeigen, dass Marketing viel umfassender ist und dass es eine Vielzahl von Akteuren und Interessengruppen gibt, deren Bedürfnisse berücksichtigt werden müssen, um betriebswirtschaftlich den maximalen Erfolg mit seinem Unternehmen zu erzielen. Bei genauerem Hinsehen wird in dem gewählten Beispiel klar, dass es eine Vielzahl weiterer Gruppen gibt, wie z. B. Mitarbeiter, Zulieferer, politische Verbände und Interessengruppen, auf deren Bedürfnisse das Unternehmen sich ebenfalls einstellen muss, um überhaupt ein qualitativ hochwertiges und funktionstüchtiges Fahrzeug an den Markt bringen zu können. Der Automobilhersteller braucht zur Produktion des Fahrzeugs gut ausgebildete Arbeitskräfte, diese wird er als Arbeitgeber aber nur am Arbeitsmarkt finden, wenn er z. B. ihre Bedürfnisse nach einem angemessen Lohn befriedigen kann. Auch wird er diese Mitarbeiter in der Regel umso länger an sich binden können, wenn ein gutes Betriebsklima herrscht. Ebenfalls sind zum Bau des Fahrzeuges Bauteile notwendig, die der Automobilhersteller von Zuliefern bezieht auch diese haben Ansprüche an das Unternehmen. Sie verlangen beispielsweise adäquate Lieferkonditionen. Weitere Fragen und Herausforderungen tun sich auf, die den Manager dazu zwingen, sich mit den Bedürfnissen zahlreicher Interessengruppen auseinander zu setzten. Eine solche Frage ist beispielsweise: Wie kann man die ausreichende Versorgung des Absatzgebietes mit Ladesäulen sicherstellen? Hier sind eventuell eine engagierte Zusammenarbeit und ein Dialog mit Verbänden und Parteien, Regierungen und Behörden, aber auch eventuell mit Konkurrenzunternehmen gefordert. Allein dieses kleine Gedankenexperiment zeigt, dass Marketing alle Funktionsbereiche des Unternehmens durchdringt und nur dann erfolgreich sein kann, wenn es auch als Querschnittsfunktion im Management, das sich über alle Funktionsbereiche erstreckt, verstanden wird.

Als **Markt** bezeichnet man in der Ökonomie das Zusammentreffen von Angebot und Nachfrage in funktioneller Hinsicht unter Preisbildung im Falle eines Tausches. Mindestvoraussetzung für das Entstehen eines Marktes ist neben dem Vorhandenseins eines Tauschmittels (i.d. R. Geld) eine potenzielle Tauschbeziehung, bei der mindestens ein Tauschobjekt (wertvolles/knappes Gut), ein Anbieter und ein Nachfrager vorhanden sind. Wie viel eines Gutes nachgefragt oder angeboten wird, hängt im Wesentlichen vom Preis ab. Aber wie entstehen Angebot und Nachfrage? Menschen haben Bedürfnisse, die einen Bedarf an korrespondierenden Gütern auslösen. Diese Güter werden von Unternehmen hergestellt und in der Regel an einem Markt angeboten. Zur Befriedigung ihrer Bedürfnisse fragen nun Konsumenten diese Güter nach. Die Menge, die ein Mensch konsumiert, wird durch seine Präferenzen, aber auch durch seine finanziellen Möglichkeiten (Einkommen oder Vermögen) bestimmt.

Um Marketing als Teil des unternehmerischen Gesamtprozesses zu verstehen, ist es sinnvoll, sich den Grundbausteinen dieser Disziplin zu widmen. Um ein Unternehmen am Markt ausrichten zu können, ist es notwendig zu verstehen, wie Bedürfnisse entstehen und eingeteilt werden können, wie man die einzelnen Marktakteure auch im Hinblick auf ihre Interessenlage einteilen kann.

5.1 Bedürfnisse – Bedarf – Nachfrage

Das Handeln des Menschen strebt grundsätzlich nach der Erreichung erwünschter und der Vermeidung unerwünschter Zustände. Die Erfüllung insbesondere physiologischer Bedürfnisse bildet eine grundlegende Handlungsmotivation. Bedürfnisse sind ein „Motor" für menschliches Handeln. Als **Bedürfnis** wird auch in der Ökonomie das Verlangen oder der Wunsch verstanden, einem tatsächlichen oder empfundenen Mangel Abhilfe zu schaffen. Auf diesem Element setzt eine wesentliche Grundannahme in den Wirtschaftswissenschaften auf. Menschen werden hier oft als **„homo oeconomicus"** abstrahiert. Dieses Konzept geht davon aus, dass Menschen rational handeln und Güter zur Befriedigung ihrer Bedürfnisse konsumieren. Dabei versuchen Sie stets, ihren eigenen Nutzen zu maximieren. Dabei unterscheiden sich die Individuen regelmäßig in ihren Präferenzen (Vorlieben).

> **Beispiel**
>
> Dies lässt sich beispielhaft am Konsum von Biomilch und konventioneller Milch darstellen.
>
> Einige Konsumenten (Typ A) werden Milch lediglich als einfaches Lebensmittel ansehen und es als ein Produkt konsumieren, das hauptsächlich ihr existentielles Grundbedürfnis befriedigt. Der Mensch benötigt Nahrungsmittel um zu leben und Milch ist ein potentielles Nahrungsmittel. Darüber hinaus wird sich ein durchschnittlicher Konsument relativ wenige Gedanken machen. Hierfür ist er bereit, einen marktüblichen Preis für konventionell hergestellte Milch zu entrichten.
>
> Andere Konsumenten (Typ B) sind sehr umwelt- und naturbewusst und achten auch sehr auf Lebensmittelsicherheit. Die Milch erfüllt hier zwar auch das Bedürfnis auf Ebene der Nahrungsmittelaufnahme als existentielles Bedürfnis, daneben spielen aber für diesen Typ von Konsumenten auch noch Aspekte der Sicherheit eine Rolle. Industriell bzw. konventionell hergestellte Milch mag mit Hormon-, Antibiotika- und Futtermittelpestizidrückständen belastet sein. Bei der Milch vom Biobauern ist dieses Risiko jedoch deutlich geringer. Dazu enthält Milch aus ökologischem Landbau häufig mehr Omega-3-Fettsäuren, konjugierte Linolsäure und Eisen (Średnicka-Tober et al. 2016). Vielleicht spielen auch weitere Merkmale für den Konsumenten, wie die Art der Tierhaltung etc. bei der Konsumentscheidung eine wichtige Rolle. Der Konsument dieses Typs ist

eventuell bereit für Milch bzw. höherqualitative Biomilch einen höheren Preis zu zahlen als ein Konsument von (Typ A). Aufgrund der angenommenen Präferenzen ist es auch wahrscheinlich, dass Typ B den Konsum von konventioneller Milch generell meidet.

Wie man anhand dieses Beispiels leicht erkennen kann, erzeugen Bedürfnisse Bedarfe. **Bedarfe** sind mit Kaufkraft (Geld) verbundene Bedürfnisse. Unternehmen bzw. Betriebe erzeugen nun Güter (Sachgüter, Dienstleistungen, Informationen und Rechte), um diese Bedarfe zu decken. Aus den Bedarfen der einzelnen Individuen aggregiert sich die Gesamtnachfrage in einem Markt. Folgt man dieser Argumentationskette, so wird klar, dass Marketing – als Ausrichtung des Unternehmens am Markt – sich an den Bedürfnissen der Individuen in der Zielgruppe ausrichten muss. Daher ist es sinnvoll, die Bedeutung und die Rangordnung von Bedürfnissen zu beleuchten.

Abraham Harold Maslow (1908–1970) gilt als Gründervater der humanistischen Psychologie und hat basierend auf seinem Menschenbild ein Stufenmodell bzgl. der Motivation für menschliches Handeln entwickelt. Dieses Stufenmodell, wie in Abb. 5.1 skizziert, bildet die Grundlage für jegliche Form von Marketing. In der nach ihm benannten Bedürfnispyramide wird zwischen Grund- und Existenzbedürfnissen (Stufe 1), Sicherheitsbedürfnissen (Stufe 2), Sozialbedürfnissen bzw. dem Bedürfnis nach Zugehörigkeit (Stufe 3), dem Bedürfnissen nach Anerkennung und Wertschätzung (Stufe 4) und dem Bedürfnis nach Selbstverwirklichung auf der obersten Ebene (Stufe 5) unterschieden.

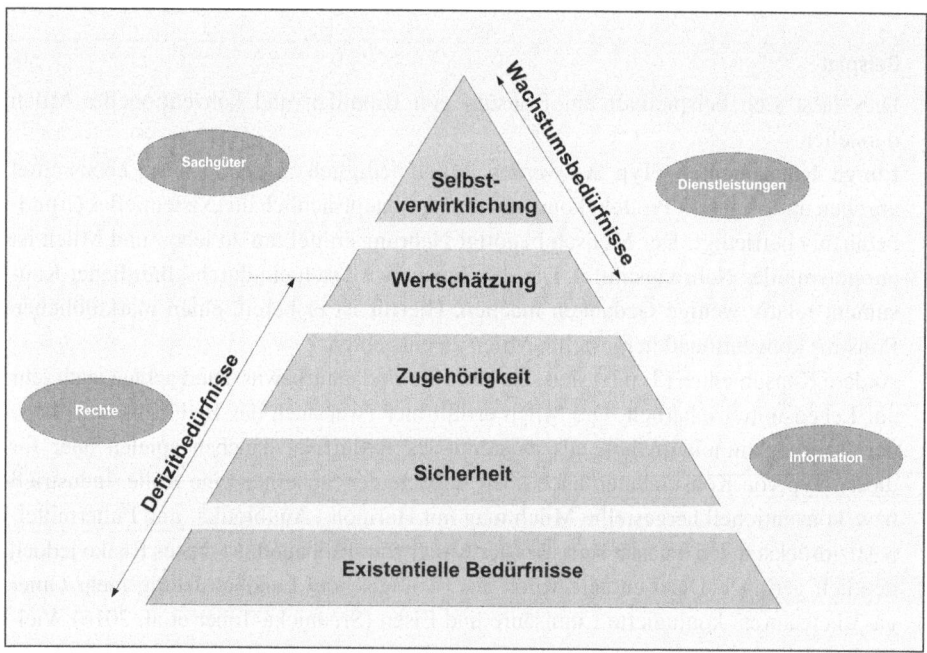

Abb. 5.1 Bedürfnishierachie nach Abraham Maslow

Maslow unterscheidet hierbei funktional weiter zwischen Defizitbedürfnissen (niedrigen Bedürfnisse) und Wachstumsbedürfnissen (höheren Bedürfnissen). Bei den Defizitbedürfnissen ist der Handlungsdruck groß. Hier muss der Mensch tätig werden, um seine Existenz zu sichern. Ihre Befriedigung ist notwendig, damit Zufriedenheit entstehen kann. Die zusätzliche Erfüllung der Wachstumsbedürfnisse dagegen verheißt dem Menschen über Zufriedenheit hinausführendes Glück.

Der Mensch wird also zunächst danach streben Nahrungsmittel, Wasser, Kleidung und Wohnraum zu konsumieren. Auf dieser Ebene der Existenzsicherung erlangen Gesundheitsgüter eine wichtige Bedeutung. Sollten hier seine Bedürfnisse rein funktional befriedigt sein, wird er versuchen, sein Sicherheitsbedürfnis zu befriedigen. In der modernen Gesellschaft werden viele Güter angeboten, die Sicherheit stiften bzw. stiften sollen. Man denke an die Kranken-, Renten-, Arbeitslosen- und Haftpflichtversicherungen oder aber an Sicherheitsgurte, Sicherheitsdienste, usw. Der Mensch als soziales Wesen hat auch ein gewisses Bedürfnis nach Zugehörigkeit. So ist es für den Menschen notwendig, ein Mindestmaß an sozialen Kontakten, sei es Familie, Freundschaften oder Bekanntschaften zu haben. Auf der höchsten Stufe stehen Bedürfnisse, deren Befriedigung für das Individuum Glück bedeutet. Es handelt sich um die Bedürfnisse nach Wertschätzung und Selbstverwirklichung.

5.2 Marktakteure – funktionale Einteilung

Die Analyse der Bedürfnisse der einzelnen Individuen alleine ist für ein erfolgreiches Marketing noch nicht ausreichend. Sicherlich sind Situationen denkbar, z. B. in dem direkten Kontakt mit den Kunden, bei denen ein Verkäufer oder ein Angestellter des Unternehmens die Bedürfnisse des Gegenübers erforscht und sein Angebot gezielt auf dieses anpasst. Allerdings ist dies noch nicht ausreichend, um das gesamte Unternehmen richtig auszurichten. Für die Analyse und das Management ist es sinnvoll, die einzelnen Individuen, mit denen das Unternehmen konfrontiert ist, in mehr oder weniger homogenen Gruppen zusammenzufassen. Dies hilft dem Management bei der Ausrichtung des Unternehmens am Markt. Ein genauerer Blick zeigt, dass es einen einheitlichen Markt eigentlich nicht gibt. Vielmehr zerfällt der Markt in viele Teilmärkte. So beziehen z. B. Automobilhersteller Teile von zahlreichen Zulieferern, wie z. B. Continental, Bosch, ZF Friedrichhafen, Schaeffler etc., Kunststoffe und Lacke werden aus der chemischen Industrie bezogen. Personal und gut ausgebildete Fachkräfte müssen vom Arbeitsmarkt akquiriert werden. Darüber hinaus gibt es viele verschiedene Firmen, die Dienstleistungen anbieten, z. B. Logistik- und Transportunternehmen, Entsorgungsunternehmen und Unternehmensberatungen. Nicht zuletzt brauchen Unternehmen Zugang zu liquiden Mitteln (Geld) und unterhalten Bankverbindungen bei Kreditinstituten. Es besteht also auch eine Verknüpfung zum Finanzmarkt. In all diesen Bereichen steht das Unternehmen mit Wirtschaftssubjekten in Verbindung, die dem Konzept des „homo oeconomicus" folgen und ihren eigenen Nutzen maximieren. Es scheint damit zielführend, die Akteure

Abb. 5.2 Stakeholder eines Unternehmens

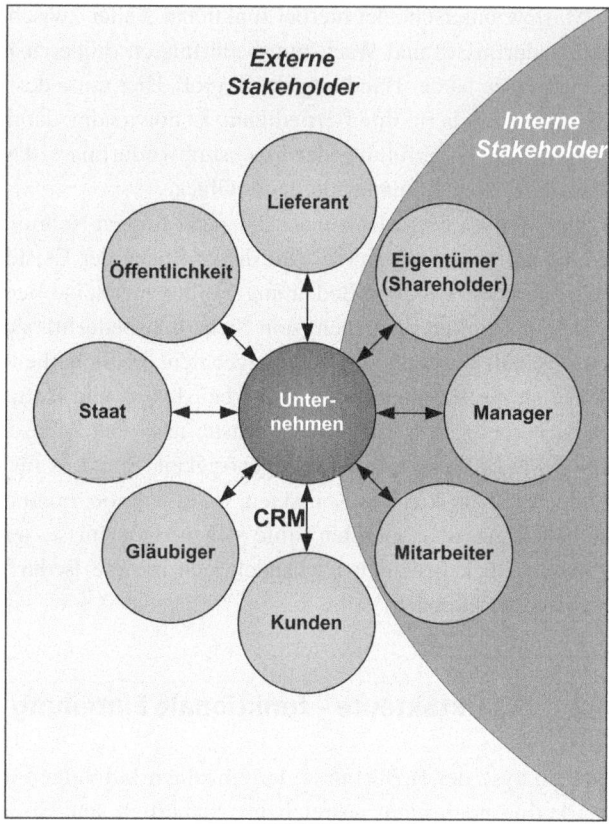

nach Interessengruppen zusammenzufassen. In der Betriebswirtschaft unterscheidet man unterschiedliche Anspruchsgruppen, diese werden als **Stakeholder** bezeichnet. Stakeholder lassen sich in interne und externe Stakeholder untergliedern, siehe Abb. 5.2.

Interne Stakeholder sind solche, die sich innerhalb des Unternehmens befinden. Hierzu gehören der Eigentümer, das Management und die Mitarbeiter. Der Eigentümer wird auch oft ob seiner herausragenden Stellung als **Shareholder** bezeichnet. Interne Shareholder können in einer Gruppe zusammengefasst werden, da sie alle das Interesse an einem funktionieren, florierenden Unternehmen haben und gemeinsam diese Zielvorstellung teilen. Die Eigeninteressen der Gruppen können hierbei durchaus divergieren. Ureigenes Interesse des Shareholders ist es, Gewinne zu maximieren. Das Management führt diese Zielsetzung strategisch, taktisch und operativ aus. Mitarbeiter haben beispielsweise ihre Eigeninteressen im Hinblick auf die Entlohnung, Arbeitszeiten und Arbeitsbedingungen. Dass innerhalb der internen Stakeholder auch konkurrierende bzw. antinome Zielsetzungen vorhanden sein können, zeigt sich nicht zuletzt im „Arbeitskampf" bzw. Streiks.

Externe Stakeholder sind diejenigen Anspruchsgruppen, die sich außerhalb des Unternehmens befinden. Hierunter fallen die Konsumenten bzw. Kunden, Lieferanten,

Gläubiger, der Staat und die Öffentlichkeit. Die Fokussierung auf die Konsumenten- und Kundenbedürfnisse hat vorrangige Bedeutung, da nur durch sie Umsatz generiert wird. Schafft es ein Unternehmen nicht, die Bedürfnisse des Kundenstammes adäquat zu befriedigen, wird dies zu einer Abwanderung (Erosion) führen. Letztendlich kommt es zu einem Umsatzeinbruch. Die Kosten des Unternehmens können nicht mehr gedeckt werden. Die Verluste führen im „Worst Case" dazu, dass das Unternehmen aus dem Markt ausscheiden muss. Lieferanten haben bzgl. des belieferten Unternehmens Interessen an der Einhaltung der Lieferkonditionen, pünktlichen Zahlungen etc. Im Gegenzug hat das Unternehmen gegenüber den Lieferanten und Zulieferern grundsätzlich den Anspruch der pünktlichen Lieferung der Produktionsfaktoren in der vereinbarten Güte und Qualität. Gläubiger sind an der fristgerechten Tilgung und Zinszahlung interessiert. Hier spielen vorrangig monetäre Gesichtspunkte eine Rolle. Der Staat hat ein Hauptinteresse an der Einhaltung der rechtlichen Rahmenbedingungen und der Erzielung von Steuereinnahmen. Die Öffentlichkeit hat ein Interesse an einem „sozialkonformen" Verhalten des Gesamtunternehmens.

5.3 Ausrichtung am Markt durch Corporate Identity

Nachdem aufgezeigt wurde, dass Bedürfnisse die Individuen antreiben, am Markt Güter nachzufragen und die einzelnen Stakeholder betrachtet wurden, stellt sich nun die Frage, wie man gezielt möglichst effizient auf diese Gruppen einwirken bzw. das Unternehmen an ihren Bedürfnissen ausrichten kann. Hierzu ist die Entwicklung einer Corporate Identity im Unternehmen sehr hilfreich. Die **Corporate Identity** ist ein strategisches Konzept im Rahmen der Kommunikationspolitik, das auf die Positionierung einer Unternehmensidentität abzielt. Die Corporate Identity ist dabei die Gesamtheit der Merkmale, die ein Unternehmen prägen und kennzeichnen und es von anderen Unternehmen unterscheiden. Sie bezeichnet dabei ein von innen nach außen heraustretendes Selbstverständnis des Unternehmens. Die Corporate Identity entwickelt sich u. a. auf Basis eines sichtbar gelebten Wertesystems bzw. einer Unternehmenskultur. Sie ist nicht als statisch, sondern als ein Prozess zu verstehen. Die Corporate Identity lässt sich in kleinere Bereiche untergliedern. Als Teilbereiche lassen sich z. B. Corporate Behavior, Corporate Communication, Corporate Culture, Corporate Design, Corporate Language und Corporate Philosophy nennen. Abb. 5.3 zeigt die Zusammenhänge auf.

Corporate Behavior (CB) beschreibt das Verhalten gegenüber der Öffentlichkeit und den Stakeholdern. Corporate Behavior zeigt sich sowohl im monetären (finanziellen) Gebaren des Unternehmens, sowie in nicht-monetären Verhaltensweisen, z. B. der Führung der Mitarbeiter, im realen Umgangston und in der Reaktion auf Kritik. Corporate Behavior ist die Beschreibung des Verhaltens eines Unternehmens aus der Außenperspektive. Oft gibt es in Unternehmen (wie auch beim Menschen) eine Diskrepanz zwischen der Eigensichtweise, den eigenen Leitlinien und den realen Handlungsweisen.
Corporate Communication (CC) umfasst die gesamte Unternehmenskommunikation – sowohl nach innen als auch nach außen. Corporate Communication findet Anwendung

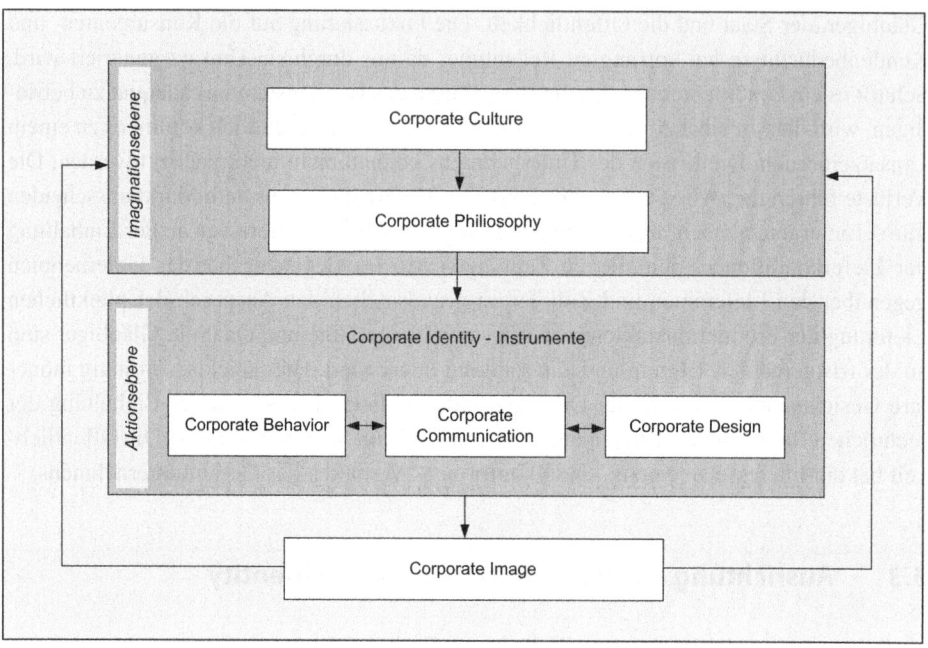

Abb. 5.3 Corporate Identity

bei Werbemaßnahmen, in der Öffentlichkeitsarbeit und bei unternehmensinterner Kommunikation. Durch sie soll ein einheitliches Erscheinungsbild vermittelt und das damit verbundene Image verstärkt werden. **Corporate Culture** beschreibt die Objekt- und Verhaltensebene des Unternehmens und bildet damit eine Konkretisierung der Unternehmensphilosophie. Unter **Corporate Design** (CD) wird die visuelle Identität des Unternehmens verstanden. Corporate Design findet u. a. bei der gesamten Gestaltung von Firmenzeichen, Unternehmenslogos und Firmensignets, Arbeitskleidung, Briefbögen, Visitenkarten, Onlineauftritten und der **Corporate Architecture** der Betriebsgebäude Anwendung. Das Corporate Design erfährt zunehmend eine Ausweitung auf weitere sinnlich wahrnehmbare Merkmale, wie dem akustischen Auftritt – man spricht hier von Audio-Branding oder Corporate Sound. Häufig sind auch der olfaktorische Auftritt (Corporate Smell) oder aber haptische Produktmerkmale von Bedeutung. Die **Corporate Language** (CL) bezeichnet die gezielte Sprachebene, die im Unternehmen genutzt wird. So ist es in manchen Betrieben üblich, sich mit „Du" anzusprechen, in anderen Unternehmen ist dies unüblich oder sogar verpönt, hier bleibt man lieber beim förmlichen „Sie". Die **Corporate Philosophy** (CP) beinhaltet das Selbstverständnis der UnternehmensgründerIn und spiegelt die ursprünglichen Intentionen wider. Sie bildet damit eine grundlegende Sinn- und Werteebene des Unternehmens mit Informationen zu Werten, Normen und Rollen.

Der Begriff Corporate Image, der fälschlicherweise häufig in der Umgangssprache mit dem Begriff der Corporate Identity gleich gesetzt wird, ist von dieser klar zu unterscheiden. Das Corporate Image ist letztlich das Unternehmensbild (Unternehmensimage), wie es am Markt durch interne als auch externe Stakeholder, Patienten, Kunden, Lieferanten, Gläubiger etc. wahrgenommen wird. Es stellt das subjektive Bild des Unternehmens dar, das Dritte vom Unternehmen haben. Die Corporate Identity kann als Gesamtheit aller Bemühungen gesehen werden, um ein möglichst positives Corporate Image zu erzeugen.

Ausgangspunkt für die Entwicklung einer Corporate-Identity-Strategie bildet häufig das Unternehmensleitbild. Das Unternehmensleitbild soll Orientierungspunkt für alle Stakeholder bilden. Es soll die Vision, Mission und Werte des Unternehmens beinhalten. Die Vision eines Unternehmens kann praktisch und zielführend durch folgende Fragen erschlossen werden:

- Was wollen wir erreichen?
- Wo stehen wir in der Zukunft?
- Wie sehen wir uns?

Welche Mission ein Unternehmen verfolgt, wird deutlich, wenn man folgende Fragen beantwortet:

- Wozu gibt es uns?
- Womit verdienen wir unser Geld?
- Was ist unsere Aufgabe?
- Wie wollen wir am Markt gesehen werden?

Die Werte des Unternehmens werden durch die Beantwortung folgender Fragen aufgedeckt:

- Worauf können sich alle Partner verlassen?
- Was prägt unser tägliches Handeln?
- Welche Grundlage bestimmt unseren Umgang?

5.4 Der richtige Marketing-Mix – die Marketinginstrumente

Mit Hilfe der Marketinginstrumente wird der Marketing-Mix aufgebaut. Hiermit werden Marketingstrategien und Marketingpläne in konkrete Maßnahmen und Aktionen umgesetzt. Grundkenntnisse über diese Instrumente sind für das Management eines Unternehmens unverzichtbar. Der Marketing-Mix wird häufig als die Vier Ps zusammengefasst. Je ein P steht dabei für Product, Price, Placement, Promotion. In der deutschen Version spricht man von der Produktpolitik (Product), Preispolitik (Price), Distributionspolitik (Placement) und Kommunikationspolitik (Promotion), siehe Abb. 5.4.

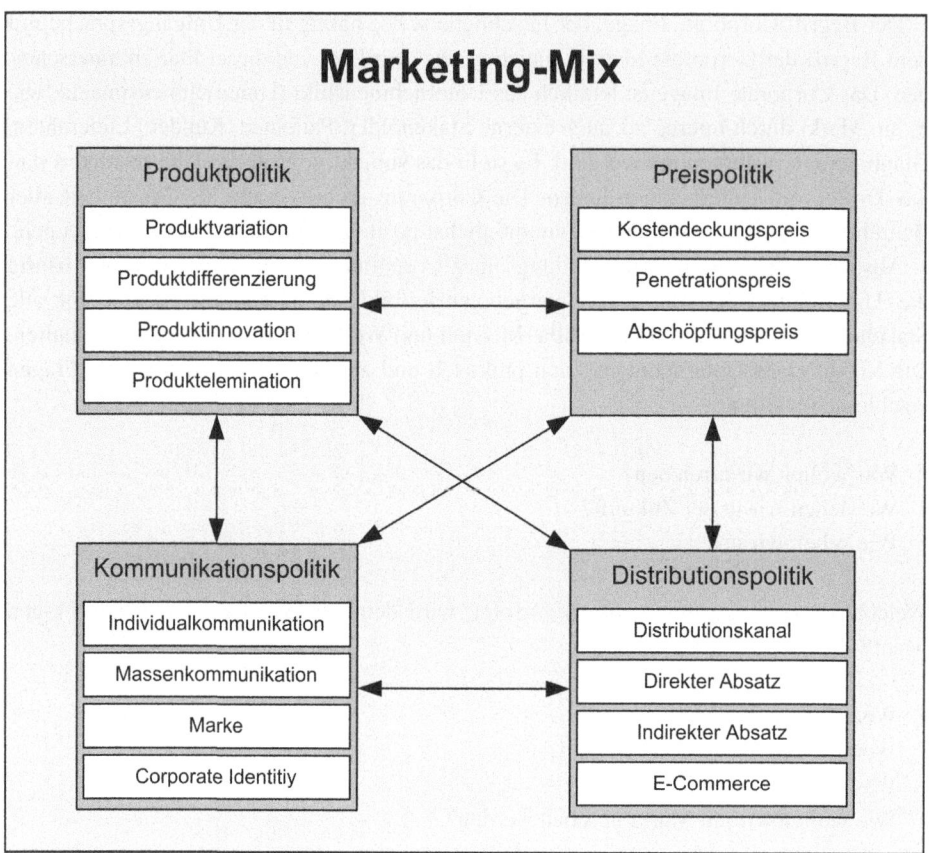

Abb. 5.4 Marketinginstrumente

Die **Produktpolitik** setzt sich mit der Frage auseinander, welche Produkte bzw. Dienstleistungen ein Unternehmen anbieten kann und soll. Sie bildet einen Kern der unternehmerischen Wertschöpfung. Ohne die Wahl des richtigen Produktportfolios ist der Erfolg des Unternehmens gefährdet.

Gegenstand der **Kommunikationspolitik** ist die planmäßige bewusste Gestaltung der Vermittlung von Informationen bzgl. des Angebotes des Unternehmens. Dabei ist das Ziel die Beeinflussung von Wissen, Einstellungen, Erwartungen und Verhaltensweisen der Zielgruppe oder eines Adressaten aus der Zielgruppe. Kommunikationspolitik weist somit Informationsfunktion, Aktualitätsfunktion, Beeinflussungsfunktion und Bestätigungsfunktion auf.

Die **Distributionspolitik** gestaltet innerhalb des Marketings alle Entscheidungen und Vertriebsaktivitäten auf dem Weg eines Produktes oder einer Dienstleistung vom Anbieter zum Kunden oder Anwender. Dabei unterscheidet man zwischen dem logistischen und dem akquisitorischen Vertrieb. Der logistische Vertrieb ist auf den Transport und die Lagerhaltung ausgerichtet. Beim akquisitorischen Vertrieb steht die Gestaltung der Vertriebsstrategie und des Vertriebsprozesses im Vordergrund.

Die **Preispolitik** verfolgt als Verkaufspreispolitik hauptsächlich das absatzpolitische Ziel, mit Hilfe der Verkaufspreisgestaltung Kaufanreize zu setzen. Ein wichtiges Entscheidungsproblem ist die Festlegung der Preisuntergrenze. Die Preisobergrenze dagegen wird durch die Nachfrage festgelegt. Sie liegt grundsätzlich dort, wo der vom Kunden wahrgenommene Preis mit seiner Wertschätzung des Produktes übereinstimmt.

5.5 Produktlebenszyklus und Diffusionsmodelle

Im Rahmen der Betriebswirtschaft und der Managementausbildung werden häufig Lebenszyklusmodelle verwendet. So kann man beispielsweise, wenn man das „Entstehen und Vergehen" von Unternehmen betrachtet, von einem Unternehmenslebenszyklus sprechen. Die Gedanken sind auch auf ganze Branchen übertragbar. Man spricht in diesem Kontext vom Branchenlebenszyklus usw. Beim Vergleich dieser Modelle bzw. Konzepte stellt man fest, dass sie im Wesentlichen alle derselben Struktur folgen. Diese Struktur kann am einfachsten am Produktlebenszyklus verdeutlicht werden. Ausgehend von diesen Überlegungen kann man die Sichtweise entwickeln, dass es sich bei der Verbreitung von Produkten in Märkten letztlich um Diffusionsprozesse handelt, wie Sie sie aus der Chemie und der Physik kennen. Diese kann man mit Hilfe von Diffusionsmodellen beschreiben. Beide Modelltypen spielen im Hinblick auf strategische Marketingkonzepte eine grundlegende Bedeutung ein. Daher ist es sinnvoll, die grundlegenden Merkmale dieser Modelle zu betrachten.

5.5.1 Produktlebenszyklus

Der Lebenszyklus des Produktes, wie in Abb. 5.5 dargestellt, wird in verschiedene Phasen eingeteilt:

1. Einführungsphase
2. Wachstumsphase
3. Reifephase
4. Sättigungsphase
5. Degenerationsphase

Je nach Untersuchungsansatz bzw. betriebswirtschaftlichem Konzept werden nicht alle dieser Phasen verwendet. Häufig findet man auch die Anwendung der vier Phasen Einführung, Wachstum, Reife und Sättigung.

In der Phase der **Einführung** ist das Produkt noch unbekannt und hat wenige Nutzer. In dieser Phase wird das Produkt meist nur von Konsumenten akzeptiert, die sich für Neuheiten begeistern. Die Kosten pro Kunde für das Unternehmen sind hoch, d. h. aus dem Umsatz lässt sich i.d. R. während der **Einführungsphase** kein Gewinn erzielen.

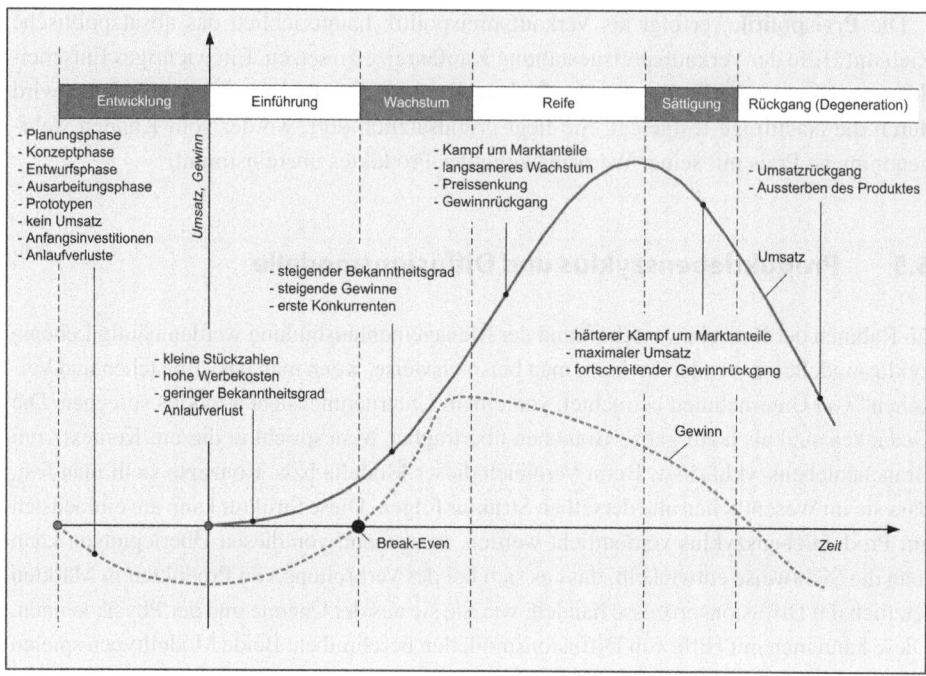

Abb. 5.5 Produktlebenszyklus

An die Einführungsphase schließt sich die Phase des Wachstums an. Sobald bei dem Absatz eines Produktes der Gewinn einsetzt, wird das Produkt in die **Wachstumsphase** eingeordnet. Ein Merkmal für diese Phase ist das progressive Umsatzwachstum.

Das Produkt bzw. die Dienstleistung tritt in die **Reifephase** ein, wenn das progressive in ein degressives Umsatzwachstum umschlägt. Diese Phase ist für gewöhnlich die längste und profitabelste Phase, da sich die Gewinnkurve hier auf hohem Niveau entwickelt und ihren Höhepunkt erreicht.

Wenn das Produkt kein Marktwachstum mehr erwirken kann und dadurch Umsatz und Gewinne zu sinken beginnen, befindet sich das Produkt in der **Sättigungsphase**. Wenn die Umsatzerlöse dann so weit gesunken sind, dass keine Gewinne mehr gemacht werden, endet diese Phase.

An die Sättigungsphase schließt sich die die **Rückgangsphase**, häufig auch Degeneration bezeichnet an. In dieser schrumpft der Markt und das Produkt sollte entweder neu aufgelegt oder die Produktion eingestellt werden, da ansonsten nur Verluste gemacht werden.

5.5.2 Diffusionsmodell

Die Entwicklung der Nachfrage und des Umsatzes/Absatzes eines Produktes kann auch mit Hilfe von Diffusionsmodellen beschrieben werden. Im Gegensatz zum Modell des

5.5 Produktlebenszyklus und Diffusionsmodelle

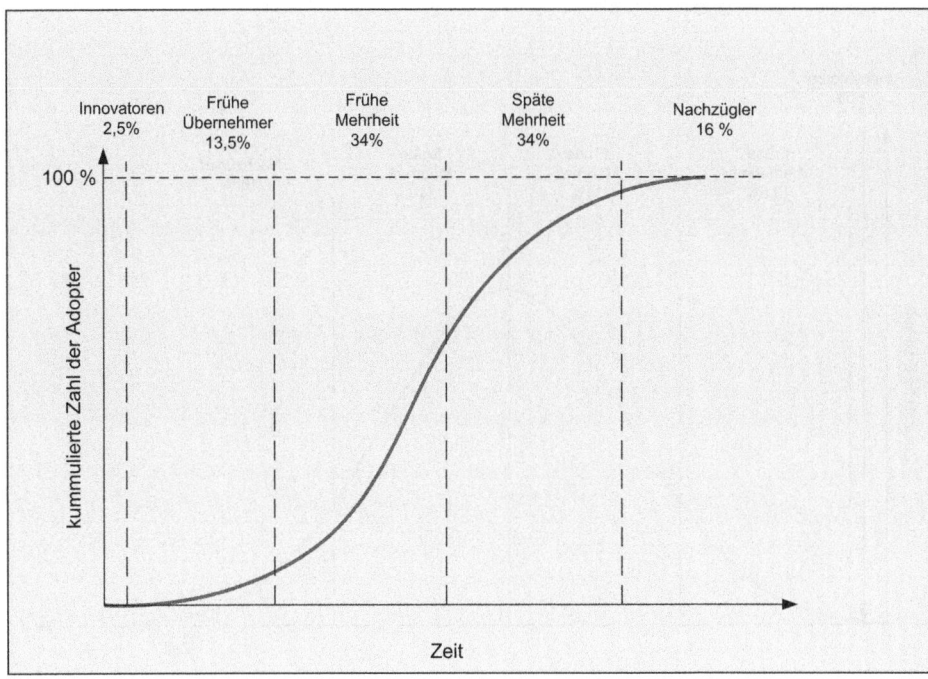

Abb. 5.6 Diffusionsmodell – Adaptionskurve: Zahl der Adopter kumuliert

Produktlebenszyklus werden im Diffusionsmodell ausschließlich Erstkäufer analysiert. Hier finden sich in der Literatur überwiegend Darstellungen, die sich mit der Verbreitung von Innovationen beschäftigen. Dabei ist der Begriff Innovation sehr weit zu verstehen und hängt in der Regel von dem Kontext des zu analysierenden Marktes ab. Rogers schreibt hierzu: „*An innovation is an idea, practice or object that is perceived as new by an individual or other unit of adaption*" (Rogers 2003, S. 11).

Den Ausgangspunkt der Modellierung bildet die Adoptionstheorie, die auf der Individualebene die Faktoren beschreibt, die zu einer Übernahme (Adoption) oder Ablehnung (Rejektion) einer Innovation führen. Aus der Aggregation individueller Adoptionsprozesse lassen sich Diffusionskurven ableiten, siehe Abb. 5.6. Sie beschreiben den Anteil der Personen, die eine Innovation bereits angenommen haben. Die Diffusionsprozesse hängen in Dauer und Intensität von personen-, umwelt- und produktbezogenen aber auch räumlichen Determinanten ab, wie beispielsweise dem Einkommen der Nachfrager, den Restriktionen von Informationsflüssen und der räumlichen Vernetzung von Informationsträgern. Die Erstkäufer können, basierend auf dem Modell von Rogers, in die in Abb. 5.7 dargestellten Gruppen eingeteilt werden.

Diejenigen Kunden, die in dieser Phase das Produkt nachfragen, werden auch häufig als Innovatoren (Innovators) bezeichnet. Sie sind risikobereit. Oft verfügen sie über persönliche Kontakte zueinander. Sie verfügen meist über hinreichende finanzielle Mittel und sind

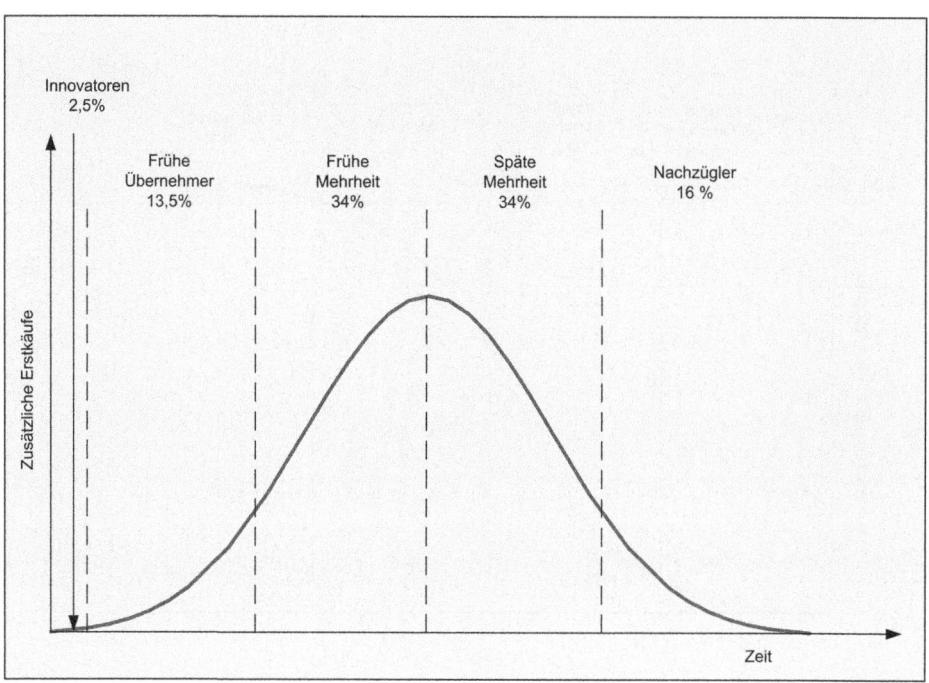

Abb. 5.7 Adoptergruppen-Einteilung nach dem Modell von Rogers

in der Lage, den Neuigkeitsgrad des Produktes bzw. der Innovation zu beurteilen. Sollten Rückschläge, Probleme oder Verluste bei der Nutzung des Produktes bzw. der Leistung auftreten, so sind sie bereit, diese zu tragen. Orientiert man sich an der Glockenkurve Rogers, so fallen 2,5% derjenigen Kunden, die das Produkt insgesamt nachfragen werden, in dieses Segment.

In einer zweiten Phase ziehen die Innovatoren die frühen Übernehmer (Early Adopters) nach sich. Diese Gruppe ist oft stärker im lokalen Umfeld verankert und genießt hohes Ansehen. Sie übernehmen häufig Vorbildfunktion, fungieren als Ratgeber und übernehmen die Rolle als Meinungsführer. Dieser Gruppe werden ca. 13,5% der Nachfrager eines Produktes zugeordnet.

An diese Gruppe schließt sich die frühe Mehrheit (Early Majority) an. Ein zentrales Charakteristikum dieser Gruppe ist, dass ihre zugehörigen Individuen weder „die Ersten", noch „die Letzten" sein wollen. Sie orientieren sich oft an ihren Mitmenschen und übernehmen Produkte und Leistungen erst dann, wenn Innovatoren oder die frühen Übernehmer genügend positive Erfahrung gesammelt und sie selbst hiervon erfahren haben. Sie sind eher abwägend und übernehmen in sozialen Systemen keine Führungsrolle. Dieser Gruppe werden nach Rogers 34 % der Nachfrager zugerechnet.

5.5 Produktlebenszyklus und Diffusionsmodelle

Nachfrager, die zur Gruppe der späten Mehrheit (Late Majority) zählen, zeichnen sich durch Skepsis aus. Für diese Gruppe kommt eine Nachfrage erst dann in Betracht, wenn sich bereits überdurchschnittlich viele Personen dafür entschieden haben. Mitglieder der späten Mehrheit haben zumeist ein geringes Einkommen und sind weniger gut informiert. Anpassung erfolgt oft durch Gruppendruck. Dieser Gruppe werden ebenfalls ca. 34 % der Nachfrager zugeordnet.

Die letzte Gruppe von Nachfrager, die Nachzügler, machen einen Anteil von 16 % der Nachfrager aus. Diese sich konservativ verhaltende Gruppe orientiert sich an der Vergangenheit, fühlt sich lokal verbunden und steht neuen Ideen misstrauisch gegenüber. Die ihn zur Verfügung stehenden finanziellen Mittel sind häufig als gering einzustufen. Hierin kann ebenfalls eine Ursache für den Widerstand gegen eine Innovationsübernahme liegen.

Die Etablierung eines neuen Produktes bzw. einer Dienstleistung – einer Innovation – am Markt stellt letztlich ein Diffusionsprozess dar. Dieser droht zu scheitern, wenn eine kritische Schwelle, die bei ca. 20 %–25 % der Adopter liegt, nicht überschritten wird (Rogers 2003, S. 274).

Alle Phasen des Anpassungs- bzw. Übernahmeprozesses lassen sich durch geeignete Marketingmaßnahmen unterstützen. So kann z. B. über gezielte Ansprache von Meinungsführern das Interesse geweckt und das Meinungsbild beeinflusst; der Nachfrageprozess unterstützt werden.

Im Rahmen einer Analyse sollten auch exogene Faktoren berücksichtigt werden, die Einfluss auf den Diffusionsprozess haben. Tab. 5.1 nennt wesentliche exogene Faktoren.

Tab. 5.1 Den Diffusionsprozess beeinflussende exogene Faktoren

Exogene Faktoren	Beschreibung
Marketingmaßnahme	Werbekampagnen im eigentlichen Sinne (wie Werbespots, Aufsteller, Displays, Promotion, Touren)
Konkurrenzprodukte	Auftauchen eines Produktes, das gleiche Bedürfnisse befriedigt
Angebotsknappheit	Nachfrage ist höher als das derzeitige Angebot. Daher kann die eigentliche Nachfrage nicht befriedigt werden; der Diffusionsprozess wird verlangsamt.
Netzeffekte	Das Adoptieren einer Innovation von mehreren Personen erhöht den Nutzen der Innovation. Beispiele: WhatsApp, Facebook, twitter etc.
Risikoneigung des Adopters	Risikobereitschaft der Zielgruppe der Innovation.
Gruppenbindungen	Gruppenzwang, Gruppendynamik und Streben nach sozialem Prestige

5.6 BCG – Portfolioanalyse

Um in einem Unternehmen Geschäftseinheiten oder Produkte am Markt gezielt ausrichten zu können, d. h. um die passende Strategie zu wählen, bedient man sich häufig Konzepten, die die Auswahl von Normstrategien ermöglichen. Diese sind letztlich abgeleitete Verhaltensstrategien im Rahmen der langfristigen Planung, die dem Unternehmen eine den Erfolg maximierende Ausrichtung garantieren sollen.

Ein häufig verwendetes Instrument aus der Gruppe der Portfolioanalysen ist die Boston-Consulting-Group-Portfolioanalyse. Diese wird häufig auch kurz BCG-Matrix genannt. Die Produkte bzw. Geschäftseinheiten werden hier nach den Merkmalen Marktwachstum und relativer Marktanteil klassifiziert. Die Darstellung erfolgt der Einfachheit halber meist als übersichtliches Blasendiagramm. Die Größe der Blase repräsentiert dabei die Größe des Umsatzes des jeweiligen Produkts. Es gibt vier verschiedene Strategien (Normstrategien), die jeweils eine Empfehlung zum weiteren Verfahren mit dem betreffenden Produkt geben.

Die **Question Marks,** auch Fragezeichen genannt, sind die Newcomer unter den Produkten. Der Markt hat ein Wachstumspotenzial, die Produkte haben jedoch nur geringe relative Marktanteile. Das Management muss eine Entscheidung treffen, ob es in das Produkt bzw. den Geschäftsbereich investieren möchte oder ob das Produkt aufgegeben werden soll. Im Falle einer Investition benötigt das Produkt liquide Mittel. In dieser Phase kann das Produkt allerdings die notwendigen Mittel nicht durch eigene Umsätze erwirtschaften. Eine bevorzugte Strategie-Empfehlung ist in dieser Phase die Selektion und eventuell eine offensive Penetrationsstrategie, um Marktanteile zu erhöhen.

Die **Stars,** oft auch Sternchen genannt, sind die vielversprechendsten Produkte des Unternehmens. Sie sind durch einen hohen relativen Marktanteil in einem Wachstumsmarkt gekennzeichnet. Den Investitionsbedarf, der sich aus dem Marktwachstum ergibt, decken sie bereits mit eigenem Cash-flow. Die Strategieempfehlung lautet: Investition, sowie eventuell eine Abschöpfungsstrategie, um Deckungsbeiträge zu erhöhen, ohne den Marktanteil zu gefährden.

Die **Cashcows** – dieMelkkühe – haben einen hohen relativen Marktanteil in einem nur geringfügig wachsenden oder statischen Markt. Sie produzieren stabile, hohe Cash-flows und können ohne weitere Investitionen „gemolken" werden. Eine Festpreisstrategie oder Preiswettbewerbsstrategie ist angebracht.

Die **Poor Dogs** sind die Auslaufprodukte im Unternehmen. Sie haben ein geringes Marktwachstum, manchmal sogar einen Marktschwund sowie einen geringen relativen Marktanteil. Spätestens sobald der Deckungsbeitrag für diese Produkte negativ ist, sollte das Portfolio bereinigt werden. Es bietet sich eine Desinvestitionsstrategie an.

Bei der Strategiewahl kann jedoch nicht rein schematisch vorgegangen werden. Wesentlich ist, dass die Wechselbeziehungen und Abhängigkeiten zwischen den Produktgruppen berücksichtigt werden. So benötigen beispielsweise „Question Marks" finanzielle Mittel, die regelmäßig aus den Umsatzerlösen der „Cash Cows" stammt. Der finanzielle Ausgleich stellt eine wesentliche Restriktion bei der Strategiewahl dar.

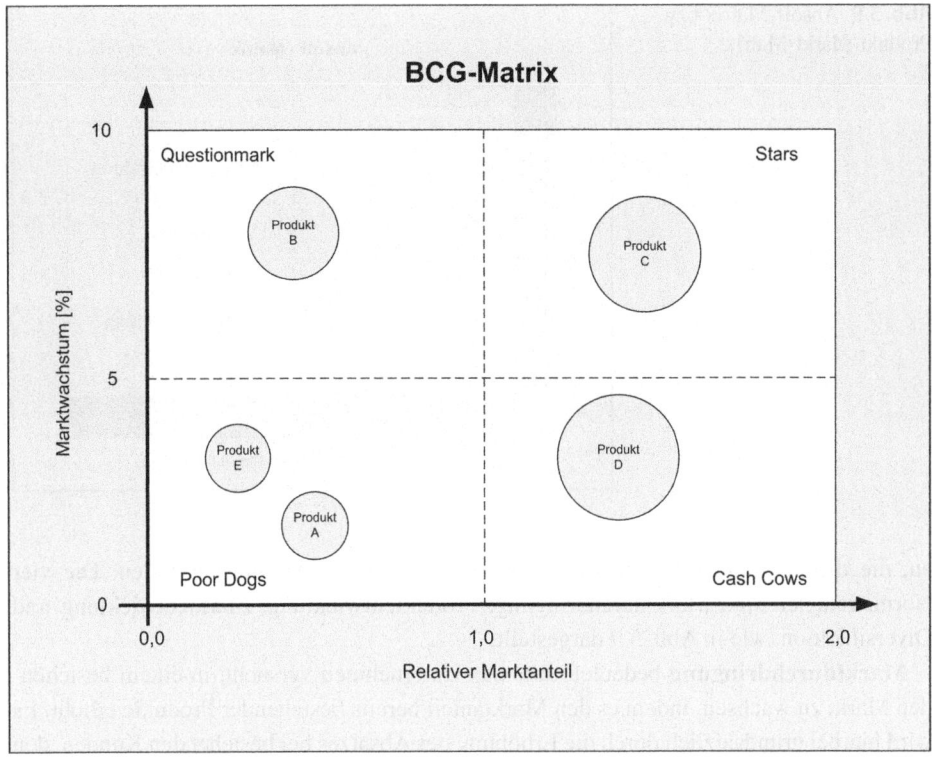

Abb. 5.8 BCG – Matrix

In Abb. 5.8 ist ein BCG-Portfolio für die Produkte A, B, C, D und E dargestellt. Die Größe der Blasen stellt den Umsatz dar, der durch die einzelnen Produkte erwirtschaftet wird. Für die Produkte A und E würde sich eine Desinvestitionsstrategie anbieten. Die „Cash Cows" müssen so positioniert werden, dass weiterhin die Gewinne abgeschöpft werden können. Die Strategie hängt hierbei vom Markt des Produktes ab.

5.7 Ansoff-Matrix

Ein weiteres Konzept, das häufig im strategischen Management zum Einsatz kommt, ist die Ansoff-Matrix. Sie wurde von H. Igor Ansoff im Jahr 1957 entwickelt. Häufig finden sich auch Bezeichnungen wie Produkt-Markt-Matrix oder Z-Matrix. Die Ansoff-Matrix stellt ein strategisches Planungswerkzeug dar. Sie kann dem Management eines Unternehmens, das sich für eine Wachstumsstrategie entschieden hat, als Hilfsmittel zur Planung dieses Wachstums dienen.

Ansoff betrachtet die zwei Dimensionen des „Reifegrads" des Marktes einerseits und des Produkts andererseits. Den sich hieraus ergebenden Quadraten ordnet er Strategien

Abb. 5.9 Ansoff-Matrix bzw. Produkt-Markt-Matrix

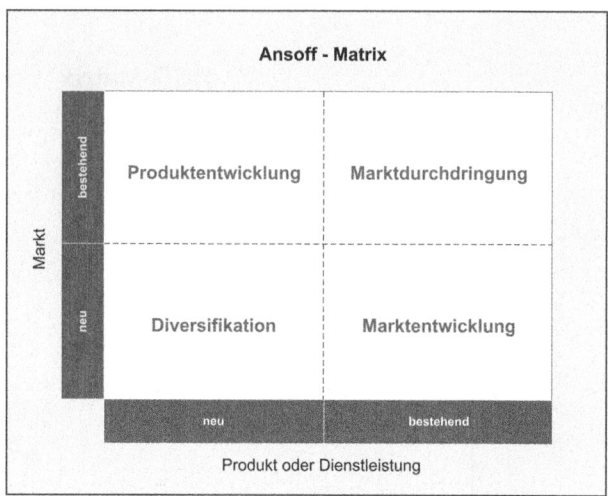

zu, die die optimale Positionierung des Unternehmens gewährleisten sollen. Die vier Normstrategien sind Marktdurchdringung, Produktentwicklung, Marktentwicklung und Diversifikation, wie in Abb. 5.9 dargestellt.

Marktdurchdringung bedeutet, dass das Unternehmen versucht, in einem bestehenden Markt zu wachsen, indem es den Marktanteil bereits bestehender Produkte erhöht. Es wird hierbei grundsätzlich durch die Erhöhung des Absatzes bei bestehenden Kunden, den Verkauf der Produkte an neue Kunden, die Gewinnung von Kunden, die vorher bei der Konkurrenz gekauft haben, oder eine Kombination aus diesen Möglichkeiten angestrebt. Diese Strategie birgt ein geringes Risiko, da sie sich der bestehenden Ressourcen und Fähigkeiten bedienen kann. Allerdings ist das Wachstum meist begrenzt: Wenn der Markt gesättigt ist, muss auf eine andere Wachstumsstrategie gewechselt werden.

Mit der Strategie der **Produktentwicklung** versucht das Unternehmen, die Bedürfnisse des bestehenden Marktes mit neuen Produkten (Innovationen) oder durch die Entwicklung zusätzlicher Produktvarianten zu befriedigen. Diese Vorgehensweise kann vorteilhaft sein für Unternehmen, deren Stärke sich eher auf einen spezifischen Kundenkreis bezieht als auf spezifische Produkte. Durch die Notwendigkeit sich neue Fähigkeiten aneignen zu müssen und die Unwägbarkeit des Erfolges der Neuentwicklung birgt die Produktentwicklung deutlich höhere Risiken als die Marktdurchdringung.

Trifft ein Unternehmen auf einen bestehenden Markt, in dem es neue Produkte etablieren möchte, wählt es die Strategie der **Marktentwicklung**. Das Unternehmen versucht, die Zielgruppe für bereits bestehende Produkte durch Erschließung neuer Marktsegmente oder neuer geographischer Regionen d. h. regional, national oder international zu vergrößern. Diese Strategie ist empfehlenswert für Unternehmen, die ihre Kompetenzen und Philosophie eher auf ein spezifisches Produkt ausgerichtet haben, als auf einen spezifischen Markt. Durch die Expansion in einen neuen, unbekannten Markt ist das Risiko dieser Strategie jedoch höher als das einer bloßen Marktdurchdringung.

Die **Diversifikation** als Strategie wählt ein Unternehmen, wenn es in neue Märkte mit neuen Produkten eintritt. Die Produktdiversifikation ist die risikoreichste der vier betrachteten Wachstumsstrategien. Sie erfordert nicht nur die Entwicklung eines neuen Produktes, sondern gleichzeitig die Erschließung neuer Märkte. Sie lässt sich im Einzelfall jedoch durch die Chance eines hohen Return on Investment rechtfertigen. Weitere Vorteile können im Einstieg in eine potenziell attraktive Branche liegen oder in der Reduktion des allgemeinen Geschäfts-Portfolio-Risikos. Abhängig vom Grad der Risikobereitschaft kann man drei Typen der Diversifikationsstruktur unterscheiden: die horizontale, die vertikale und die laterale Diversifikation. Horizontale Diversifikation bedeutet, dass die Erweiterung des bestehenden Produktprogramms mit Produkten vorgenommen wird, welche mit dem ursprünglichen Produkt noch in einem sachlichen Zusammenhang stehen. Bei der vertikalen Diversifikation, auch Differenzierung genannt, zielt das Unternehmen auf die Vergrößerung der Tiefe des Produktprogramms ab, entweder in Richtung Absatz (Vorwärtsintegration), oder in Richtung Herkunft der Produkte (Rückwärtsintegration). Von lateraler Diversifikation spricht man, wenn in gänzlich neue Markt- und Produktgebiete eingedrungen wird. Das Unternehmen verlässt seine traditionelle Branche, um in branchenfremde, mitunter weit entfernte Geschäftsfelder zu investieren. Es besteht hier kein Zusammenhang zum bisherigen Geschäft mehr. Diese Form wird im strategischen Marketing als am risikoreichsten angesehen.

Bei der Anwendung der Ansoff-Matrix ist allerdings Vorsicht geboten, da es Aspekte gibt, die das Konzept nicht erfasst. Es ist wichtig festzuhalten, dass die Generierung von Strategien auf der Annahme wachsender Märkte beruht. Ferner wird auf die Extrapolation und pragmatische Verbesserung der momentanen Situation in einem Unternehmen abgezielt. Das Konzept der Ansoff-Matrix berücksichtigt weder interne Schwächen noch interne Stärken des Unternehmens. Auch die Konkurrenzsituation findet keinerlei Berücksichtigung und kunden- und wettbewerbsbezogene Aspekte bleiben außen vor. Wechselseitige Abhängigkeiten von Geschäftseinheiten werden ebenfalls nicht berücksichtigt. Dies betrifft vor allem die Aspekte Auslastung ihrer Ressourcen und die Risikosituation.

5.8 McKinsey-Portfolio

Das Konzept McKinsey-Portfolio, auch Marktattraktivitäts-Wettbewerbsstärken-Portfolio oder Neun-Felder-Portfolio genannt, weist starke Ähnlichkeit zum Konzept der BCG-Matrix auf. Das McKinsey-Portfolio besteht aus neun Feldern (siehe Abb 5.10). Dies hat den Vorteil, dass präzisere Aussagen getroffen werden können als bei der klassischen Vier-Felder-Matrix. Das McKinsey-Portfolio wurde für das strategische Management von Unternehmen von der Unternehmungsberatung McKinsey in Zusammenarbeit mit dem amerikanischen Mischkonzern General Electric entwickelt.

Die Dimensionen werden von der Marktattraktivität (Unternehmensumfeld) und dem relativen Wettbewerbsvorteil (das Unternehmen) gebildet. Häufig werden die Dimensionen aber auch anders benannt. Die Marktattraktivität kann mit Hilfe der folgenden Hauptkriterien dargestellt werden:

- Marktwachstum und Marktgröße
- Marktqualität (Rentabilität, Anzahl und Stärke der Wettbewerber)
- Versorgung mit Energie und Rohstoffen
- Umweltsituation (Konjunktur, Gesetzgebung, Öffentlichkeit)
- Markteintrittsbarrieren

Um den relativen Wettbewerbsvorteil mit Bezug auf den stärksten Wettbewerber zu bestimmen, betrachtet man z. B. folgende Hauptkriterien:

- Relative Marktposition/Marktanteil/relative Finanzkraft
- Relatives Produktionspotenzial

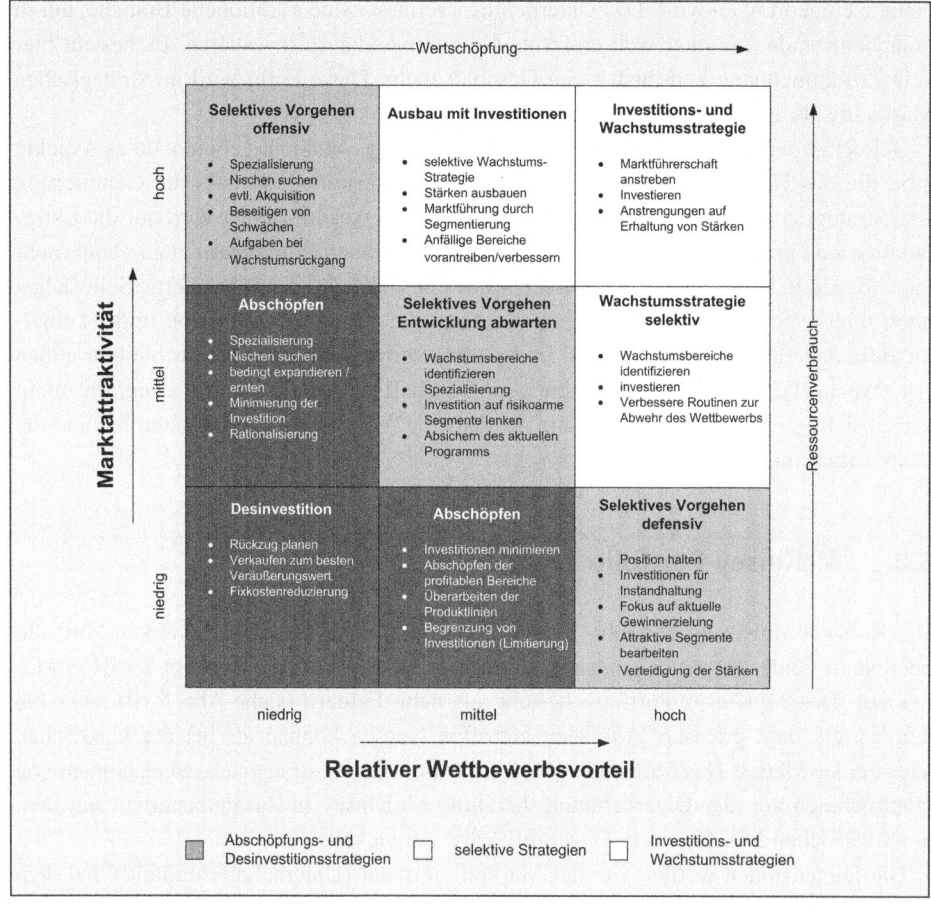

Abb. 5.10 Grundschema des McKinsey-Portfolios

- Relatives Forschungs- und Entwicklungspotential (F&E-Potential)
- Relative Qualifikation der Führungskräfte und Mitarbeiter
- Finanzielle Situation

Als Normstrategien ergeben sich nach diesem Konzept die Abschöpfstrategie, die Auswahlstrategie und die Expansionsstrategie für die jeweiligen strategischen Geschäftsbereiche (SGE).

Die **Expansionsstrategie** ist kennzeichnend für strategische Geschäftsbereiche, die wiederum durch eine mittlere bis hohe Marktattraktivität und durch mittlere bis hohe Wettbewerbsvorteile gekennzeichnet sind. Expandieren zieht in der Regel zur Umsetzung Investitions- und Wachstumsstrategie, d. h. es wird beispielsweise in neue Niederlassungen, Unternehmensstandorte, Technik oder Mitarbeiter investiert.

Eine **Auswahlstrategie** ist den mittleren Bereich zuzuordnen. Hierbei wird in drei verschiedene selektive Strategien unterteilt: Offensivstrategien, Defensivstrategien und Übergangsstrategien. Für welche Strategie sich ein Unternehmen entscheidet ist davon abhängig, ob eine Positionsverbesserung der verschiedenen strategischen Geschäftseinheiten realisiert werden kann oder nicht.

Die **Abschöpfstrategie** findet in strategischen Geschäftsfeldern mit niedriger bzw. mittlerer Marktattraktivität und kleinen bis mittleren Wettbewerbsvorteilen Anwendung. Strategieempfehlung: Abschöpfung und Desinvestition. Mittelfreisetzung erfolgt im Wesentlichen durch Desinvestition.

Allerdings wird auch Kritik an der Systematik des McKinsey-Portfolios geäußert. Als grundsätzlich problematisch kann angesehen werden, dass eine Aggregation verschiedener Indikatoren erfolgt und eine einseitige Betrachtung von Erfüllungsgeraden erfolgt, denen nicht einfach einschätzbare Relativbezüge zugrunde liegen. Eine hieraus allgemein erfolgte Zielformulierung kann als kritisch eingeschätzt werden. Darüber hinaus beruhen die qualitativen Faktoren auf einer subjektiven Auswahl und Bewertung. Hieraus resultiert auch das Problem der genauen Erfassung einer mittleren Merkmalsausprägung. Zum einen kann die Aggregation der verschiedenen Indikatoren und zum anderen die einseitige Betrachtung der Erfüllungsgrade mit schwer einschätzbaren Relativbezügen und daraus schlecht abzuleitenden Zielformulierungen als kritisch angesehen werden. Des Weiteren kritisch anzusehen ist die subjektive Auswahl und Bewertung der qualitativen Faktoren und das Vorhandensein einer mittleren Merkmalsausprägung. Dies ist bei einem Scoring-Verfahren nicht sinnvoll. Das Verfahren fördert den Eindruck, als existierten homogene oder heterogene strategische Geschäftseinheiten. Dies wird regelmäßig nicht der Fall sein. Ferner berücksichtigt das Modell nicht den Zutritt eventuell neuer Wettbewerber und den ständigen technologischen Fortschritt.

5.9 SWOT-Analyse: Sich und den Markt erkennen

Ein guter Ausgangspunkt, um Marketingkonzepte zu entwickeln, ist die SWOT-Analyse. In dieser Analyse werden die Stärken (Strengths), Schwächen (Weaknesses), Chancen (Opportunities) und Risiken (Threats) eines Unternehmens analysiert. Es ist

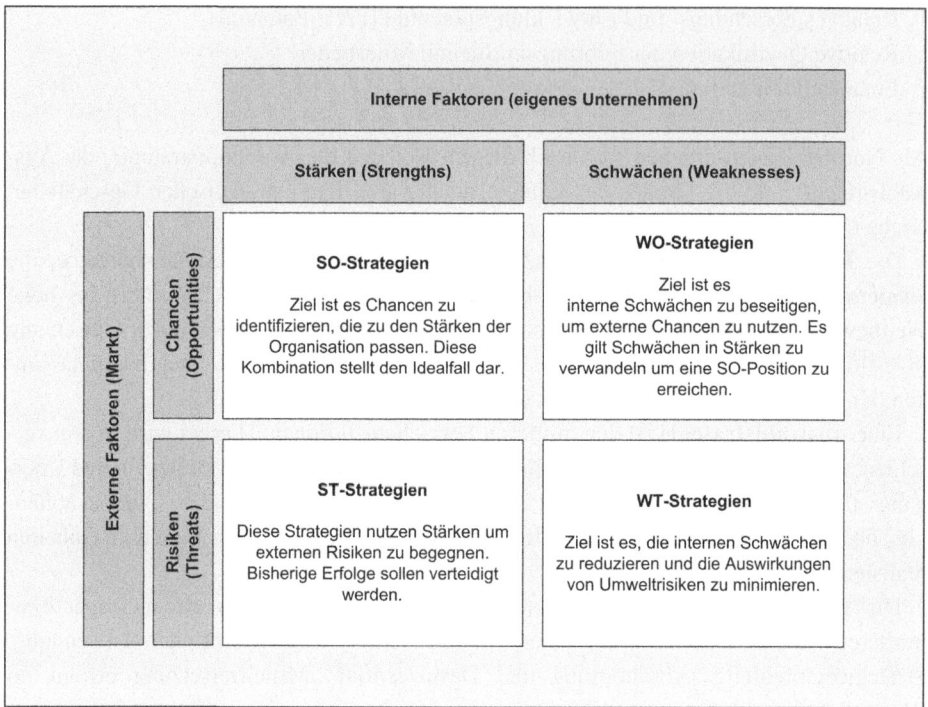

Abb. 5.11 SWOT-Analyse

ein Instrument im Rahmen der strategischen Unternehmensplanung. Die SWOT-Analyse, wie in Abb. 5.11 dargestellt, bildet zwei Perspektiven auf das Geschäftsmodell: eine interne und eine externe Perspektive. In der **internen Perspektive** werden die Stärken und Schwächen des Geschäftsmodells untersucht. Diese Perspektive ist also in das Unternehmen gerichtet – nach innen zentriert. Die **externe Perspektive** untersucht, welchen Chancen und Risiken ein Unternehmen ausgesetzt ist. Hier wird also der Blick auf den Markt gerichtet. Im Rahmen einer solchen Analyse ist es wichtig, Chancen nicht mit Stärken und Risiken nicht mit Schwächen zu verwechseln. Konkrete Fragestellungen, über die sich u. a. in Gesundheitsbetrieben eine SWOT-Analyse durchführen lässt, sind:

1. Welche Chancen und Risiken bietet der Zielmarkt heute und in Zukunft?
2. Welche Stärken und Schwächen haben die Kollegen und welche Chancen ergeben sich hieraus für unser Unternehmen?
3. Welche Stärken oder Schwächen haben wir bei selbstkritischer Betrachtung?
4. Wie treu sind unsere Kunden und Mitarbeiter – wie stark ist unsere Bindung zu diesen Stakeholdern?
5. Wie treu sind die Kunden und Mitarbeiter der Konkurrenzunternehmen?

6. Welche Stärken sollten wir weiter ausbauen? Wo liegen unsere größten Prioritäten? Was sind unsere Kernkompetenzen?
7. An welchen unserer Schwächen müssen wir arbeiten, um die Chancen des Marktes zu nutzen?
8. Auf welche Aktivitäten sollten wir in Zukunft wegen zu hoher Risiken verzichten?

Weiterführende Literatur

Antil, J., & Bennett, P. (1979). *Construction and validation of a scale to measure socially responsible consumption behavior. The conserver society* (S. 51–68). Chicago: American Marketing Ass..
Backhaus, K., & Schneider, H. (2009). *Strategisches Marketing* (2. Aufl.). Stuttgart: Schäffer-Poeschel Verlag.
Balderjahn, I. (2004). *Nachhaltiges Marketing-Management.* Stuttgart: UTB.
Balderjahn, I. (2007). *Umweltschutz und Unternehmung. Handwörterbuch der Betriebswirtschaftslehre* (6. Aufl.) (S. 1761–1770). Stuttgart: Schäfer Poeschel.
Balderjahn, I., & Hansen, U. (2001). *Ökologisches Marketing. Vahlens Großes Marketing Lexikon* (2. Aufl.) (S. 1214–1217). München: CH. Beck & Vahlen.
Balderjahn, I., & Scholderer, J. (2007). *Konsumentenverhalten und Marketing.* Stuttgart: Schäfer Poeschel.
Baum, H. G., Coenenberg, A. G., & Günther, T. (2006). *Strategisches controlling* (4. Aufl.). Stuttgart: Schäffer-Poeschel Verlag.
Bech-Larsen, T., & Grunert, K. G. (2001). Konsumentscheidungen bei Vertrauenseigenschaften. *Marketing ZFP, 23*, 188–197.
Belz, F. M. (1999a). Integratives Öko-Marketing. *In Betriebliches Umweltmanagement in Deutschland* (S. 163–189). Wiesbaden: Deutscher Universitätsverlag.
Belz, F. M. (1999b). Stand und Perspektiven des Öko-Marketing. *Die Betriebswirtschaft (DBXI'), 59*, 809–829.
Belz, F. M., & Peattie, K. (2009). *Sustainability marketing.* Chichester: A Global Perspective.
Bezençon, V., & Blili, S. (2010). Ethical products and consumer involvement: What's new? *European Journal of Marketing, 44*(9/10), 1305–1321.
Bhattacharya, C. B., & Sen, S. (2003). Consumer-company identification: A framework for understanding consumers relationship with companies. *Journal of Marketing, 67*(2), 76–88.
Bohlen, G. M., Schlegelmilch, B., & Diamantopoulos, A. (1993). Measuring ecological concern: A multi-construct perspective. *Journal of Marketing Management, 9*(4), 415–430.
Brown, T. J., & Dacin, P. A. (1997). The company and the product: Corporate associations and consumer product responses. *Journal of Marketing, 61*, 68–84.
Bruhn, M. (2011). *Marketing für Nonprofit-Organisationen, Grundlagen – Konzepte – Instrumente* (2. Aufl.). Wiesbaden: Springer.
Bruhn, M. (2012). *Marketing, Grundlagen für Studium und Praxis* (11. Aufl.). Wiesbaden: Springer.
Carrigan, M., & Attalla, A. (2001). The myth of the ethical consumer: Do ethics matter in purchase behavior?. *Journal of Consumer Marketing, 18*, 560–577.
Carrigan, M., Szmigin, I., & Wright, J. (2004). Shopping for a better world? An interpretive study of the potential for ethical consumption within the older market. *Journal of Consumer Marketing, 21*, 401–417.
Dam, Y., & Apeldoorn., P. A. (1996). Sustainable marketing. *Journal of Macromarketing, 16*, 45–56.

Dolan, P. (2002). The sustainability of „sustainable consumption". *Journal of Macromarketing*, *22*, 170–181.

Du, S., Bhattacharya, C. B., & Sen, S. (2007). Reaping relational rewards from corporate social responsibility: The role of competitive positioning. *International Journal of Research in Marketing*, *24*, 224–241.

Ellen, P. S., Webb, D. J., & Mohr, L. A. (2006). Building corporate associations: Consumer attribution for corporate socially responsible programs. *Journal of the Academy of Marketing Science*, *34*(2), 147–157.

Fritz, W., & Von der Oelsnitz, D. (2006). *Marketing: Elemente marktorientierter Unternehmensführung* (4. Aufl.). W. Stuttgart: Kohlhammer Verlag.

Gardner, G. T., & Stern, P. C. (1996). *Environmental problems and human behavior* Boston: Allyn & Bacon

Gengier, C. E., Klenosky, D. B., & Mulvey, M. S. (1995). Improving the graphie representation of means-end results. *International Journal of Research in Marketing*, *12*, 245–256.

Gierl, H., & Stumpp, S. (1999). Der Einfluß von Kontrollüberzeugungen und globalen Einstellungen auf das umweltbewußte Konsumentenverhalten. *Marketing ZFP*, *21*, 121–129.

Glöckner, A., Balderjahn, I., & Peyer, M. (2010). Die LOHAS im Kontext der Sinus- Milieus. *Marketing Review St. Gallen*, *27*(5), 36–41.

Gutman, J. (1982). A means-end chain model based on consumer categorization processes. *Journal of Marketing*, *46*, 60–72.

Hansen, U. (2001). Marketingethik. *Vahlens großes Marketinglexikon* (2. Aufl.) (S. 970–972). München: C.H. Beck & Vahlens.

Jägel, T., Keeling, K., Reppel, A., & Gruber, T. (2012). Individual values and motivational complexities in ethical clothing consumption: A means-end approach. *Journal of Marketing Management*, *28*, 373–396.

Kaas, K. P. (1992). Marketing für umweltfreundliche Produkte. Ein Ausweg aus den Dilemmata der Umweltpolitik?. *Die Betriebswirtschaft (DBW)*, *52*(4), 473–487.

Kaas, K. P. (1995). *Marketing und Umwelt. Handbuch zur Umweltökonomie* (S. 112–116). Berlin: Analytica.

Kilbourne, W., McDonagh, P., & Prothero, A. (1997). Sustainable consumption and the quality of life: A macromarketing challenge to the dominant social paradigm. *Journal of Markomarketing*, *17*, 4–24.

Kinnear, T., & Taylor, J. R. (1973). The effect of ecological concern on brand perception. *Journal of Marketing Research*, *10*, 191–197.

Kinnear, T., Taylor, J. R., & Sadrudin, A. A. (1974). Ecologically concerned consumers: Who are they?. *The Journal of Marketing*, *38*(2), 20–24.

Kirchgeorg, M. (2002). Nachhaltigkeits-Marketing. *UmweltWirtschaftsForum*, *10*, 4–11.

Klein, J. G., Smith, N. C., & John, A. (2004). Why we boycott: Consumer motivations for boycott participation. *Journal of Marketing*, *68*, 92–109.

Luo, X., & Bhattacharya, C. B. (2006). Corporate social responsibility, custorner satisfaction, and marker value. *Journal of Marketing*, *70*, 1–18.

McDaniel, S. W., & Rylander, D. H. (1993). Strategy green marketing. *Journal of Consumer Marketing*, *10*, 4–10.

Meffert, H. (1974). Interpretation und Aussagewert des Produktlebenszyklus-Konzeptes. In P. Hammann, W. Kroeber-Riel, and C. W. Meyer (Hrsg.) *Neuere Ansätze der Marketingtheorie, Festschrift zum 80. Geburtstag vpn Otto Schutenhaus* (S. 85–134) Berlin: Duncker und Humblot.

Meffert, H. (1986). *Marketing* (7. Aufl.). Wiesbaden: Gabler.

Meffert, H. (1993). Umweltbewußtes Konsumentenverhalten. *Marketing ZFP*, *15*, 51–54.

Meffert, H. (1994). *Strategische Planungskonzepte in stagnierenden und gesättigten Märkten. Marketing Management Analyse – Strategie – Implementierung, Kap.4* (S. 227–245). Berlin: Springer.

Meffert, H., & Bruhn, M. (1996). Das Umweltbewußtsein von Konsumenten- Ergebnisse einer empirischen Untersuchung in Deutschland im Längsschnittvergleich. Münster: Wissenschaftliche Gesellschaft für Marketing und Unternehmensführung e.V., Arbeitspapier Nr. 99.

Meffert, H., & Kirchgeorg, M. (1995a). Fallbeispiel: Shell. Ein Unternehmen zieht aufs Meer um sein Vertrauen zu verlieren. *Absatzwirtschaft, 38*, Sondernummer Oktober, 154–156.

Meffert, H., & Kirchgeorg, M. (1995b). Einsatz der ökologischen Zertifizierung im Marketing. In *EG-Umweltaudit* (S. 95–122). Wiesbaden: Gabler Verlag.

Meffert, H., & Kirchgeorg, M. (1995c). Ökologisches Marketing. *UmweltWirtschaftsForum, 3*(1), 18–27.

Meffert, H., Bruhn, M., & Hadwich, K. (2015). *Dienstleistungsmarketing: Grundlagen – Konzepte – Methoden*. Wiesbaden: Gabler.

Meffert, H., Burmann, C., & Kirchgeorg, M. (2012). *Marketing* (11. Aufl.). Wiesbaden: SpringerGabler.

Meffert, H., Burmann, C., & Kirchgeorg, M. (2015). *Marketing: Grundlagen marktorientierter Unternehmensführung Konzepte – Instrumente – Praxisbeispiele*. Wiesbaden: Springer.

Meffert, H., Rauch, C., & Lepp, H. L. (2010). Sustainable branding – mehr als ein neues Schlagwort? *Marketing Review St. Gallen, 5*, 28–35.

Michael, E. P. (2011). *Wettbewerbsstrategie: Methoden zur Analyse von Branchen und Konkurrenten*. Frankfurt am Main, Campus

Oloko, S., & Balderjahn, I. (2011). On the moral value of cause related marketing. *Marketing ZFP, 33*(2), 159–170.

Ottman, J. A. (1994). *Green marketing: challenges and opportunities for the new marketing age*. (S. 10) Lincolnwood, IL: NTC Business Books.

Pelsmacker, P., Janssens, W., Sterckx, E., & Mielants, C. (2006). Fair-trade beliefs, attitudes and buying behaviour of Belgian consumers. *International Journal of Nonprofit & Voluntary Sector Marketing, 11*, 125–138.

Raabe, T. (1995). Makromarketing. In *Handwörterbuch des Marketing* (2. Aufl.) (S. 1429–1434). Stuttgart: Schäfer-Poeschel.

Reynolds, T. J., & Olson, J. C. (Hrsg.). (2001). *Understanding consumer decision making: The means-end approach to marketing and advertising strategy*. New Jersey: Psychology Press.

Roberts, J. A. (1995). Profiling levels of socially responsible consumer behavior: A cluster analytic approach and its implications for marketing. *Journal of Marketing Theory & Practice, 3*(4), 97–117.

Rogers, E. (2003). *Diffusion of innovation* (5. Aufl.). New York: The Free Press.

Schlegelmilch, B., Bohlen, G., & Diamantopoulos, A. (1996). The link between green purchasing decisions and measures of environmental consciousness. *European Journal of Marketing, 30*(5), 35–55.

Schneider, D. (2005). *Unternehmensführung und strategisches Controlling – Überlegene Instrumente und Methoden* (4. Aufl.). München: Hanser.

Seidel, E., Clausen, J., & Seifert, E. K. (1998). *Umweltkennzahlen*. München: Verlag Vahlen.

Sen, S., & Bhattacharya, C. B. (2001). Does doing good always lead to doing better? Consumer reactions to corporate social responsibility. *Journal of Marketing Research, 38*, 225–243.

Sen, S., Bhattacharya, C. B., & Korschun, D. (2006). The role of corporate social responsibility in strengthening multiple stakeholder relationships: A filed experirinent. *Journal of the Academy of Marketing Science, 34*(2), 158–166.

Shaw, D., & Newholm, T. (2002). Voluntary simplicity and the ethics of consumption. *Psychology & Marketing, 19*, 167–185.

Shaw, D., & Shiu, E. (2003). Ethics in consumer choice: A multivariate modeling approach. *European Journal of Marketing, 37*, 1485–1498.

Shaw, D., Newholm, T., & Dickinson, R. (2006). Consumption as voting: An exploration of consumer empowerment. *European Journal of Marketing, 40*, 1049–1067.

Shaw, D., Shiu, E., Hogg, G., Wilson, E., & Hassan, L. (2006). Fashion victim: The impact of fair trade concerns on clothing choice. *Journal of Strategic Marketing, 14*, 427–440.

Sheth, J., Sethia, N., & Srinivas, S. (2011). Mindful consumption. A customer-centric approach to sustainability. *Journal of the Academy of Marketing Sience, 39*(1), 21–39.

Sichtmann, C. (2011). Corporate social responsibility und die Zahlungsbereitschaft von Konsumenten. *Marketing ZfP, 33*(2), 87–97.

Smith, N. C. (2001).Changes in corporate practices in response to public interest advocacy and actions: The role of consumer boycotts and socially responsible consumption in promoting corporate social responsibility. *Handbook of marketing and society* (S. 140–161). Thousand Oaks, CA: Sage Publications.

Średnicka-Tober, D. et al. (2016). Higher PUFA and n-3 PUFA, conjugated linoleic acid, α-tocopherol and iron, but lower iodine and selenium concentrations in organic milk: A systematic literature review and meta- and redundancy analyses. *British Journal of Nutrition, 115*(6), 1043–1060.

Stubbart, C. I. (1987). Improving the quality of crisis thinking. *Columbia Journal of World Business, 22*, 89–99.

Sutton, R. J. & Al-Khatib, J. (1994). Cross-national comparisons of consumers' environmental concerns. *Journal of Euromarketing, 4*, 45–62.

Varadarajan, R. & Menon, A. (1988). Cause related marketing: A co-alignment of marketing strategy and corporate philanthropy. *Journal of Marketing, 52*, 58–74.

Rechnungswesen 6

Unternehmen müssen Investoren, Teilhabern und auch Fremdkapitalgebern wie Banken und Lieferanten in gewissem Rahmen Auskunft über die Geschäftsentwicklung geben. Diese Stakeholder sind oft Gläubiger und genießen als solche einen besonderen Schutz. Je nach Unternehmen und Rechtsform kann man gezwungen sein, Bilanzen im Bundesanzeiger zu veröffentlichen. Finanzämter benötigen Jahresabschlüsse im Zuge der steuerlichen Veranlagung. Der Unternehmer selbst braucht für eigene Zwecke eine Übersicht über die offenen Posten, kurzfristige Zahlungsverpflichtungen und kurzfristig realisierbare Forderungen. Das Rechnungswesen dient der Erfüllung dieser Aufgaben. Daher ist es für (Umwelt-)Manager unabdingbar, sich mit den Grundlagen des Rechnungswesens auseinanderzusetzen.

6.1 Definition Rechnungswesen

Unter Rechnungswesen wird ganz allgemein die zahlenmäßige Abbildung der betrieblichen Vorgänge verstanden. Dieser Ansatz hat das Rechnungswesen ab 1937 stark geprägt. Er geht auf das Reichwirtschaftsministerium zurück.

Etwas genauer definiert ist das **Rechnungswesen** ein Teilgebiet der Betriebswirtschaftslehre und dient der systematischen Erfassung, Überwachung und informatorischen Verdichtung der durch den betrieblichen Leistungsprozess entstehenden Geld- und Leistungsströme.

Allein ein Blick auf diese beiden Definitionsansätze zeigt, dass fast jeder betriebliche Vorgang unter den Gesichtspunkten des Rechnungswesens erfasst werden kann. Die Betriebsführung – das Management – muss darauf achten, dass zu jedem Zeitpunkt ausreichend finanzielle (liquide) Mittel vorhanden sind, um den Geschäftsbetrieb am Laufen zu halten. Hierzu sind Planungen notwendig. Dieses Ziel wird das Management auch nur dann erreichen, wenn das Unternehmen Gewinn erwirtschaftet. Erzielt der Geschäftsbetrieb über einen gewissen Zeitraum Verluste, so wird das Unternehmen irgendwann aus dem Markt ausscheiden. Gewinnerzielung und Liquiditätssicherung sind grundlegende Zielsetzungen, die jedes Unternehmen, ganz gleich welcher Branche es angehört, verwirklichen muss. Nur dies garantiert langfristig das Überleben des Unternehmens. Jede Unternehmung muss deshalb darauf abzielen, ihr Unternehmenspotential zu erhalten. All diese Vorgänge haben gemeinsam, dass man sie betriebswirtschaftlich in Zahlen abbilden kann. Verbräuche und Leistungen werden dokumentiert, Informationen damit persistent verfügbar gemacht. Sie können als Grundlage zur Planung herangezogen werden.

Diese sehr weiten Inhalte und Aufgaben des Rechnungswesens legen es nahe, den Begriff weiter zu strukturieren. Hierzu muss man sich mit den Funktionen und den Adressaten des Rechnungswesens auseinandersetzen.

6.2 Funktionen des Rechnungswesens

Wirft man einen genauen Blick auf Vorgänge des Rechnungswesens, so fällt auf, dass diese einerseits auf die Unterstützung innerbetrieblicher Vorgänge gerichtet sein können, andererseits aber auch Vorgänge darauf abzielen, außerhalb des Unternehmen stehenden Personenkreisen Informationen zu liefern.

Der Teil des Rechnungswesens, der darauf abzielt, das Management mit Informationen über betriebliche Prozesse zu versorgen, damit es gezielt das Unternehmen planen, steuern und kontrollieren kann, wird als **internes Rechnungswesen** bezeichnet. Adressat des internen Rechnungswesens ist nicht jeder Mitarbeiter, sondern nur die Personengruppen im Unternehmen, die den Betrieb führen oder Teilbereiche verantwortlich leiten. Adressaten des internen Rechnungswesens sind somit die Betriebsführung, Geschäftsführer, Prokuristen oder die Abteilungsleitung – allgemeiner: die Manager.

Sobald ein Unternehmen eine bestimmte Größe übersteigt, ist es der Geschäftsleitung nicht mehr möglich, alle Auswirkungen der Geschäftsvorfälle am Ort des Geschehens unmittelbar zu kontrollieren. Die **Kosten- und Leistungsrechnung** erleichtert die **Betriebskontrolle**. Die Geschäftsleitung greift auf die Daten und Informationen aus dem Controlling zu. Dabei kann sie erkennen, ob z. B. die Kosten in einer Abteilung gestiegen sind, oder ob die Umsätze bei einer bestimmten Dienstleistung oder einem Produkt womöglich nicht den Erwartungen entsprechen. Das Management kann so die Ursachen ergründen und z. B. Abweichungen zu den Planwerten ermitteln und ggf. erforderliche Maßnahmen ergreifen (Feedback Loop).

Die **Kalkulation** ermittelt die Herstellkosten bzw. Selbstkosten und die Verkaufspreise für die Produkte. Voraussetzung hierfür ist, dass alle Kosten des Unternehmens vorliegen. In der Buchführung wurden bereits Werteveränderungen im Betrieb erfasst, die Kalkulation kann hierauf zurückgreifen.

Im Normalfall unterliegen Art und Umfang des internen Rechnungswesens dem Ermessen des Unternehmens. Je nach den eigenen betrieblichen Bedürfnissen bzw.

6.2 Funktionen des Rechnungswesens

Anforderungen kann der Unternehmer bzw. das Management den Umfang des internen Rechnungswesens folglich selbst bestimmen. Es kann jedoch branchenspezifische Ausnahmen geben.

Der zweite Bereich des Rechnungswesens wird als **externes Rechnungswesen** bezeichnet. Die Bezeichnung leitet sich aus der Aufgabe dieses Teilgebietes ab, Externen – also außerhalb des Unternehmens stehenden Personen oder Gruppen – Informationen über die betriebliche Aktivität zu liefern. Hierbei ist es entscheidend, dass das externe Rechnungswesen im Gegensatz zum internen Rechnungswesen immer auf einer gesetzlichen Grundlage basiert: Es müssen absolut verbindliche Standards eingehalten werden, um die Vergleichbarkeit der gelieferten Daten und Informationen für Dritte sicherzustellen. Wesentliche rechtliche Grundlagen für diesen Aufgabenbereich bilden das Handelsgesetzbuch (HGB), die Abgabenordnung (AO) und zahlreiche Steuergesetze (EStG, KStG, GewStG usw.).

Das externe Rechnungswesen zielt hauptsächlich auf eine periodengerechte **Vermögens- und Schuldenermittlung** sowie eine **Erfolgsermittlung** ab. Beides kann mithilfe der Buchführung erreicht werden, da sie sämtliche Wertveränderungen erfasst. Allerdings sind die Zeitbezüge der Erfolgsermittlung und der Vermögens- und Schuldenermittlung unterschiedlich. Die Vermögens- und Schuldenrechnung bezieht sich auf einen bestimmten Zeitpunkt, die Ergebnisermittlung auf einen bestimmten Zeitraum.

Das externe Rechnungswesen erfüllt eine **Legitimations- und Informationsfunktion** für verschiedenste Anspruchsgruppen (Stakeholder). Die Buchführung liefert die Grundlagen zur Steuerveranlagung durch die Finanzämter. Hier wird für die Berechnung bestimmter Steuern (z. B. Einkommenssteuer, Umsatzsteuer, Gewerbesteuer) das Zahlenmaterial der Buchführung zugrunde gelegt. Banken können bei Kreditgewährungen durch die Vorlage bestimmter Zahlen der Buchführung ihr Risiko besser abschätzen. Die Kapitalgeber (z. B. Mitinhaber, Gläubiger) besitzen ein Recht auf Information. Dieses Recht kann mithilfe der Buchführungsergebnisse befriedigt werden. Die Mitarbeiter haben ein Recht auf Unterrichtung über die wirtschaftliche und soziale Lage ihres Unternehmens (§ 43 I, II BetrVG). Die Gerichte stellen bei Vermögensstreitigkeiten im Zweifel auf die Richtigkeit der Zahlen der Buchführung ab.

Externes und internes Rechnungswesen unterscheiden sich folglich hauptsächlich im Hinblick auf ihre Adressaten und die zu verwirklichenden Aufgaben. Während der Adressat des internen Rechnungswesens die Betriebsführung bzw. das Management ist, hat das externe Rechnungswesen zahlreiche Adressaten. Es sind insbesondere der Staat – insbesondere der Fiskus -, private Gläubiger, Mitarbeiter und die Öffentlichkeit zu nennen. Das interne Rechnungswesen zielt in erster Linie darauf ab, für den Geschäftsbetrieb wesentliche Informationen für den Unternehmer bereitzustellen. Er erhält damit die Möglichkeit, seinen Betrieb zukunftsgerichtet zu führen. Das externe Rechnungswesen erfüllt die Funktion, Dritten als externen Personengruppen Informationen über die Führung des Unternehmens zu liefern. Abb. 6.1 stellt die Zusammenhänge grundlegend dar.

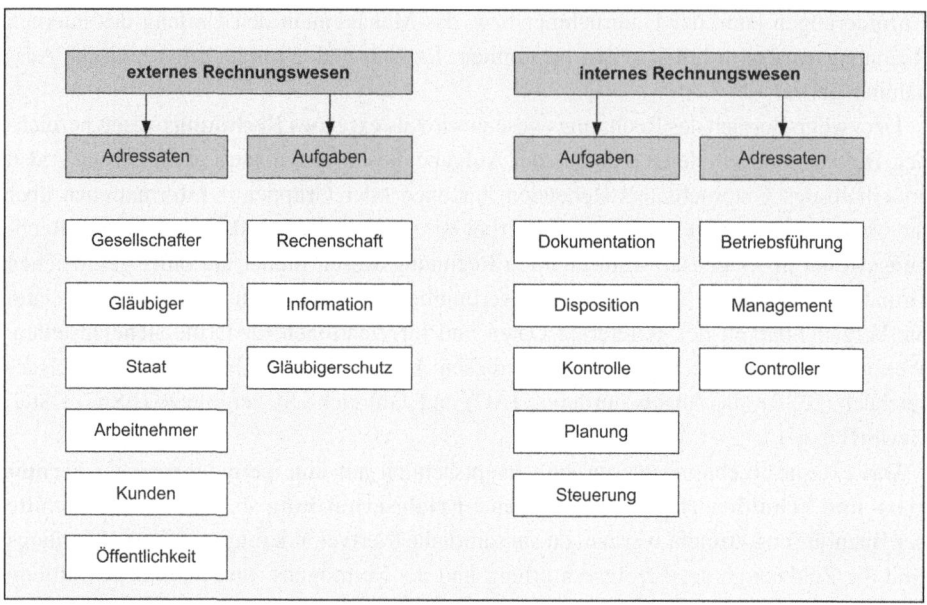

Abb. 6.1 Funktionen des Rechnungswesens

6.3 Teilgebiete des Rechnungswesens

Zwischen dem Financial Accounting und der Managment Accounting besteht eine strukturelle Verbindung wie in Abb. 6.2 aufgezeigt.

Das externe Rechnungswesen umfasst hauptsächlich die **Finanzbuchhaltung** und wird häufig auch **Financial Accounting** bezeichnet. Die Finanzbuchhaltung umfasst die Buchführung, in der fortlaufend die Geschäftsvorfälle nach einer bestimmten Systematik erfasst werden. Da die Buchführung allerdings nur reale Vorgänge abbildet und in der Regel der Buchhalter keine Überprüfung der faktischen Richtigkeit der Angaben auf den Belegen durchführen kann, ist von Zeit zu Zeit die tatsächliche Bestandsaufnahme von Vermögenswerten und Schulden notwendig. Dieser Vorgang wird als Inventur bezeichnet. Der tatsächliche Bestand an Vermögenswerten und Schulden in einem Unternehmen bildet das Inventar. Auf Grundlage der Buchführung erstellen Unternehmen am Ende des Geschäftsjahres einen Jahresabschluss, der u. a. die Bilanz sowie die Gewinn- und Verlustrechnung enthält. Konzerne müssen die Einzelabschlüsse aller Konzernunternehmen (Mutter- und Tochtergesellschaften) in einem Konzernabschluss zusammenfassen. Im Bereich von Personengesellschaften kann zur adäquaten Abbildung steuerrelevanter Sachverhalte das Erstellen von Sonderbilanzen notwendig sein. Während Buchführung, das Aufstellen des Inventars und das Erstellen des Jahresabschlusses in jedem Unternehmen erfolgt, das die doppelte Buchführung betreibt, sind Konzernabschlüsse und Sonderbilanzen lediglich in einem speziellen Kontext notwendig.

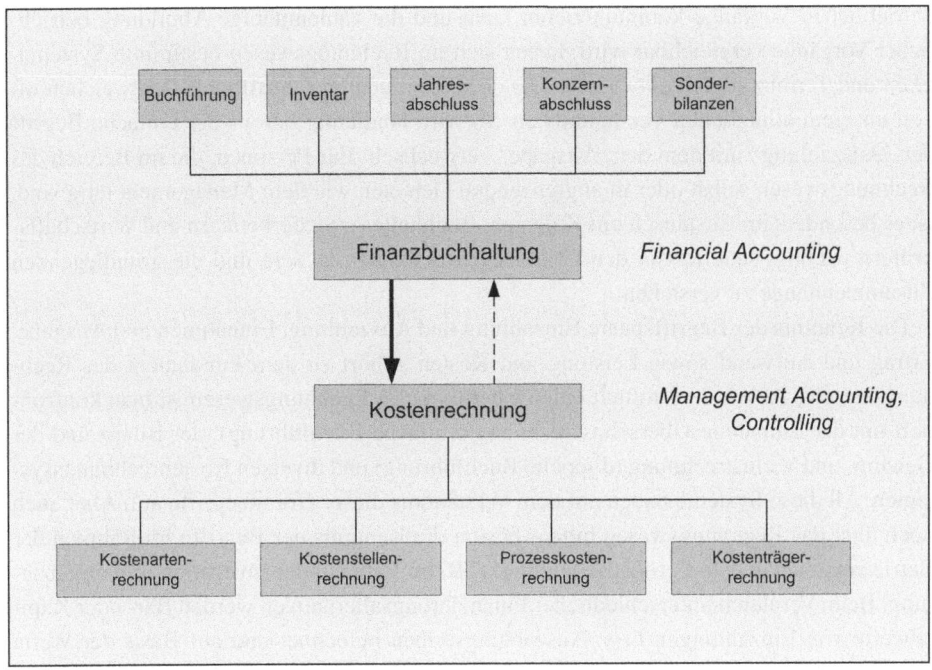

Abb. 6.2 Grobgliederung Rechnungswesen

Der zentrale Bestandteil des internen Rechnungswesens ist die Kosten- und Leistungsrechnung. Das interne Rechnungswesen wird als **Management Accounting** bezeichnet. Die Kostenrechnung kann in vier wesentliche Bestandteile untergliedert werden: die Kostenarten-, Kostenstellen-, Prozesskosten- und Kostenträgerrechnung. Ziel dieser Unterteilung ist es, möglichst zeit- und kostensparend die Kosten der Dienstleistung oder Produkte des Gesundheitsbetriebes zu kalkulieren. Die Kosten sollen hierbei über die Zwischenschritte der Kostenstellen- und Prozesskostenrechnung möglichst präzise, d. h. verursachungsgerecht, zugeordnet werden.

Um einen möglichst effizienten Ablauf des Rechnungswesens zu gewährleisten, sind das externe Rechnungswesen (im Wesentlichen die Finanzbuchhaltung) und das interne Rechnungswesen (im Wesentlichen die Kosten- und Leistungsrechnung) miteinander verzahnt. Zunächst werden in der Finanzbuchhaltung Aufwand und Erträge erfasst. Diese Datengrundlage dient als Ausgangsbasis der Kosten- und Leistungsrechnung zur Ermittlung der Kosten und Leistung.

6.4 Grundbegriffe des Rechnungswesens

Bevor man sich eingehender mit der Systematik des Rechnungswesens beschäftigt, ist die Kenntnis einiger Grundbegriffe unentbehrlich. Damit man verlässlich über die betrieblichen Vorgänge kommunizieren kann und die zahlenmäßige Abbildung betrieblicher Vorgänge vergleichbar wird, haben sich im Rechnungswesen bestimmte Systematiken und Terminologien entwickelt. Die dort verwendeten Begrifflichkeiten weichen oft von unserem alltäglichen Verständnis ab. So wird landläufig bereits der einfache Begriff der „Auszahlung" mit dem der „Ausgabe" verwechselt. Für Personen, die im Bereich des Rechnungswesen selbst oder in angrenzenden Gebieten wie dem Management tätig sind, ist es besonders im Austausch mit Kollegen, Buchhaltern, Steuerberatern und Wirtschaftsprüfern wichtig, sattelfest in den Grundbegrifflichkeiten zu sein und die grundlegenden Zusammenhänge zu verstehen.

Die Kenntnis der Begriffspaare Einzahlung und Auszahlung, Einnahmen und Ausgabe, Ertrag und Aufwand sowie Leistung und Kosten gehört zu dem Fundament des Rechnungswesens. Abb. 6.3 vermittelt einen Überblick. Im Rechnungswesen ist man konfrontiert mit der Einnahme-Überschussrechnung (einfache Buchführung), der Bilanz und der Gewinn- und Verlustrechnung (doppelte Buchführung) und diversen Kostenrechnungssystemen. All diese Systeme bauen auf dem Verständnis dieser Grundbegriffe auf. Aber auch noch über das Rechnungswesen hinaus besitzt die Kenntnis der Begriffe im Rahmen der Betriebswirtschaftslehre große Bedeutung, z. B. im Rahmen der Investition und Finanzierung. Beim Vergleich unterschiedlicher Finanzierungsalternativen werden Bar- oder Kapitalwerte von Einzahlungen bzw. Auszahlungsreihen berechnet und auf Basis der Werte Entscheidungen getroffen.

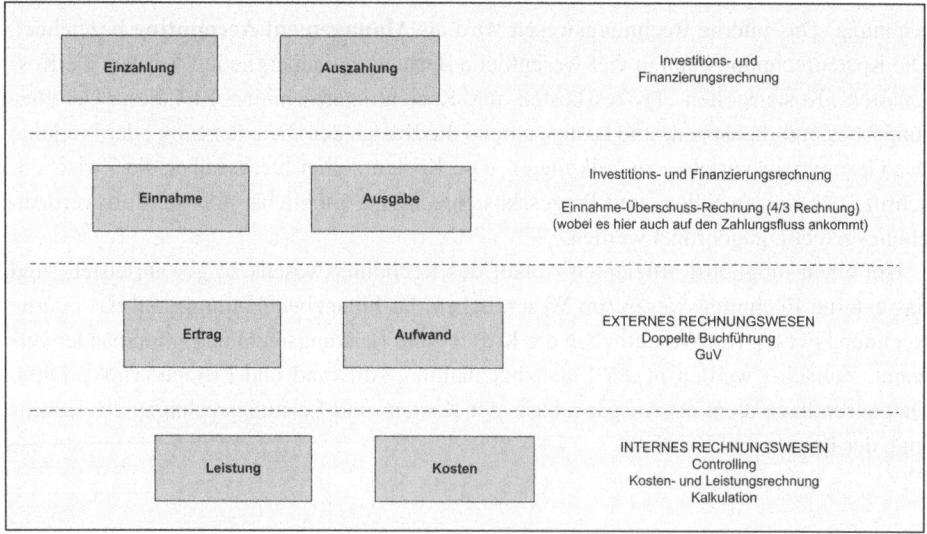

Abb. 6.3 Grundbegriffe des Rechnungswesens

6.4 Grundbegriffe des Rechnungswesens

Nachfolgend werden die einzelnen Begriffspaare untersucht und abgegrenzt. Zuerst betrachtet man den Zugang und Abgang liquider Mittel. Einzahlung und Auszahlungen sind wie folgt definiert:

▶ Eine **Einzahlung** ist der Zugang liquider Mittel. Sie führt zu einer Erhöhung des Zahlungsmittelbestandes.
▶ Eine **Auszahlung** ist der Abgang liquider Mittel. Der Zahlungsmittelbestand wird durch sie verringert.

Mit diesen Begriffen ist man im Allgemeinen vertraut. Liquide Mittel stellen Zahlungsmittel dar. Es handelt sich hierbei meistens um Giralgeld (Sichtguthaben) oder Bargeld.

Die Bezahlung, z. B. einer offenen Lieferantenrechnung (Eingangsrechnung) per Überweisung vom Geschäftsgirokonto oder der Einkauf von Büromaterial gegen Barzahlung stellen Auszahlungen dar. Die Liquidation einer Forderung an einen Kunden durch seine Überweisung auf das Geschäftsgirokonto stellt eine Einzahlung dar. Einzahlungen und Auszahlungen als Strömungsgrößen bestimmen den Zahlungsmittelbestand, der eine Bestandsgröße darstellt.

Als Nächstes sind die Begriffe Einnahme und Ausgabe gegeneinander abzugrenzen. Die Begriffe knüpfen in ihrem Grundverständnis an die Warenbewegung an.

▶ **Einnahmen** stellen den Wert aller veräußerten Güter und Dienstleistungen in einer Periode dar. Ein oft synonym verwendeter Begriff ist Umsatz.
▶ **Ausgaben** dagegen entsprechen dem Wert aller zugegangen Güter und Dienstleistungen in einer Periode. Hier wird sich auf den Beschaffungswert bezogen.

Veräußert ein Unternehmen Güter oder Dienstleistungen, so erlangt es entweder eine Forderung oder es erhält sofort eine Einzahlung. Einnahmen führen also zu einer Erhöhung des Geldvermögens. Werden Ausgaben in einem Unternehmen getätigt, so gehen dem Unternehmen in entsprechendem Maße Güter- oder Dienstleistungen zu. Hierdurch wird das Geldvermögen des Unternehmens belastet. Die erhaltenen Güter- oder Dienstleistungen werden entweder gleich bezahlt (Auszahlung), oder es wird eine Verbindlichkeit (Schuld) aufgebaut. Wird z. B. von einem sich modernisierenden Unternehmen eine neue umweltschonende Technologie auf Rechnung bezogen (beispielsweise um sich von der Politik verabschiedeten Umweltauflagen anzupassen), so liegt unabhängig von der Frage, ob sofort oder zu einem späteren Zeitpunkt die Rechnung bezahlt wird, eine Ausgabe vor. Die Begriffe Einnahme und Ausgabe bereiten beim Erlernen anfänglich häufig Schwierigkeiten, weil die Begriffe in der Umgangssprache häufig synonym mit den Begriffen Einzahlung und Auszahlung verwendet werden. Auch trägt die im Steuerrecht praktizierte Anwendung der Begriffe Einnahme und Ausgabe zur Verwirrung bei. Wird im Hinblick auf das EStG von Einnahmen und Ausgaben gesprochen, so wird häufig umgangssprachlich unterschlagen, dass es sich hierbei um zugeflossene Einnahmen (Einzahlungen) oder abgeflossene Ausgaben (Auszahlungen) handelt.

Auf der nächsten Stufe sind die Begriffe Ertrag und Aufwand gegeneinander abzugrenzen. Dies sind Begriffe, die im Bereich der doppelten Buchführung von essentieller Bedeutung sind. Erträge und Aufwendungen werden in der Gewinn- und Verlustrechnung gegenübergestellt. Die Erträge eines Unternehmens abzüglich der Aufwendungen ergeben das Ergebnis des Unternehmens in einer Periode. Beide Begriffe sind also wesentlicher Bestandteil der Erfolgsermittlung. Ertrag und Aufwand lassen sich wie folgt definieren:

▶ Der **Ertrag** ist der Wert aller erbrachten Güter und Dienstleistungen in einer Periode, der aufgrund gesetzlicher Bestimmungen in der Finanzbuchhaltung verrechnet wird.
▶ Als **Aufwand** bezeichnet man den Wert aller verbrauchten Güter und Dienstleistungen in einer Periode, der aufgrund gesetzlicher Bestimmungen in der Finanzbuchhaltung verrechnet wird.

Zentrale Aspekte im Hinblick auf die beiden Begriffe sind der Wertverzehr und der Wertzuwachs. Wertverzehr führt zu Aufwand; Wertzuwachs führt zu einem Ertrag. Immer dann, wenn durch Vorgänge ein Wertzuwachs oder Wertverzehr (Verbrauch, Abnutzung, Verschleiß etc.) entsteht, muss das Vorliegen eines Ertrages bzw. Aufwandes geprüft werden. Das Vorliegen eines Wertverzehrs oder Wertzuwachses allein ist jedoch noch nicht ausreichend, um einen Ertrag oder einen Aufwand zu bejahen. Wichtig ist ferner, dass dieser auch nach handelsrechtlichen und steuerrechtlichen Gesichtspunkten anerkannt ist.

Während die Begriffe Ertrag und Aufwand zentrale Begriffe aus Sicht des externen Rechnungswesens sind, spielen diese Begriffe im Rahmen des internen Rechnungswesens keine Rolle. Auf Ebene des internen Rechnungswesens werden die Begriffe Leistung bzw. Erlös und Kosten verwendet. Sie sind wie folgt definiert:

▶ Als **Leistung bzw. Erlös** wird der Wert aller im Rahmen der eigentlichen betrieblichen Tätigkeit erbrachten Güter und Dienstleistungen in einer Periode angesehen.
▶ **Kosten** sind hingegen der Wert aller im Rahmen der eigentlichen betrieblichen Tätigkeit verbrauchten Güter und Dienstleistungen einer Periode.

Wie man leicht erkennt, ist der Unterschied zu dem Begriffspaar Ertrag und Aufwand gering. Sowohl Erträge und Aufwendungen als auch Leistungen und Kosten stellen auf die Begriffe Wertzuwachs bzw. Wertverzehr ab. Der einzige Unterschied zwischen den Ebenen „Ertrag und Aufwand" auf der einen Seite und „Leistung und Kosten" auf der anderen Seite ist die Perspektive. Während man bei „Erträgen und Aufwendungen" danach fragt, ob die Wertveränderungen handels- bzw. steuerrechtlich anerkannt sind, wird auf der Ebene „Leistung und Kosten" nur danach gefragt, ob der Wertverzehr bzw. Wertzuwachs sachzielbezogen ist, d. h. mit dem Betriebszweck im Einklang steht. Die Begriffe „Leistung und Kosten" sind Begriffe, die in den Bereich des internen Rechnungswesens fallen. Auf dieser Ebene möchte man Informationen erhalten, die eine steuernde planerische und kontrollierende Betriebsführung ermöglichen.

6.5 Externes Rechnungswesen

Das Unternehmen führt unterschiedlichste Aufzeichnungen über seinen Geschäftsbetrieb. Eine der wichtigsten Dokumentationen in diesem Zusammenhang ist die Buchführung. Die Buchführung bietet die Möglichkeit, den Geschäftsbetrieb im Wesentlichen abzubilden. Hierbei werden mit der Buchführung gleichzeitig mehrere Ziele verwirklicht: Die doppelte Buchführung ermöglicht dem Unternehmen eine genaue Abbildung über sein Vermögen und seine Schulden. Sie dient der Erfolgsermittlung, d. h. sie gibt über den Gewinn bzw. Verlust eines Unternehmens Auskunft. Nicht zuletzt bildet die Buchführung die Grundlage für unternehmensinterne Entscheidungen und Steuerungsprozesse. Ohne sie als Basis ist die Einrichtung des internen Rechnungswesens kaum möglich. Die Hauptfunktion besteht darin, gegenüber gewissen Personen, Institutionen bzw. Stakeholdern Rechenschaft abzulegen.

6.5.1 Buchführungspflicht

Buchführung kann definiert werden als die in Zahlenwerten vorgenommene, lückenlose, zeitliche und sachlich geordnete Aufzeichnung aller Geschäftsvorgänge in einer Unternehmung aufgrund von Belegen. Sie ist das zahlenmäßige Spiegelbild einer Unternehmung und wichtige Informationsquelle für den Unternehmer. Sie dient außerdem dazu, den gesetzlich fixierten Informationsanforderungen anderer Anspruchsgruppen (Stakeholdern) nachzukommen.

Ob sich für das eigene Unternehmen eine Buchführungspflicht ergibt, hängt im Wesentlichen von handels- und steuerrechtlichen Vorschriften ab. Für Kaufleute ergibt sich die Pflicht zur doppelten Buchführung aus § 238 HGB. Wer als Kaufmann gilt, wird in den §§ 1–7 HGB geregelt. Hierunter fallen regelmäßig Einzelkaufleute, Personenhandelsgesellschaften, wie die OHG, KG und die GmbH & Co. KG, aber auch die Kapitalgesellschaften, wie z. B. die AG und die GmbH. Es zeigt sich also, dass die handelsrechtliche Buchführungspflicht maßgeblich von der Rechtsform abhängt. Freiberufler sind keine Kaufleute und damit nicht zu einer doppelten Buchführung nach HGB verpflichtet. Sollten sich Freiberufler in einer GbR oder PartG zusammenschließen, so obliegt ihnen auch nicht die Verpflichtung zur doppelten Buchführung. Häufig wird allerdings die doppelte Buchführung freiwillig gewählt, da sie einen besseren Überblick über die Vermögens- und Ertragslage ermöglicht und auch eine transparentere Grundlage für die Gewinnverteilung bei Unternehmen mit mehreren Gesellschaftern liefert.

Neben der doppelten Buchführungspflicht, die sich aus dem Handelsrecht ergibt, kann sich eine Buchführungspflicht auch aus dem Steuerrecht ergeben. Die Buchführungspflicht ist hier in den §§ 140, 141 AO geregelt. § 140 AO normiert die **derivative Buchführungspflicht.** Die Regelung heißt derivativ, da die Buchführungspflicht hier aus anderen Gesetzen, wie z. B. dem HGB, abgeleitet wird. Ist ein Unternehmen zur Buchführung durch das HGB verpflichtet, so trifft es diese Verpflichtung auch nach dem Steuerrecht.

Die Regelungen des § 141 AO werden auch als **originäre Buchführungspflicht** bezeichnet. Hier legt die Abgabenordnung fest, dass bei Überschreiten gewisser Gewinn- bzw. Umsatzgrenzen alle Gewerbetreibende, sofern sie nicht der Buchführungspflicht nach § 140 AO unterliegen, sowie Land- und Forstwirte Bücher zu führen haben.

Damit die Buchführung als ordnungsgemäß anerkannt wird, sind die Grundsätze der ordnungsgemäßen Buchführung einzuhalten. Die Grundsätze werden aus dem HGB und dem Steuerrecht abgeleitet, sie sind jedoch nicht abschließend gesetzlich geregelt. Je nach Art ihrer Anwendung wird zwischen den Grundsätzen der ordnungsgemäßen Buchführung, den Grundsätzen der ordnungsgemäßen Inventur oder den Grundsätzen der ordnungsgemäßen Bilanzierung unterschieden. An dieser Stelle seien die wesentlichen Grundsätze der ordnungsgemäßen Buchführung und Bilanzierung aufgeführt. Auf die Grundsätze ordnungsgemäßer Inventur wird im Abschnitt zur Inventur eingegangen.

Folgende Grundsätze gehören zu den **Grundsätzen der ordnungsgemäßen Buchführung**:

- **Grundsatz der Übersichtlichkeit (Klarheit und Nachprüfbarkeit)**
  - Ein sachverständiger Dritter muss sich in der Buchführung in angemessener Zeit zurechtfinden und sich einen Überblick über die Geschäftsvorfälle und die Vermögenslage des Unternehmens verschaffen können (§ 238 HGB).
  - Änderungen müssen erkennbar sein (§ 239 HGB).
  - Es muss eine lebende Sprache verwendet werden (§ 239 HGB).
  - Der Jahresabschluss ist in deutscher Sprache und in Euro aufzustellen (§ 244 HGB).
  - Die vorgeschriebenen Aufbewahrungsfristen sind einzuhalten (§ 239 HGB).

- **Grundsatz der Vollständigkeit**
  - Alle erforderlichen Aufzeichnungen müssen vollständig, richtig, zeitgerecht und geordnet vorgenommen werden (§ 239 HGB).
  - Chronologische und zeitnahe Verbuchung.

- **Grundsatz der Richtigkeit**
  - Sachlich und rechnerisch richtige Aufzeichnung aller Geschäftsvorfälle (§ 239 HGB).

- **Belegprinzip**
  - Keine Buchung ohne Beleg! Jedem Geschäftsvorfall muss ein Beleg zugrunde liegen.
  - Für Geschäftsvorfälle, für die keine Fremdbelege vorliegen, sind Eigenbelege zu erstellen.
  - Belege müssen sachlich und rechnerisch richtig sein.
  - Die Geschäftsvorfälle müssen sich in ihrer Entstehung und Abwicklung verfolgen lassen (§ 238 HGB).

6.5 Externes Rechnungswesen

- Die Ablage der Belege muss das schnelle Auffinden und die Rückverfolgung der Geschäftsvorfälle ermöglichen (von der Buchung zum Beleg, vom Beleg zur Buchung).
- Aufbewahrung (§ 257 HGB)

- **Grundsatz der Ordnungsmäßigkeit:** Chronologische und zeitnahe Verbuchung (§ 239 HGB).

- **Grundsatz der Sicherheit:** Es müssen organisatorische Maßnahmen zur Sicherung aller Aufzeichnungen und Unterlagen getroffen werden. Außerdem ist die Sicherheit vor jedwedem Verlust zu gewährleisten. Auch bei einem unverschuldeten Verlust von aufbewahrungspflichtigen Unterlagen verliert die Buchführung ihre Ordnungsmäßigkeit.

Zu den Grundsätzen der ordnungsgemäßen Bilanzierung zählen:

- **Grundsatz der Bilanzwahrheit**
  - Vollständigkeit des Jahresabschlusses nach § 246 HGB.
  - Bei der Bewertung sind die gültigen Vorschriften anzuwenden.
  - Es ist ein den tatsächlichen Verhältnissen entsprechendes Bild der Vermögens-, Finanz- und Ertragslage des Unternehmens zu vermitteln.

- **Grundsatz der Bilanzklarheit**
  - Der Jahresabschluss muss klar und übersichtlich sein (§ 243 HGB).
  - Verrechnungsverbot nach § 246 HGB: Posten der Aktivseite dürfen nicht mit Posten der Passivseite, Aufwendungen nicht mit Erträgen, Grundstücksrechte nicht mit Grundstückslasten verrechnet werden.

- **Grundsatz der Bilanzkontinuität**
  - Übereinstimmung der Eröffnungsbilanz eines Jahres mit der Schlussbilanz des Vorjahres (Bilanzidentität nach § 252 HGB)
  - Beibehaltung der Gliederung und Postenbezeichnung (Bilanz und GuV).
  - Bewertungskontinuität nach § 252 HGB: Die auf den vorhergehenden Jahresabschluss angewandten Bewertungsmethoden sollen beibehalten werden.

- **Prinzip der Vorsicht und des Gläubigerschutzes**
  - Grundsatz der Vorsicht nach § 252 HGB
  - Aus einer möglichen Bandbreite von Wertansätzen ist auf der Aktivseite eher der niedrigere und auf der Passivseite tendenziell der höhere Wert anzusetzen.
  - Nicht realisierte Gewinne sind nicht auszuweisen.
  - Nicht realisierte Verluste sind auszuweisen.

- **Grundsatz der periodengerechten Erfolgsermittlung**
  - Nach § 252 HGB sind Aufwendungen und Erträge des Geschäftsjahres unabhängig von den Zeitpunkten der entsprechenden Zahlungen im Jahresabschluss zu berücksichtigen.
  - Die damit notwendige zeitliche Abgrenzung dieser Posten führt in der Bilanz zu aktiven Rechnungsabgrenzungsposten und passiven Rechnungsabgrenzungsposten oder sonstigen Forderungen bzw. sonstigen Verbindlichkeiten.

Es gibt für den Bereich der elektronischen Buchführung gerade für den steuerrechtlichen Bereich noch zahlreiche neuere Vorschriften. Das Bundesministerium der Finanzen hat die Grundsätze zur ordnungsmäßigen Führung und Aufbewahrung von Büchern, Aufzeichnungen und Unterlagen in elektronischer Form sowie zum Datenzugriff (GoBD) veröffentlicht. Mit den GoBD kommt die Finanzverwaltung dem Ruf nach einer Modernisierung der GoBS und Zusammenführung von GoBS und GDPdU nach.

6.5.2 Einfache Buchführung

Unterliegt ein Unternehmen nicht der doppelten Buchführungspflicht, so wird es in der Regel die einfache Buchführung, auch **Einnahme-Überschussrechnung** genannt, durchführen. Es ist die klassische Gewinnermittlungsart der Freiberufler. § 18 EStG nennt die wesentlichen Berufe, die zu den Freiberuflern i.S. d. Steuerrechts gezählt werden. Rechtsgrundlage für die Gewinnermittlung mittels Einnahmen-Überschussrechnung ist in Deutschland § 4 Abs. 3 des Einkommensteuergesetzes. Die Einnahmen-Überschussrechnung wird daher auch „4/3-Rechnung" genannt. § 4 Abs. 3 des Einkommensteuergesetzes legt fest, dass Steuerpflichtige ihren Gewinn als Überschuss der Betriebseinnahmen über die Betriebsausgaben ermitteln können, soweit sie nicht aufgrund gesetzlicher Vorschriften verpflichtet sind, Bücher zu führen und regelmäßig Abschlüsse zu machen. Ihren Einsatz findet die Einnahmeüberschussrechnung bei Kleingewerbetreibenden und in den freien Berufen. Die Freiberufler können die einfache Buchführung unabhängig von der Höhe des Gewinns oder des Umsatzes anwenden.

6.5.3 Doppelte Buchführung

Die doppelte Buchführung ist die in der Privatwirtschaft vorherrschende Art der Finanzbuchhaltung. Europa kennt die doppelte Buchführung nachweisbar spätestens seit 1494 durch ein von Luca Pacioli, einem italienischen Franziskanerpater, verfasstes Buch. Der Begriff „Doppelte Buchführung" kann damit begründet werden, dass jeder Geschäftsvorgang in zweifacher Weise erfasst wird. In einem Buchungssatz wird grundsätzlich „Soll an Haben" gebucht und damit jeder Geschäftsvorfall praktisch doppelt erfasst, und zwar auf verschiedenen Konten. Es wird zeitgleich jeweils genau der gleiche Wert im Soll und im Haben gebucht. Andere sind der Auffassung, der Begriff „Doppelte Buchführung" hätte seine Wurzeln darin, dass der Erfolg eines Unternehmens auf zweifache Art nachgewiesen werden kann: sowohl durch den Vergleich des Eigenkapitals des aktuellen Jahres mit dem des Vorjahres in der jeweiligen Bilanz, als auch durch den Vergleich der Aufwendungen und Erträge des aktuellen Jahres in der Gewinn- und Verlustrechnung. Nach einer dritten weit verbreiteten Auffassung wird der Begriff von den beiden Büchern abgeleitet, in denen jeder Geschäftsvorfall erfasst wird. Im Grundbuch (Journal) werden die Buchungen in zeitlicher Folge festgehalten, im Hauptbuch erfolgt eine sachliche Zuordnung durch das Buchen bzw. Abbilden der Geschäftsvorfälle auf Konten.

6.5.3.1 Bilanz

Die Bilanz wird in der Kontenform aufgestellt. Dabei stehen auf der linken Seite die Aktiva. Die **Aktiva** umfassen alle Vermögenswerte des Unternehmens. Sie geben letztlich darüber Auskunft, wie das Unternehmen seine Mittel verwendet hat bzw. in welche Vermögenswerte das Unternehmen seine Mittel investiert hat. Die Aktiva untergliedern sich in zwei große Gruppen, das Anlagevermögen und das Umlaufvermögen.

Zum **Anlagevermögen** gehören Vermögensgegenstände, die dazu bestimmt sind dem Betrieb dauernd zu dienen (§ 247 Abs. 2 HGB). Hierzu gehören folgende Vermögensgegenstände:

- Immaterielle Vermögensgegenstände
- Sachanlagevermögen
- Finanzanlagevermögen

Im **Umlaufvermögen** befinden sich alle Vermögensgegenstände, die nicht dazu bestimmt sind, dem Betrieb dauernd zu dienen. Es sind Vermögensgegenstände, die in der Regel umgesetzt werden. Zum Umlaufvermögen gehören:

- Vorräte
- Forderungen und sonstige Vermögensgegenstände
- Wertpapiere
- Kassenbestand, Bundesbankguthaben, Guthaben bei Kreditinstituten und Schecks

Das maßgebliche Ordnungskriterium auf der Seite der Aktiva ist die Liquidität. Oben auf der Seite der Aktiva stehen Positionen, die schwer zu liquidieren sind. Darunter fallen beispielsweise immaterielle Vermögensgegenstände wie Schutzrechte und Lizenzen. Unten im Umlaufvermögen finden sich Vermögensgegenstände, die schnell verkauft und damit zu Geld gemacht werden können, beispielsweise Warenbestände und Vorräte oder solche, die bereits liquide sind, wie z. B. Bank und Kasse.

Auf der rechten Seite der Bilanz sind die **Passiva** dargestellt. Auf dieser Seite wird das Kapital ausgewiesen. Das Kapital untergliedert sich in drei große Teilbereiche:

Eigenkapital, Rückstellungen und Verbindlichkeiten, wobei die beiden letzteren auch häufig als Fremdkapital zusammengefasst werden.

Das **Eigenkapital** umfasst die Positionen:

- Gezeichnetes Kapital
- Kapitalrücklage
- Gewinnrücklagen
- Gewinnvortrag/Verlustvortrag
- Jahresüberschuss/Jahresfehlbetrag

Rückstellungen können als Verbindlichkeiten angesehen werden, die hinsichtlich ihres Bestehens oder der Höhe ungewiss sind, aber mit hinreichend großer Wahrscheinlichkeit erwartet werden. Der Begriff der Rückstellungen darf keinesfalls mit dem Begriff der Rücklagen verwechselt werden. Rücklagen sind Bestandteil des Eigenkapitals. Die Rückstellungen umfassen:

- Rückstellungen für Pensionen und ähnliche Verpflichtungen
- Steuerrückstellungen
- Sonstige Rückstellungen.

Die sonstigen Rückstellungen können weiter unterteilt werden in:

- Drohverlustrückstellungen nach § 249 Abs. 1 HGB: Ein Verlust aus einem schwebenden Geschäft droht immer dann, wenn Erträge und Aufwendungen aus demselben noch nicht abgewickelten Geschäft sich nicht ausgleichen, sondern per Saldo ein Verpflichtungsüberschuss besteht.
- Kulanzrückstellungen zielen auf die Behebung von Mängeln an eigenen Lieferungen und Leistungen vor dem Bilanzstichtag ab, wobei sich das Unternehmen auch ohne rechtliche Verpflichtung nicht entziehen kann oder will.
- Rückstellungen für Garantieverpflichtungen sollen das Risiko künftigen Aufwands durch kostenlose Nacharbeiten oder durch Ersatzlieferungen oder aus Minderungen oder Schadenersatzleistungen wegen Nichterfüllung aufgrund gesetzlicher oder vertraglicher Gewährleistungen erfassen. Bei Vorliegen der entsprechenden Voraussetzungen dürfen sie als Einzelrückstellungen für die bis zum Tag der Bilanzaufstellung bekannt gewordenen einzelnen Garantiefälle oder als Pauschalrückstellung gebildet werden. Für die Bildung von Pauschalrückstellungen ist Voraussetzung, dass aufgrund der Erfahrungen in der Vergangenheit mit einer gewissen Wahrscheinlichkeit mit Garantieinanspruchnahmen zu rechnen ist oder dass sich aus der branchenmäßigen Erfahrung und der individuellen Gestaltung des Betriebs die Wahrscheinlichkeit ergibt, Garantieleistungen erbringen zu müssen.
- Prozessrückstellungen dürfen nur für anhängige Prozesse gebildet werden, bei denen das betroffene Unternehmen als Kläger oder Beklagter beteiligt ist.

- Provisionsrückstellungen
- Jahresabschluss- und Prüfungsrückstellungen
- Aufwandsrückstellungen sind unterlassene Instandhaltungen, die innerhalb von 3 Monaten nach dem Bilanzstichtag nachgeholt werden und Abraumbeseitigungen, die im folgenden Geschäftsjahr nachgeholt werden (§ 249 Abs. 1 Nr. 1 HGB).

Verbindlichkeiten sind die Schulden eines Unternehmens. Unter diesen Positionen werden die offenen finanziellen Verpflichtungen eines Unternehmens abgebildet. Verbindlichkeiten stellen das Gegenteil von Forderungen da, die ihrerseits auf der Aktivseite umfasst werden. Die Verbindlichkeiten sind im Gegensatz zu den Rückstellungen bekannt. Verbindlichkeiten können unterteilt werden in:

- Anleihen
- Verbindlichkeiten gegenüber Kreditinstituten
- erhaltene Anzahlungen auf Bestellungen
- Verbindlichkeiten aus Lieferungen und Leistungen – häufig abgekürzt mit Verb. LuL, V. a.L.L. oder VLL
- Verbindlichkeiten aus der Annahme gezogener Wechsel und der Ausstellung eigener Wechsel
- Verbindlichkeiten gegenüber verbundenen Unternehmen
- Verbindlichkeiten gegenüber Unternehmen, mit denen ein Beteiligungsverhältnis besteht
- sonstige Verbindlichkeiten, wie z. B. Steuerverbindlichkeiten oder Verbindlichkeiten gegenüber Sozialversicherungsträgern

Aktiva		Passiva	
A. Anlagevermögen	270	A. Eigenkapital	224
I. Immaterielles Anlagevermögen	100	I. Gez. Kapital	50
II. Sachanlagevermögen	120	II. Kapitalrücklage	12
III. Finanzanlagevermögen	50	III. Gewinnrücklage	60
		IV. Gewinn-/ Verlustvortrag	90
B. Umlaufvermögen	175	V. Jahresüberschuss/Jahresfehlbetrag	12
I. Vorräte, Waren	20		
II. Forderungen u. sonst. Vermögensgegenstände	60	B. Rückstellungen	170
III. Wertpapiere	15		
IV. Zahlungsmittel	80	C. Verbindlichkeiten	50
C. Aktiver RAP	1	D. Passiver RAP	2
	446		446

Abb. 6.4 Bilanz

Maßgebliches Ordnungskriterium auf dieser Seite der Bilanz ist die Fälligkeit. Da mit Hilfe der doppelten Buchführung bzw. des Jahresabschlusses eine periodengerechte Gewinnermittlung durchgeführt wird, müssen am Jahresende Vorgänge, die nicht das aktuelle Geschäftsjahr, sondern die kommende Perioden betreffen, richtig abgegrenzt werden. Hierzu dienen die Rechnungsabgrenzungsposten. Es gibt sowohl einen aktivischen Rechnungsabgrenzungsposten (ARAP) als auch einen passivischen Rechungsabgrenzungsposten (PRAP).

Die aufsummierten Werte in der Spalte der Aktiva und die aufsummierten Werte in der Spalte der Passiva ergeben die Bilanzsumme. Beide Summenwerte müssen genau übereinstimmen. Sollte dies nicht der Fall sein, ist ein schwerwiegender Fehler unterlaufen. Abb. 6.4 zeigt beispielhaft die Struktur einer Bilanz

6.5.3.2 Gewinn- und Verlustrechnung

Den zweiten wesentlichen Bestandteil des Jahresabschlusses bildet die Gewinn- und Verlustrechnung (siehe Abb. 6.5). Die Gewinn- und Verlustrechnung bildet die Erfolgssituation des Unternehmens ab. In ihr wird der Jahresüberschuss bzw. Jahresfehlbetrag durch eine Gegenüberstellung von Erträgen und Aufwendungen ermittelt. Die Aufstellung der GuV erfolgt in der Regel in der Staffelform. Zur Gliederung stehen das Gesamtkostenverfahren und das Umsatzkostenverfahren zur Verfügung. Im Gesundheitswesen kommt hierbei regelmäßig das Gesamtkostenverfahren bzgl. der Gliederung zum Einsatz. Für Krankenhäuser, die dem KHG und der KHBV unterliegen, ist diese Gliederungsstruktur sogar zwingend vorgeschrieben. Der in der GuV ausgewiesene Jahresüberschuss bzw. Jahresfehlbetrag findet sich auch in der Bilanz am Ende der Eigenkapitalpositionen wieder.

6.5.4 Bücher in der Buchhaltung

Jede Buchung wird in mindestens zwei Büchern festgehalten. Der Begriff „Buch" stammt aus der traditionellen Rechnungsführung, die mittels manueller Eintragung der jeweiligen Werte in gebundene Bücher erfolgte. Er wird jedoch auch heute noch für die elektronischen Protokolle der Buchführungs-Daten verwendet. Die beiden wichtigsten Bücher sind das Journal und das Hauptbuch. Sie werden stets getrennt voneinander geführt.

6.5.4.1 Journal (Grundbuch)

Im Journal, auch als Tagebuch oder Grundbuch bezeichnet, werden alle Geschäftsvorfälle zeitlich chronologisch mit laufender Nummer, Datum, Betrag, Verweis auf den Beleg, Erläuterung und Kontierung (Sollkonto, Habenkonto) erfasst. Das Journal basiert auf dem Prinzip einer Erfassung der Geschäftsvorfälle. Die Geschäftsvorfälle sollen sich sowohl chronologisch verfolgen lassen, als auch den einzelnen Bilanzpositionen zugeordnet werden können. Eine zeitlich chronologische Ordnung wird dadurch gewährleistet, dass alle Buchungssätze dem Datum nach geordnet im Journal aufgezeichnet werden. Das Journal bildet die Buchungsanweisung für die Übertragung der Buchungen aus dem Grundbuch in das Hauptbuch.

6.5 Externes Rechnungswesen

Gewinn- und Verlustrechnung

1. Umsatzerlöse

2. +/- Erhöhung oder Verminderung des Bestands an fertigen und unfertigen Erzeugnissen

3. + andere aktivierte Eigenleistungen

4. + sonstige betriebliche Erträge

5. - Materialaufwand:
   a) Aufwendungen für Roh-, Hilfs- und Betriebsstoffe und für bezogene Waren
   b) Aufwendungen für bezogene Leistungen

6. - Personalaufwand:
   a) Löhne und Gehälter
   b) soziale Abgaben und Aufwendungen für Altersversorgung und für Unterstützung,
      davon für Altersversorgung

7. - Abschreibungen:
   a) auf immaterielle Vermögensgegenstände des Anlagevermögens und Sachanlagen
   b) auf Vermögensgegenstände des Umlaufvermögens,
      soweit diese die in der Kapitalgesellschaft üblichen
      Abschreibungen überschreiten

8. - sonstige betriebliche Aufwendungen

9. + Erträge aus Beteiligungen,
   davon aus verbundenen Unternehmen

10. + Erträge aus anderen Wertpapieren und Ausleihungen des Finanzanlagevermögens,
    davon aus verbundenen Unternehmen

11. + sonstige Zinsen und ähnliche Erträge,
    davon aus verbundenen Unternehmen

12. + Abschreibungen auf Finanzanlagen und auf Wertpapiere des Umlaufvermögens

13. + Zinsen und ähnliche Aufwendungen,
    davon an verbundene Unternehmen

14. **= Ergebnis der gewöhnlichen Geschäftstätigkeit**

15. + außerordentliche Erträge

16. - außerordentliche Aufwendungen

17. + außerordentliches Ergebnis

18. - Steuern vom Einkommen und vom Ertrag

19. - sonstige Steuern

20. **= Jahresüberschuß/Jahresfehlbetrag**

Abb. 6.5 Gewinn- und Verlustrechnung gegliedert nach dem Gesamtkostenverfahren

6.5.4.2 Hauptbuch

Als Hauptbuch wird das Kontenwerk, die Gesamtheit aller Kontenblätter, mit seiner sachlichen Untersetzung und Bewegung durch Geschäftsvorfälle der einzelnen Bilanzpositionen bezeichnet. Im Hauptbuch werden alle Buchungen des Grundbuchs auf den in den Buchungssätzen genannten Konten eingetragen. Die Bestandskonten werden am Anfang eines jeden Geschäftsjahres mit den Endbeständen des Vorjahres eröffnet, am Ende des Geschäftsjahres werden sie über das Schlussbilanzkonto (SBK) abgeschlossen. Erfolgskonten werden über das GuV-Konto abgeschlossen. Direkte Unterkonten werden über ihre eigentlichen „Mutterkonten" abgeschlossen. Der Abschluss des VoSt-Kontos (Vorsteuer) erfolgt über das USt-Konto (Umsatzsteuer), der Abschluss der Privatkonten über Eigenkapitalkonto usw. Durch die Aufzeichnungen im Hauptbuch wird somit die sachliche Ordnung der einzelnen Geschäftsvorfälle vorgenommen. Für das Buchen selbst gilt die Grundregel: Zuerst Eintragung im Grundbuch (Journal), danach Buchung auf den Konten im Hauptbuch.

6.5.4.3 Nebenbücher

Des Weiteren gibt es diverse Nebenbücher, die bestimmte Hauptbuchkonten erläutern. Dazu zählen zum Beispiel

- das Kontokorrentbuch, hier werden Verbindlichkeiten und Forderungen bei Lieferanten (Kreditoren) und Kunden (Debitoren) erfasst.
- das Lagerbuch erfasst die Zu- und Abgänge des Warenlagers
- das Lohn- und Gehaltsbuch erfasst die Abrechnungen der Arbeitsentgelte
- das Anlagebuch enthält die Gegenstände des Anlagevermögens
- das Bankbuch und das Kassenbuch enthalten den Zahlungsmittelbestand
- das Rechnungsausgangsbuch beinhaltet die Belege zur Fakturierung

6.5.5 Buchungslogik

Für das bessere Verständnis dessen, was in einer Bilanz und einer Gewinn- und Verlustrechnung (GuV) abgebildet wird, ist es sinnvoll, sich mit der Buchungstechnik vertraut zu machen. Aufgrund des großen Umfangs dieser Thematik kann an dieser Stelle kann lediglich ein Einstieg in die Materie eröffnet werden, wobei die Grundlagen der Buchungslogik dargestellt werden.

Den Gliederungspunkten in der Bilanz und der GuV-Struktur sind bestimmte Konten zugeordnet. Diese Konten der Bilanz werden als Bestandskonten, die Konten in der GuV werden als Erfolgskonten bezeichnet. **Bestandkonten** werden weiter in **Aktivkonten** und **Passivkonten** unterteilt. Aktivkonten stehen in der Bilanz auf Seiten der Aktiva – sie bilden also Vermögenswerte ab. Passivkonten bilden Passiva, also das Kapital ab. Hier wird letztlich die Mittelherkunft erfasst. Die **Erfolgskonten** zerfallen in **Aufwandskonten** und **Ertragskonten**. Jedes Konto wird in der Hauptbuchansicht als T-Konto mit einer „Soll"- Seite und einer „Haben"-Seite aufgestellt. Diese Kontenstruktur ist somit universell. Letztlich spiegelt sich diese Struktur selbst in der Bilanz, die auch in Kontenform aufgestellt wird, wider.

6.5 Externes Rechnungswesen

Die Erfassung eines jeden Geschäftsvorfalls erfolgt nun in zweifacher Weise: Ein Konto wird auf der „Soll"-Seite bebucht und ein anderes auf der „Haben"-Seite. Diesen Vorgang bildet der Buchhalter in einem Buchungssatz ab. Diese Buchungssätze werden im Journal chronologisch abgebildet.

▶ Ein Buchungssatz hat immer die Struktur:
Soll AN Haben

Jetzt muss nur noch geklärt werden muss, welche Konten wann im Soll und wann im Haben zu bebuchen sind. Sind die folgenden vier Regeln einmal gelernt, lässt sich aus ihnen alles Weitere ableiten:

Buchungsregeln

1. Auf Aktivkonten werden Zugänge und der Anfangsbestand im Soll, Abgänge im Haben gebucht.
2. Auf Passivkonten werden Zugänge und der Anfangsbestand im Haben, Abgänge im Soll gebucht.
3. Aufwand wird im Soll gebucht.
4. Erträge werden im Haben gebucht.

Beispiele

Geschäftsvorfall:
Seitens unseres Unternehmens wird die monatliche Miete für die Büros in Höhe von 2500 Euro überwiesen.
Nebenbemerkung:
Konto: Miete → Aufwandskonto → Buchung im Soll
Konto: Bank → Aktivkonto → Abgang → Haben
Buchungssatz:
Miete 6500 € an Bank 6500 €

Geschäftsvorfall:
Wir stellen einem Kunden Leistungen in Höhe von 450 Euro in Rechnung
Nebenbemerkung:
Konto: Erlöse → Ertragskonto → Haben
Konto: Forderungen aus Lieferungen und Leistungen → Aktivkonto → Zugang → Soll

Buchungssatz:
Forderungen aLL. 450 € AN Erlöse 450 €

Nachfolgend seinen noch einige Geschäftsvorfälle und die dazugehören Buchungssätze angegeben:

Geschäftsvorfall:
Wir zahlen Gehalt 3000 EURO AN Mitarbeiter X vom Bankkonto.
Nebenbemerkung:
Löhne und Gehälter → Aufwandskonto → Soll
Bank → Aktivkonto → Abgang → Haben
Buchungssatz:
Löhne und Gehälter 3000 Euro AN Bank 3000 Euro

Geschäftsvorfall:
Kauf von Reinigungsmittel, das gleich verbraucht wird, gegen Barzahlung 100 Euro.
Nebenbemerkung:
sonstige betriebliche Aufwendungen → Aufwandskonto → Soll
Kasse → Aktivkonto → Haben
Buchungssatz:
sonstige betriebliche Aufwendungen 100 Euro AN Kasse 100 Euro

Geschäftsvorfall:
Kauf eines Schreibtisches für 1030 Euro bar.
Nebenbemerkung:
Betriebs- und Geschäftsausstattung → Aktivkonto → Zugang → Soll
Kasse → Aktivkonto → Abgang → Haben
Buchungssatz:
BGA 1030 Euro AN Kasse 1030 Euro

Geschäftsvorfall:
Wir haben gegenüber einem Privatpatienten eine Behandlung erbracht und stellen ihm diese in Rechnung.
Nebenbemerkung:
Privatabrechnung (Umsatzerlöse) → Ertragskonto → Haben
Forderungen aus Lieferungen und Leistungen → Aktivakonto → Soll
Buchungssatz:
Forderungen aus Lieferungen und Leistungen AN Privatabrechnung (Umsatzerlöse)

Geschäftsvorfall:
Ein Patient zahlt per Überweisung (Gutschrift heute) eine Arztrechnung über 1340 Euro, die schon seit 01.03. offen ist. Buchen sie den heutigen Geschäftsvorfall.
Nebenbemerkung:
Forderungen aus Lieferungen und Leistungen → Aktivkonto → Abgang → Haben
Bank → Aktivkonto → Zugang → Soll
Buchungssatz:
Bank 1340 Euro AN Forderungen aLL. 1340 Euro

6.5 Externes Rechnungswesen

Zur Einführung wurden die Buchungssätze einfach gehalten. In einem laufenden Unternehmen werden Sie nicht frei buchen, sondern die Konten in einen Kontenplan aus einem der zahlreichen Kontenrahmen übernehmen. Häufig gelangen folgende Kontenrahmen zu Einsatz:

- IKR: Industriekontenrahmen
- SKR 03: publizitätspflichtige Firmen – Prozessgliederungsprinzip
- SKR 04: publizitätspflichtige Firmen – Abschlussgliederungsprinzip, Kontenrahmen nach dem Bilanzrichtliniengesetz (BiRiliG) unter Berücksichtigung der Neuerungen des Bilanzrechtsmodernisierungsgesetz(BilMoG)
- SKR 07: Anlehnung an den österreichischen Einheitskontenrahmen
- SKR 14: Land- und Forstwirtschaft
- SKR 30: Einzelhandelskontenrahmen (wird seit 2007 nicht mehr von der DATEV gepflegt)
- SKR 45: Heime und soziale Einrichtungen (Pflege-Buchführungsverordnung (PBV)), orientiert sich an SKR 04 und zusätzlich wurden Konten des Heime-Kontenrahmens, SKR 99 integriert
- SKR 49: Verein, Stiftung, Gemeinnützige GmbH
- SKR 51: KFZ-Gewerbe (KFZ-Händler und Werkstätten)
- SKR 70: Hotel und Gaststätten
- SKR 80: Zahnärzte
- SKR 81: Arztpraxen
- SKR 99: Krankenhäuser, Heime

Der **Kontenrahmen** ist ein systematisches Verzeichnis aller Konten für die Buchführung in einem Wirtschaftszweig bzw. einer Branche. Er dient als Richtlinie und Empfehlung für die Aufstellung eines konkreten Kontenplans in einem Unternehmen. Durch die Verwendung eines Kontenrahmens sollen einheitliche Buchungen von gleichen Geschäftsvorfällen erreicht und zwischenbetriebliche Vergleiche ermöglicht werden.

Der SKR 03 ist nach dem Prozessgliederungsprinzip aufgebaut, also vom Anlagevermögen über die Finanzkonten, den Wareneinkauf und die Kosten zu den Erlösen. Der SKR 04 ist nach dem Abschlussgliederungsprinzip aufgebaut, das heißt, die Konten sind in eben der Reihenfolge angeordnet, wie sie sich auch in der Bilanz und in der Gewinn- und Verlustrechnung wieder finden. DATEV-Kontenrahmen sind so aufgebaut, dass sie bei fast allen Unternehmen zum Einsatz kommen können. Durch individuelle Änderungen oder Ergänzungen wird der DATEV-Kontenrahmen zum Kontenplan für den einzelnen Betrieb.

Der **Kontenplan** ist das Verzeichnis aller Konten eines Unternehmens, Betriebes oder Vorhabens. Er ist ein elementarer Bestandteil der doppelten Buchführung und orientiert sich stets an einem Kontenrahmen der jeweiligen Branche.

Basis für den Kontenplan ist somit der Kontenrahmen. Der Kontenplan weicht fast immer vom Kontenrahmen ab, weil ein Unternehmen im Kontenrahmen vorgesehene Konten bei seiner Tätigkeit entweder nicht benötigt oder zusätzliche, dort noch nicht vorhandene Konten führt und einrichtet.

6.5.6 Abschreibungen

Abnutzbare Vermögensgegenstände müssen über einen bestimmten Zeitraum abgeschrieben werden. Die Abschreibung dokumentiert den Wertverzehr und stellt damit in der Regel einen Aufwand dar. Als Ausgangsbasis für die Berechnung der **planmäßigen Abschreibungen** werden die Anschaffungs- oder Herstellungskosten herangezogen. Über die geplante Nutzungsdauer des Gegenstandes wird hier jährlich ein Abschreibungsbetrag ermittelt, der den Buchwert des Vermögensgegenstandes mindert. Die Vermögensgegenstände des Umlaufvermögens werden wegen ihrer kurzen Verweildauer im Unternehmen nicht planmäßig abgeschrieben. Auch Anlagevermögen, das seiner Natur nach nicht abnutzbar ist, wird nicht planmäßig abgeschrieben. Die Höhe der Abschreibung hängt von der angewandten **Abschreibungsmethode** ab. Es gibt theoretisch eine Vielzahl von unterschiedlichen Abschreibungsmethoden. In der Regel von Bedeutung sind allerdings nur die lineare, die geometrisch-degressive sowie die leistungsbezogene Abschreibung. Abschreibungen sind sowohl handelsrechtlich als auch steuerrechtlich ein sehr komplexes Thema. Die Anwendbarkeit der einzelnen Methoden ist oft von engen Voraussetzungen abhängig. Auch gibt es zahlreiche Vereinfachungsregeln, z. B. bei geringwertigen Wirtschaftsgütern (GWG). Es wird sich daher auf die Darstellung des Grundprinzips beschränkt. Die Ermittlung der Abschreibungshöhe und des Restbuchwertes des Vermögensgegenstandes am Jahresende soll hier beispielhaft anhand dreier Abschreibungspläne verdeutlicht werden. Im Steuerrecht werden die Abschreibungen mit Absetzung für Abnutzung (AfA) bezeichnet. Für das Steuerrecht kann man die angenommene Nutzungsdauer den AfA-Tabellen, die vom Bundesministerium für Finanzen herausgegeben werden, entnehmen. Die Nutzungsdauer ist hier typisiert und festgelegt. Im Gegensatz zur Handelsrecht gibt es hier für die angenommene Nutzungsdauer keine Spielräume. Für Betriebe im Gesundheitswesen kann die branchenspezifische „AfA-Tabelle Gesundheitswesen" zur Ermittlung der Nutzungsdauer herangezogen werden.

> **Beispiel: Abschreibungsmethoden**
>
> Anschaffungsvorgang:
> Wir schaffen eine Maschine für 100.000 Euro an und zahlen bar.

Buchungssatz:
Maschinen 100 TEuro AN Kasse 100 TEuro

> Es handelt sich um einen reinen Anschaffungsvorgang. Hier wird ein Vermögensgegenstand erworben, der mit seinen Anschaffungskosten zu aktivieren ist.
> Hier entstehen noch kein Aufwand bzw. keine Kosten.
> Um im Nachgang den Wertverzehr an der Maschine durch ihren Einsatz in der Produktion zu dokumentieren, werden Abschreibungen vorgenommen.
> Laut Handels- und Steuerrecht ist man in der Bemessung der Abschreibung allerdings nicht frei. Je nach Rechtslage kommt eine der drei genannten relevanten Abschreibungsmethoden zum Einsatz:

1. Lineare Abschreibung

Es soll unterstellt werden, dass das Unternehmen die Maschine 10 Jahre (Nutzungsdauer) benutzt.

a = Anschaffungskosten/Nutzungsdauer = 10.000 Euro

Im letzten Jahr wird nur ein Betrag von 9.999 Euro abgeschrieben, damit ein Erinnerungswert für das Anlagegut verbleibt. Erst bei vollständigem Abgang der Maschine wird dieser ausgebucht. Es ergibt sich nachfolgender Abschreibungsplan (Tab. 6.1)

Tab. 6.1 Abschreibungsplan – lineare Abschreibung

Jahr	Buchwert	Abschreibungsbetrag	Restbuchwert
2015	100.000	10.000	90.000
2016	90.000	10.000	80.000
2017	80.000	10.000	70.000
2018	70.000	10.000	60.000
2019	60.000	10.000	50.000
2020	50.000	10.000	40.000
2021	40.000	10.000	30.000
2022	30.000	10.000	20.000
2023	20.000	10.000	10.000
2024	10.000	9999	1

Tab. 6.2 Abschreibungsplan – geometrisch degressiv

Jahr	Buchwert	Abschreibungsbetrag	Restbuchwert
2015	100.000,00	20.000,00	80.000,00
2016	80.000,00	16.000,00	64.000,00
2017	64.000,00	12.800,00	51.200,00
2018	51.200,00	10.240,00	40.960,00
2019	40.960,00	8.192,00	32.768,00
2020	32.768,00	6.553,60	26.214,40
2021	26.214,40	5.242,88	20.971,52
2022	20.971,52	4.194,30	16.777,22
2023	16.777,22	3.355,44	13.421,77
2024	13.421,77	2,684,35	10.737,42
...	...	...	...

Tab. 6.3 Abschreibungsplan – leistungsabhängig

Jahr	Buchwert	Abschreibungsbetrag	Restbuchwert
2015	100.000	16.667	83.333
2016	83.333	5733	77.600
2017	77.600	8373	69.227
...	...	...	...

2. **(Geometrisch-) Degressive Abschreibung**
   Bei der degressiven Abschreibung geht man davon aus, dass jährlich vom Buchwert der gleiche Prozentsatz abgeschrieben wird. Wir nehmen einen Satz von 20 % a. Es ergibt sich nachfolgender Abschreibungsplan (Tab. 6.2)

3. **Leistungsabhängige Abschreibung**
   Bei der leistungsbezogen Abschreibung wird die Leistungsabgabe der Maschine gemessen. (Kilometerstand, Betriebsstunden)
   Für die Maschine wird Folgendes angenommen: Leistungsabgabe insgesamt 15.000 Betriebsstunden,
   2015: 2500 h
   2016: 860 h
   2017: 1256 h
   ...Abschreibungssatz/Betriebsstunde = AK/Betriebsstunden gesamt
   = 100.000 Euro/15.000 h = 6,6667 Euro/h
   Es wurden entsprechende Abschreibungspläne errechnet. Aufgrund der geltenden Rechtslage wird die lineare AfA gewählt. Die Abschreibung wird nun am Jahresende gebucht.
   Buchungssatz:
   AfA (Abschreibung auf Sachanlagen) 10 TEuro AN Maschinen 10 TEuro Es ergibt sich nachfolgender Abschreibungsplan (Tab. 6.3)

Neben planmäßigen Abschreibungen können in Unternehmen auch Sachverhalte eintreten, die es erforderlich machen, einen Vermögensgegenstand außerplanmäßig abzuschreiben. **Außerplanmäßige Abschreibungen** können z. B. bei Beschädigung durch höhere Gewalt, durch Unfälle, sinkende Marktwerte oder technische Alterung vorgenommen werden. Sie sind nicht nur bei Gütern des Anlagevermögens, sondern auch des Umlaufvermögens anwendbar. In Abb. 6.6 wird eine Gliederungsmöglichkeit für Abschreibungen aufgezeigt.

6.5.7 Kameralistik und Doppik

Ein mögliches Betätigungs- und Beschäftigungsfeld für Umweltwissenschaftler liegt im Bereich öffentlich-rechtlicher Organisationen und Behörden. Daher ist es sinnvoll

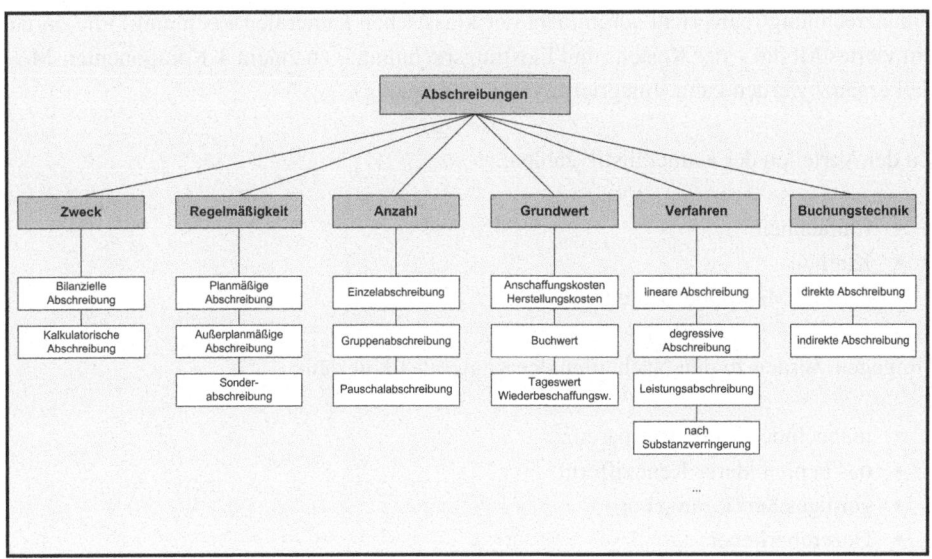

Abb. 6.6 Gliederungsmöglichkeiten der Abschreibungen

sich mit den Grundlagen der Rechnungslegung im öffentlich-rechtlichen Bereich vertraut zu machen. Im Bereich öffentlich-rechtlicher Organisationen kommen regelmäßig andere Systeme des Rechnungswesens zum Einsatz – die Kameralistik und die Doppik.

Die **Kameralistik** ist eine Form der Einnahmeüberschussrechnung in der öffentlichen Verwaltung und ihr angeschlossenen Unternehmen. Erfasst werden Einnahmen und Ausgaben, die zugeflossen bzw. abgeflossen sind. Es gilt das Gesamtdeckungsprinzip. Das Gesamtdeckungsprinzip ist ein Haushaltsgrundsatz, der in der Kameralistik besagt, dass alle Einnahmen der Deckung aller Ausgaben dienen. Nach dem Gesamtdeckungsprinzip ist also eine zweckgerichtete Bindung von Einnahmen an spezielle zu leistende Ausgaben nicht gestattet. Das Gesamtdeckungsprinzip wird oft als Nonaffektationsprinzip bezeichnet. Ursprung der Kameralistik liegt im Zeitalter des Absolutismus (1648–1789). Im deutschsprachigen Raum wurde die kameralistische Buchführung durch den österreichischen Hofrat Johann Mathias Puechberg 1762 erstmals schriftlich beschrieben. Der Kameralismus steht eng im Zusammenhang mit dem Merkantilismus. Er wird oft als deutsche Form des Merkantilismus bezeichnet.

Im Unterschied dazu wird bei der Buchführungsmethode der **Doppik** auf zweiseitigen Konten (Soll- und Habenseite) gebucht. In Abgrenzung zu der in der Privatwirtschaft üblichen doppelten Buchführung mit Bilanz und Gewinn- und Verlustrechnung wird bei der in der öffentlichen Verwaltung praktizierten Doppik ein so genanntes 3-Komponenten-Modell verwendet. Dieses umfasst die Vermögensrechnung (diese entspricht im Wesentlichen der Bilanz), Ergebnisrechnung (diese entspricht im Wesentlichen der Bilanz) und

Finanzrechnung (entspricht vereinfacht der klassischen kameralen Rechnung), die durch ein viertes Modul – der Kosten- und Leistungsrechnung – zu einem 4-Komponenten-Modell ergänzt werden kann (Integrierte Verbundrechnung).

Zu den Vorteilen der Kameralistik zählen:

- Einfachheit
- Klarheit
- geringe Manipulierbarkeit

Hingegen werden zu den Nachteilen der Kameralistik gezählt:

- mangelnde Kostentransparenz
- das Fehlen klarer Kennziffern
- geringes Serviceangebot
- Dezemberfieber[1]
- kaum Softwareentwicklung – Insellösungen
- keine Konzernbilanzierung möglich
- wenig Steuerungsfunktion
- keine Vermögensübersicht
- keine Abschreibungen
- keine Vorsorge für künftige Perioden

Im Rahmen der Verwaltungsmodernisierung gibt es Bestrebungen und Ansätze, die Doppik in den Bereich der öffentlichen Verwaltung verstärkt einzuführen, um die unten aufgeführten Nachteile der Kameralistik zu umgehen. Die Grundstruktur des 3-Komponenten-Modells in der Doppik vermittelt Abb. 6.7

6.5.8 Inventar und Inventur

Die Inventur (§§ 240, 241 HGB, EStR 5.3 und 5.4) ist die Bestandsaufnahme aller vorhandenen Vermögenswerte und Schulden eines Unternehmens zu einem bestimmten Stichtag. Jeder Kaufmann ist gemäß § 240 HGB und §§ 140, 141 AO im Rahmen der ordnungsmäßig Buchführung zur Inventur verpflichtet und zwar dann, wenn er ein Unternehmen gründet, übernimmt oder wenn er es schließt, sowie zum Schluss eines jeden Geschäftsjahres (siehe Abb. 6.8). Das Ergebnis einer Inventur ist das Inventar, ein Bestandsverzeichnis, das sämtliche Vermögensteile und Schulden nach Art, Menge und Wert aufführt.

---

[1] Ugs. Bezeichnung für das Phänomen, dass im Bereich der öffentlichen Verwaltung wegen noch nicht ausgeschöpfter Budgets Ausgaben in den Dezember verlagert werden. Nicht ausgeschöpfte Budgets können in der Regel nicht in die Folgeperiode übertragen werden.

6.5 Externes Rechnungswesen

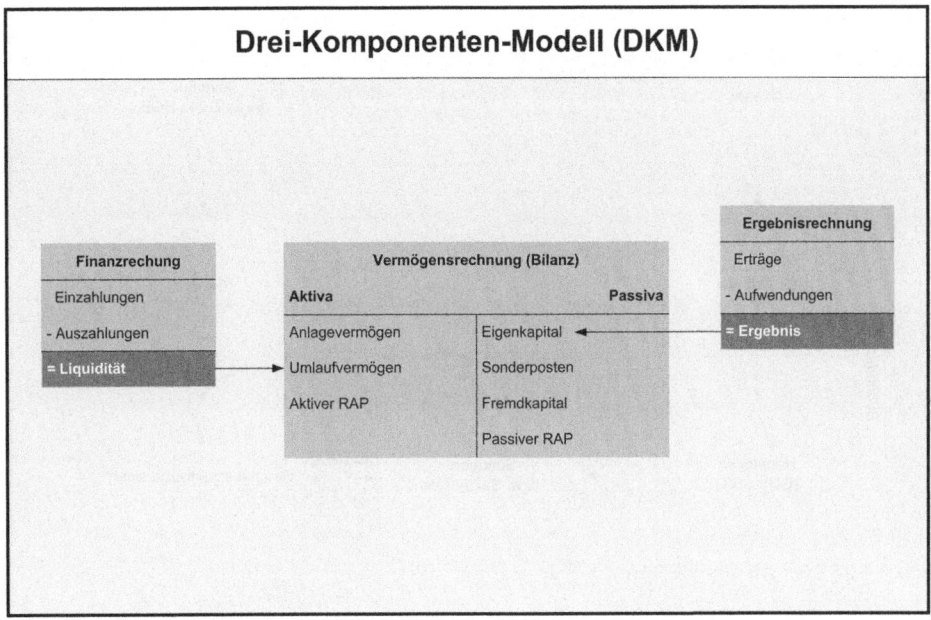

Abb. 6.7 3-Komponenten-Modell in der Doppik

6.5.8.1 Arten der Inventur

Nicht zuletzt für kaufmännische Tätigkeiten ist es ist es notwendig, die Arten der Inventur zu kennen. Es wird häufig zwischen der körperlichen Inventur, der Buchinventur und der Anlageninventur unterschieden:

Bei der **körperlichen Inventur** werden die körperlichen Vermögensgegenstände durch Zählen, Messen oder Wiegen aufgenommen. Eine Schätzung mit anschließender Bewertung ist ebenfalls erlaubt, falls eine exakte Aufnahme wirtschaftlich unzumutbar oder unmöglich ist (z. B. bei Kleinstartikeln)

Die **Buchinventur** erfasst wertmäßig alle nicht-körperlichen Gegenstände und Schulden, z. B. Forderungen, Verbindlichkeiten oder Bankguthaben, anhand von buchhalterischen Aufzeichnungen, Belegen oder anderen Unterlagen.

In der **Anlagenbuchhaltung** ersetzt die Anlageninventur die körperliche Bestandsaufnahme für Güter des beweglichen Anlagevermögens (Kraftfahrzeuge, Maschinen, Büro- und Geschäftsausstattungen, nicht aber geringwertige Wirtschaftsgüter). Im Anlagenverzeichnis muss für jeden Gegenstand eine Anlagenkarte mit folgenden Angaben geführt werden:

- genaue Bezeichnung des Gegenstandes
- Bilanzwert am Bilanzstichtag
- Tag der Anschaffung oder Herstellung

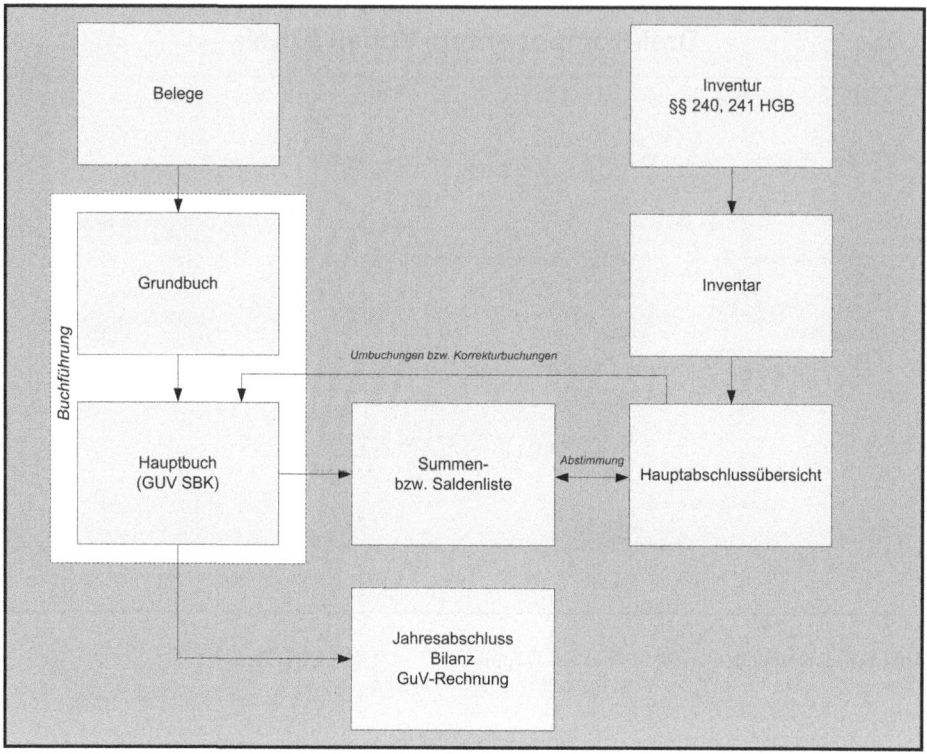

Abb. 6.8 Zusammenhang zwischen Buchführung und Inventur

- Höhe der Anschaffungs- oder Herstellungskosten
- Nutzungsdauer
- jährliche Abschreibung
- Tag des Abgangs

Die Inventur unterliegt einigen Grundsätzen, die als Grundsätze ordnungsmäßiger Inventur (GoI) bezeichnet werden. Sie sind weder im Steuerrecht noch im Handelsrecht ausdrücklich geregelt. Sie werden aber aus diesen Regelwerken gefolgert. Die Inventurunterlagen und das Inventar sind Bücher i.S. des § 238 Abs. 1 HGB, für welche die allgemeinen Ordnungsmäßigkeitsgrundsätze der §§ 238 f. HGB gelten. Hieraus werden die GoI abgeleitet. Sie haben den Charakter ergänzender Rechtsnormen und lassen sich zusammenfassen als:

- Grundsatz der wirtschaftlichen Betrachtungsweise
- Grundsatz der Vollständigkeit
- Grundsatz der Richtigkeit und Willkürfreiheit
- Grundsatz der Klarheit

- Grundsatz der Einzelerfassung und Einzelbewertung
- Grundsatz der Nachprüfbarkeit
- Gebot der Wirtschaftlichkeit und Wesentlichkeit

6.5.8.2 Inventurverfahren

Grundsätzlich ist die Inventur zu Beginn und Beendigung des Unternehmens und zum Bilanzstichtag durchzuführen, also am 31.12. eines Kalenderjahres bzw. am letzten Tag des Geschäftsjahres. Diese Inventur wird als **Stichtagsinventur** bezeichnet. Da die Aufnahme der Bestände aber mit einem erheblichen zeitlichen und personellen Aufwand verbunden sein kann, sind für Güter des Vorratsvermögens sog. „Vereinfachungsverfahren" mit flexibleren Terminen zulässig.

Bei der Stichtagsinventur werden die Bestände an einem festgelegten Aufnahmetag mengenmäßig erfasst und in Inventurlisten eingetragen. Die Bestandsaufnahme muss nicht direkt am Bilanzstichtag erfolgen. Bei der **zeitnahen Stichtagsinventur** erfolgt die zeitversetzte Aufnahme mit einer Frist von 10 Tagen vor oder nach dem Stichtag. Die Zu- und Abgänge zwischen dem Aufnahmetag und dem Stichtag, auch die Bewegungen am Stichtag selbst, werden anhand von Belegen mengen- und wertmäßig fortgeschrieben bzw. zurückgerechnet. Die Bewertung der Ware erfolgt zu den Anschaffungskosten, beschädigte Ware kann abgewertet werden. Die Berücksichtigung von Wertsteigerungen ist nach dem sog. „Niederstwertprinzip" nicht erlaubt. Die Stichtagsinventur bildet die Bestände so ab, wie sie am Ende des Geschäftsjahres real vorhanden sind. Nachteil der Stichtagsinventur ist der große Arbeitsanfall innerhalb weniger Tage, der oft Störungen des Betriebsablaufes zur Folge hat oder sogar eine Betriebsschließung notwendig macht. Ferner wird aufgrund des Zeitdrucks das Risiko von Aufnahmefehlern und Dokumentationsfehlern erhöht.

Eine weitere Möglichkeit bietet die **verlegte Inventur.** Diese kann angewandt werden, wenn die Aufnahme zum Stichtag unmöglich ist oder wenn die Voraussetzungen für eine permanente Inventur fehlen. Die körperliche Bestandsaufnahme erfolgt an einem beliebigen Tag innerhalb der letzten 3 Monate vor oder der ersten 2 Monate nach dem Bilanzstichtag. Der am Aufnahmetag ermittelte Bestand wird nur wertmäßig und nicht mengenmäßig auf den Stichtag fortgeschrieben oder zurückgerechnet, das Inventar trägt das Datum der tatsächlichen Aufnahme. Die verlegte Inventur kommt insbesondere bei großen Lagerbeständen zum Tragen.

Eine heute dank moderner ERP-Systeme bestehende komfortable Lösung ist **die permanente Inventur.** Sie macht es möglich, den am Stichtag vorhandenen Bestand auch ohne gleichzeitige körperliche Bestandsaufnahme festzustellen. Voraussetzung dafür ist die Führung eines Lagerbuches sowie nachprüfbarer Unterlagen für alle Zu- und Abgänge. An einem frei wählbaren Tag wird einmal im Geschäftsjahr eine körperliche Inventur durchgeführt und der Sollbestand der Lagerbuchführung mit dem Istbestand verglichen. Abweichungen führen zu einer Berichtigung des Sollbestandes. Inventurdifferenzen fließen voll erfolgswirksam in die Gewinn- und Verlustrechnung ein. Der Vorteil der permanenten Inventur liegt darin, dass die körperliche Bestandsaufnahme über das ganze Jahr verteilt und sinnvoll geplant werden kann, z. B. wenn die Bestände am niedrigsten sind. Es sind aber auch Situationen denkbar, in der die permanente Inventur unzweckmäßig ist. Dies ist etwa im Einzelhandel der Fall, wenn die Warenbewegungen für einzelne Warengruppen aus organisatorischen Gründen nicht separat ermittelt werden können. Ein Unternehmen kann frei entscheiden, ob es für bestimmte Gegenstände die Stichtagsinventur und für andere die verlegte oder die permanente Inventur anwenden möchte. Sind aber unkontrollierte Risiken zu befürchten (etwa durch Schwund oder Verderb der Waren), lässt das Einkommensteuerrecht die permanente Inventur nicht zu und verlangt eine zeitnahe Aufnahme der Bestände. Das Gleiche gilt für besonders wertvolle Güter.

In manchen betrieblichen Situationen bietet sich die **Stichprobeninventur** an. Es handelt es sich um ein handelsrechtlich zulässiges Verfahren. Es kommt besonders in Großunternehmen zur Inventuroptimierung angewandt. In Deutschland führte Anfang der 1970er-Jahre die Siemens AG München als erstes Unternehmen die Stichprobeninventur ein. Die Stichprobeninventur wurde 1977 rechtlich verankert. Ihre Anwendbarkeit ist allerdings an enge Voraussetzungen geknüpft. Keiner Stichprobeninventur unterzogen werden dürfen u. a. Bestände leicht verderblicher Waren und solche Erzeugnisse, die unkontrollierbarem Schwund unterliegen.

Bei der Stichprobeninventur werden nur die wenigen hochwertigen Artikel körperlich gezählt. Ein Großteil des Lagerwertes ist damit bereits erfasst. Aus dem Restbestand entnimmt man nach dem Zufallsprinzip eine Stichprobe, aus der anschließend der Gesamtbestand hochgerechnet wird. Die gesetzlichen Anforderungen für die Stichprobeninventur sind in § 241 Abs. 1 HGB geregelt: Der Aussagewert muss dem Wert einer Vollaufnahme entsprechen, und die Aufstellung des Inventars darf nur mit Hilfe von anerkannten mathematisch-statistischen Verfahren erfolgen. Darüber hinaus ist vor der ersten Anwendung der Stichprobeninventur eine entsprechende Genehmigung des Finanzamtes einzuholen.

6.6 Internes Rechnungswesen

Das interne Rechnungswesen bildet für das Management eine wesentliche Basis zur Steuerung des Unternehmens. Nur durch das interne Rechnungswesen ist es möglich, marktorientiert zu agieren und überdies marktgerechte Preise zu kalkulieren, die Herstell- und Selbstkosten eines Produktes oder einer Dienstleistung zu ermitteln und die einzelnen Abteilungen bzw. Kostenstellen in einem Unternehmen zu überwachen. Es kann auch notwendig sein, betriebliche Prozesse hinsichtlich ihrer Kostenverursachung zu analysieren oder für die Unternehmensführung präzise herauszufinden, mit welchen Leistungen man in bestimmten Marktsegmenten erfolgreich ist. Um das Unternehmen verstehen oder gar im internen Rechnungswesen tätig werden zu können, ist es notwendig, einige Grundbegriffe und Grundstrukturen zu erlernen.

6.6 Internes Rechnungswesen

6.6.1 Kostenmanagement und Controlling

Einen wesentlichen Teilbereich des Controllings bildet die Kostenrechnung. Sie hat insbesondere deshalb eine große Bedeutung, weil ein Großteil weitergehender Analysen und Planungen auf ihrem Datengerüst und Ergebnissen aufsetzen. Dies macht es erforderlich, die grundlegende Struktur der Kostenrechnung nachzuvollziehen.

Die Kostenrechnung ist Teil des internen Rechnungswesens. Ziel in diesem Bereich ist es, den sachzielbezogenen Wertverzehr zu ermitteln und Kostenstellen möglichst exakt ihren verursachenden Prozessen und Kostenträgern zuzuordnen. Dabei sind die Verfahren und Methoden der Ermittlung gewöhnlich nicht zwingend vorgeschrieben, sondern vielmehr in das Ermessen des Betriebes gestellt. Controlling, bzw. hier die Kostenrechnung, muss möglichst zielgerichtet und effizient erfolgen. Es soll keinen großen zusätzlichen Aufwand verursachen und vor allem den eigentlichen täglichen Prozess der betrieblichen Leistungserstellung so wenig wie möglich stören.

Abb. 6.9 stellt die grundlegende Struktur der Kostenrechnung vereinfacht dar.

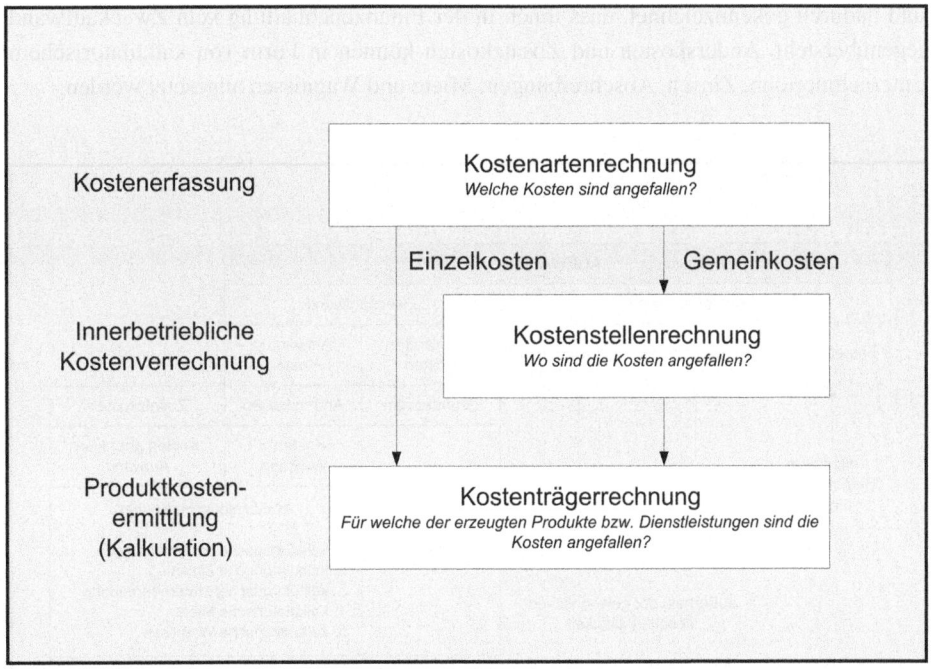

Abb. 6.9 Kostenrechnung – Grundsystematik

6.6.2 Kostenartenrechnung

Die Kostenrechnung beginnt mit der **Kostenartenrechnung**. Auf dieser Ebene muss entschieden werden, welche Kosten angefallen sind. Hierzu wird regelmäßig der Aufwand aus der Finanzbuchhaltung übernommen und geprüft, ob es sich bei ihm um Kosten handelt. Zwischen den Aufwandsbegriff und dem Kostenbegriffen gibt es inhaltliche Überschneidungen, die Struktur stellt Abb. 6.10 schematisch dar. In diesem Zusammenhang haben sich einige spezifische Kostenbegriffe gebildet, wie Abb. 6.11 zeigt. Aufwand kann verstanden werden als Wertverzehr nach handels- und steuerrechtlichen Vorschriften. Von diesem Wertverzehr gelangen nur solche Aufwendungen in die Kostenrechnung, die sachzielbezogen sind, d. h. dem Erzielen des Betriebszwecks dienen. Neutraler Aufwand stellt also keine Kosten dar. Zum neutralen Aufwand zählen der betriebsfremde Aufwand, der periodenfremde Aufwand und der außerordentliche Aufwand. **Zweckaufwand** stellt folglich Kosten dar. Diese Positionen werden in die Kostenrechnung übernommen. Wird der Zweckaufwand in die Kostenrechnung überführt und werden Kosten wertmäßig in gleicher Höhe angesetzt, so spricht man von **Grundkosten**. Werden die Kosten mit einem anderen Wert übernommen, so spricht man von **Anderskosten**. Sollte es in der Kostenrechnung notwendig sein, zusätzlich Kosten anzunehmen, so spricht man von **Zusatzkosten**. Sie sind dadurch gekennzeichnet, dass ihnen in der Finanzbuchhaltung kein Zweckaufwand gegenübersteht. Anderskosten und Zusatzkosten können in Form von kalkulatorischem Unternehmerlohn, Zinsen, Abschreibungen, Miete und Wagnissen angesetzt werden.

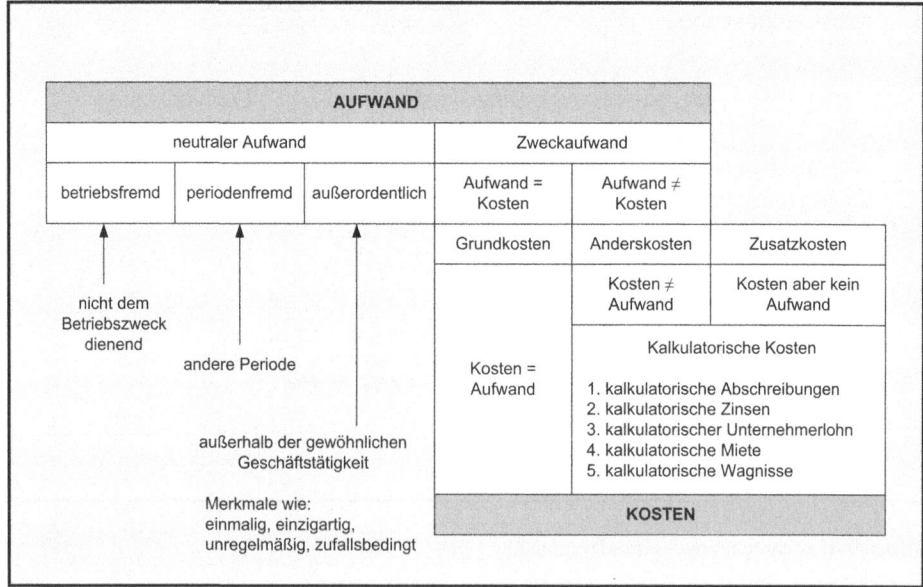

Abb. 6.10 Abgrenzung unterschiedliche Aufwands- und Kostenbegriffe

6.6 Internes Rechnungswesen

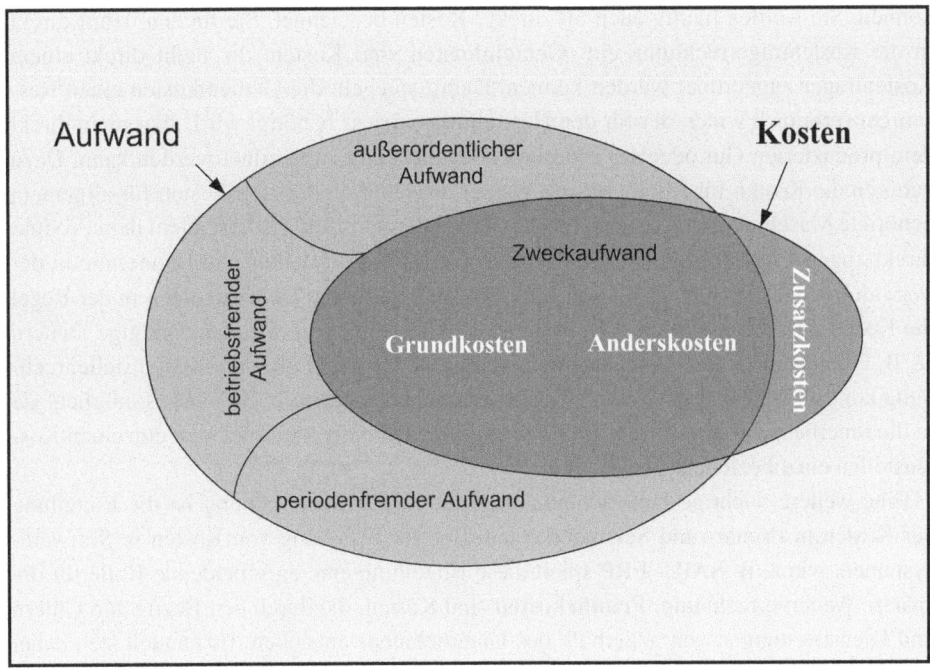

Abb. 6.11 Beziehung verschiedener Aufwands- und Kostenbegriffe

Kosten werden noch unter anderen Gesichtspunkten unterschieden. Ein entscheidendes Unterscheidungsmerkmal ergibt sich aus der Frage, ob man die angefallen Kosten direkt einem Kostenträger zuordnen kann oder nicht. Hinsichtlich des Bezugsobjekts Kostenträger lassen sich Einzelkosten und Gemeinkosten unterscheiden. Beide Begriffe finden in der Vollkostenrechnung ihre Anwendung, siehe Abb. 6.12. Als **Einzelkosten** gelten Kosten, die direkt wert- und mengenmäßig einem Kostenträger zugeordnet werden

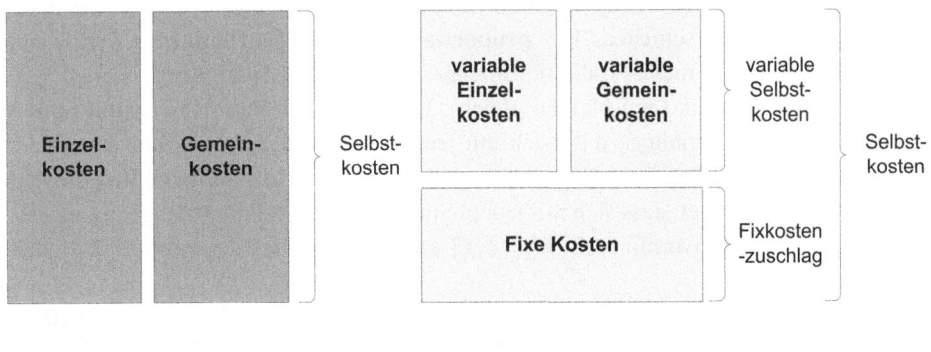

Abb. 6.12 Vollkosten- und Teilkostenrechnung im Vergleich

können. Sie werden häufig auch als direkte Kosten bezeichnet. Sie fließen damit direkt in die Kostenträgerrechnung ein. **Gemeinkosten** sind Kosten, die nicht direkt einem Kostenträger zugeordnet werden können. Damit spiegeln die Gemeinkosten einen Ressourcenverbrauch wider, der für den Herstellungsprozess benötigt wird, aber nicht direkt dem produzierten Gut oder der erstellten Dienstleistung zugeordnet werden kann. Dazu gehören die Kosten für Miete, Strom, Wasser, Gas und die Betriebskosten für allgemein benötigte Maschinen. Löhne und Gehälter fallen darunter, sofern diese nicht dem Produkt direkt zugewiesen werden können. Typisch hierfür sind Gehälter und Löhne, die in der Verwaltung oder im Lager anfallen. Ebenso gehören zu den Gemeinkosten in der Regel die Kosten für Versicherungen, Beiträge zu Verbänden oder gewinnunabhängige Steuern (z. B. Grundsteuer). Die Gemeinkosten werden in der Regel über die Kostenstellenrechnung kontrolliert und nach Verantwortungsbereichen dargestellt. So wird es möglich, sie in die innerbetriebliche Kosten- und Leistungsverrechnung zwischen den einzelnen Kostenstellen einzubeziehen.

Eine weitere wichtige Unterscheidung in der Kostenartenrechnung ist die Einteilung der Kosten in Primär- und Sekundärkosten. Bei der Erfassung von Kosten in Softwaresystemen, wie z. B. SAP – ERP spielt diese Einteilung eine entscheidende Rolle für die spätere Weiterverrechnung. **Primärkosten** sind Kosten, die durch den Bezug von Gütern und Dienstleistungen von außerhalb des Unternehmens entstehen. Es handelt sich dabei um Kosten für Produktionsfaktoren, die ein Unternehmen nicht selbst herstellt, sondern von Beschaffungsmärkten bezieht. **Sekundärkosten** sind alle Kosten von Produktionsfaktoren, die das Unternehmen selbst herstellt.

In der Teilkostenrechnung werden weitere Kostenbegriffe unterschieden. Hier ist die Unterscheidung zwischen fixen Kosten (Fixkosten) und variablen Kosten wesentlich. Unter **Fixkosten** sind in einer bestimmten Zeitperiode konstant und unabhängig von der Produktions- bzw. Absatzmenge (Ausbringungsmenge). **Variable Kosten** verändern sich bei Änderung der Produktions- bzw. Absatzmenge (Ausbringungsmenge). Sie sind damit mengenabhängige Kosten. Im Hinblick auf den funktionalen Zusammenhang zwischen Kostenentwicklung und Ausbringungsmenge wird in diesem Zusammenhang häufig zwischen proportionaler, überproportionaler und unterproportionaler Kostenverläufen unterschieden. Ein **proportionaler Kostenverlauf** liegt vor, wenn sich mit jedem Stück mehr Produktionsmenge die variablen Kosten im gleichen Verhältnis erhöhen (Stückkosten bleiben gleich). **Überproportionale Kostenfunktionen** sind dadurch gekennzeichnet, dass sich mit jedem Stück mehr Produktionsmenge die variablen Kosten pro Stück erhöhen. **Unterproportionale Kostenentwicklungen** sind dadurch gekennzeichnet, dass sich mit jedem Stück mehr Produktionsmenge die variablen Kosten pro Stück vermindern. Abb. 6.13 stellt den Verlauf der Kostenfunktionen exemplarisch dar.

Im internen Rechnungswesen werden häufig die Begriffe **Herstellkosten** und **Selbstkosten** verwendet. Die Herstellkosten sind ein Maß für die Kosten, die für die Herstellung eines Produktes angefallen sind. Die Selbstkosten erfassen alle Kosten, die bis zum Absatz

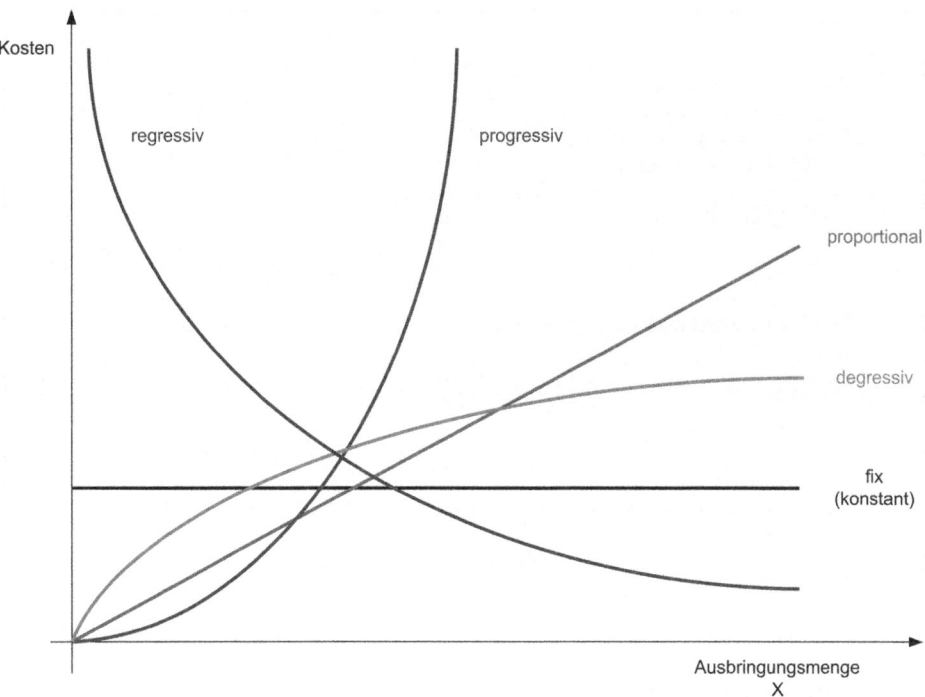

Abb. 6.13 Typen verschiedener Kostenfunktionen

des Produktes angefallen sind. Sie werden nach der in Abb. 6.14 dargestellten Struktur berechnet. Es ist jedoch zu beachten, dass Abweichungen je nach Wirtschaftszweig auftreten können. So wird im Handel als Selbstkosten die Summe aus Einstandspreis und Handlungskosten bezeichnet. Je nach Branche und Ausrichtung des Unternehmens – Handel, Dienstleistung, Fertigung – kommt den einzelnen Positionen des Schemas unterschiedliche Bedeutung zu. Der Begriff der Herstellkosten ist bei genauer Betrachtung nicht zu verwechseln mit dem Begriff der Herstellungskosten. Der Begriff der **Herstellungskosten** ist § 255 Abs. 2 HGB und § 275 Abs. 3 HGB geregelt. Die Vorschriften dienen dem Zweck der externen Rechnungslegung. Die Herstellungskosten dienen als Maßstab für die Bewertung von Vermögensgegenständen bzw. Wirtschaftsgüter. Hier wird also verbindlich geregelt, welche Werte und Positionen für die Rechenschaftslegung gegenüber Dritten zu bilanzieren sind.

Ein weiterer Begriff, dem im internen Rechnungswesen große Bedeutung zukommt, ist der des Deckungsbeitrags. Der **Deckungsbeitrag**, häufig auch mit DB abgekürzt, bezeichnet die Differenz zwischen den erzielten Erlösen (Umsatz) und den hierzu notwendigen variablen Kosten. Der Begriff ist eine der wichtigsten unternehmerischen Kenngrößen. Der Deckungsbeitrag gibt an, wie stark ein Produkt zur Deckung der Fixkosten in

Abb. 6.14 Zusammensetzung der Herstell- und Selbstkosten eines erzeugten Gutes

einem Unternehmen beiträgt. Produkte mit negativem Deckungsbeitrag sollten aus dem Angebot des Unternehmens genommen werden. Mit ihnen kann das Unternehmen keinen Gewinn erwirtschaften. Produkte mit positivem Deckungsbeitrag führen nicht zwingend zur Gewinnerzielung, allerdings leisten sie einen positiven Beitrag zur Deckung der Fixkosten. Deshalb kann ihre Produktion weiterhin sinnvoll sein.

▶ Deckungsbeitrag = Umsatzerlöse – variable Kosten

6.6.3 Kostenstellenrechnung

Auf die Kostenartenrechnung folgt die Kostenstellenrechnung. Gemeinkosten müssen über die Kostenstellen, auf denen sie anfallen, letztlich verursachungsgerecht auf den

6.6 Internes Rechnungswesen

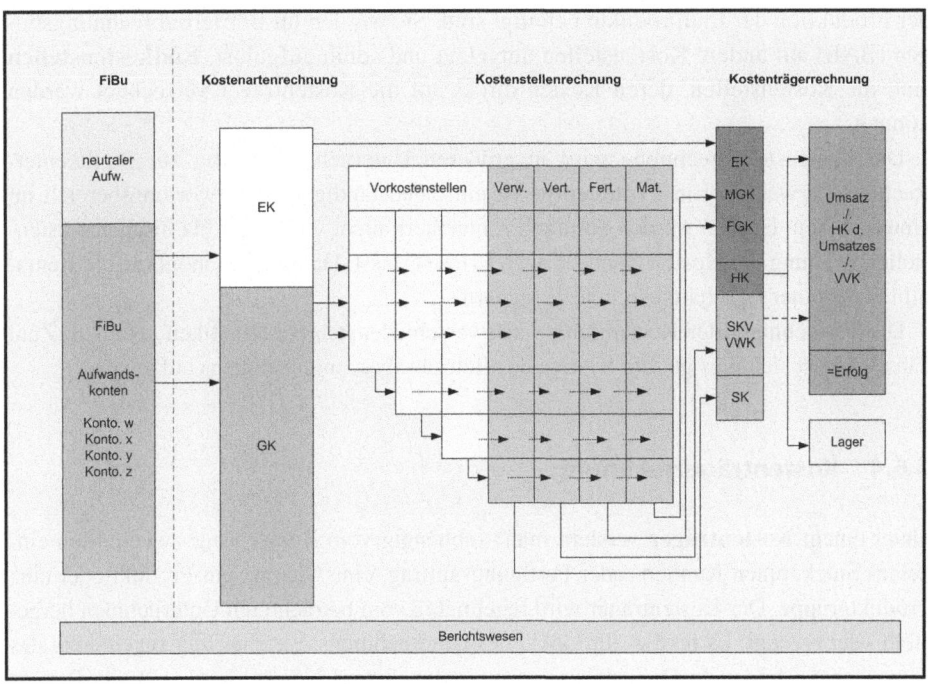

Abb. 6.15 Systematik der Kostellenrechnung (vereinfacht)

Kostenträger verrechnet werden. Die Kostellenrechnung bietet die Möglichkeit, die Kostensituation innerhalb der Aufbauorganisation zu analysieren, zu kontrollieren, zu planen und zu steuern. Abb. 6.15 stellt den Prozess dar. Eine **Kostenstelle** kann als Ort, an dem die Kosten entstehen, definiert werden. Kostenstellen können nach verschiedensten Kriterien eingerichtet werden, z. B. nach räumlichen oder funktionalen Aspekten. Der **Kostenstellenplan** ist eine systematisch geordnete Zusammenstellung aller Kostenstellen eines Unternehmens. Begrifflich wird in diesem Zusammenhang zwischen Haupt-, Hilfs-, Neben-, Vor- und Endkostenstellen differenziert. **Hauptkostenstellen** sind Kostenstellen, welche ihre Leistung direkt an die Leistungsprozesse des Produktes abgeben. Zu diesen Leistungsprozessen gehören zum Beispiel der Verkauf, die Produktion oder die Verwaltung des Produktes. Als **Nebenkostenstellen** bezeichnet man betriebliche Bereiche, in denen Nebenprodukte erzeugt werden. **Hilfskostenstellen** sind diejenigen Kostenstellen, die ihre Leistung an die Hauptkostenstellen abgeben. Die Zuteilung ihrer Kosten bzw. Leistungen erfolgt indirekt und nicht direkt auf den Kostenträger. Die Verteilung auf die Hauptkostenstellen erfolgt über einen entsprechenden Verteilungsschlüssel.

Entsprechend der Art der Verrechnung kann außerdem zwischen Vor- und Endkostenstellen unterschieden werden. Unter **Vorkostenstellen** versteht man Kostenstellen, die für die anderen Kostenstellungen Leistungen einbringen, d. h. selbst nicht direkt an der Produktion der Endprodukte beteiligt sind. Sie werden im Betriebsabrechnungsbogen (BAB) auf andere Kostenstellen umgelegt und somit aufgelöst. **Endkostenstellen** sind die Kostenstellen, deren Kosten direkt auf die Kostenträger verrechnet werden können.

Die Kostenstellenrechnung wird in größeren Unternehmen häufig zur Profitcenter-Rechnung erweitert. Ein **Profitcenter** ist ein eigenständiger Verantwortungsbereich im Unternehmen. Hierbei werden auf den Profitcentern nicht wie in der klassischen Kostenstellenrechnung nur Kosten, sondern auch Erlöse erfasst. Damit ist es möglich, die Rentabilität einzelner Geschäftsbereiche zu steuern.

Die Verrechnung der Kosten kann nach verschiedensten Systematiken erfolgen. Zum Einstieg lässt sich dies gut am System des Betriebsabrechnungsbogens aufzeigen.

6.6.4 Kostenträgerrechnung

Unter einem **Kostenträger** versteht man – abhängig vom Auswertungszweck – ein einzelnes Stück, einen Kunden- oder Fertigungsauftrag, eine Charge, ein Produkt oder eine Produktgruppe. Der Kostenträger wird regelmäßig vom betrachteten Unternehmen hergestellt oder erzeugt. Es ist das „Produkt" des Unternehmens, welches hier regelmäßig das Bezugsobjekt bildet. In Dienstleistungsunternehmen sind Kostenträger z. B. ein Projekt bei einem Beratungsunternehmen, ein Kreditvertrag bei einer Bank, ein Versicherungszweig oder ein Einzelvertrag bei einer Versicherungsgesellschaft, eine aufgetragene Bodenanalyse bei einem Umwelt- oder Erdbaulabor.

Die **Kostenträgerrechnung** ist der Teil der Kostenrechnung, der auf der Kostenartenrechnung und der Kostenstellenrechnung aufbaut. Sie dient der Abrechnung aller betrieblichen Leistungen (Absatzleistungen und bestimmte innerbetriebliche Leistungen). Die Kostenträgerrechnung gliedert sich in die Kostenträgerzeitrechnung und die Kostenträgerstückrechnung. Mit der Kostenträgerrechnung soll gezeigt werden, wofür – für welche Produkte und Leistungen – die Kosten entstehen. Ziel ist es, erkennen zu können, wie hoch die Kosten sind, die ein Produkt als Produktkosten verursacht bzw. als zugeschlüsselte Strukturkosten zu tragen hat.

In der **Kostenträgerzeitrechnung** werden sämtliche in der betrachteten Periode entstandenen Kosten erfasst und dargestellt, während die **Kostenträgerstückrechnung** oder Kalkulation die Kosten der betrieblichen Produkteinheiten ermittelt, indem sie die Einzelkosten direkt und alle Gemeinkosten indirekt, d. h. mit Hilfe der in der Kostenstellenrechnung ermittelten Kalkulationssätze auf die betrieblichen Produkteinheiten verrechnet. Wird die Kostenträgerstückrechnung vor Erstellung der zu kalkulierenden Leistung durchgeführt, so spricht man von einer Vorkalkulation, eine Rechnung nach Erstellung der zu kalkulierenden Leistung stellt eine Nachkalkulation dar, siehe Abb. 6.16. Die Ergebnisse der Kostenträgerstückrechnung dienen neben der Preisbildung auch als Grundlage für die kurzfristige Kostenträgererfolgsrechnung und für Zwecke der Bilanzbewertung.

6.6 Internes Rechnungswesen

Abb. 6.16 Kalkulationsarten

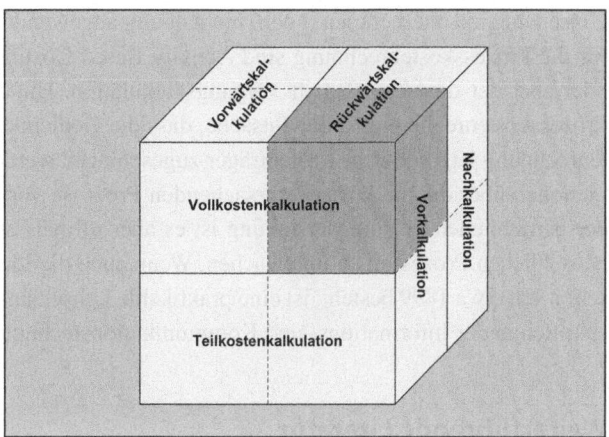

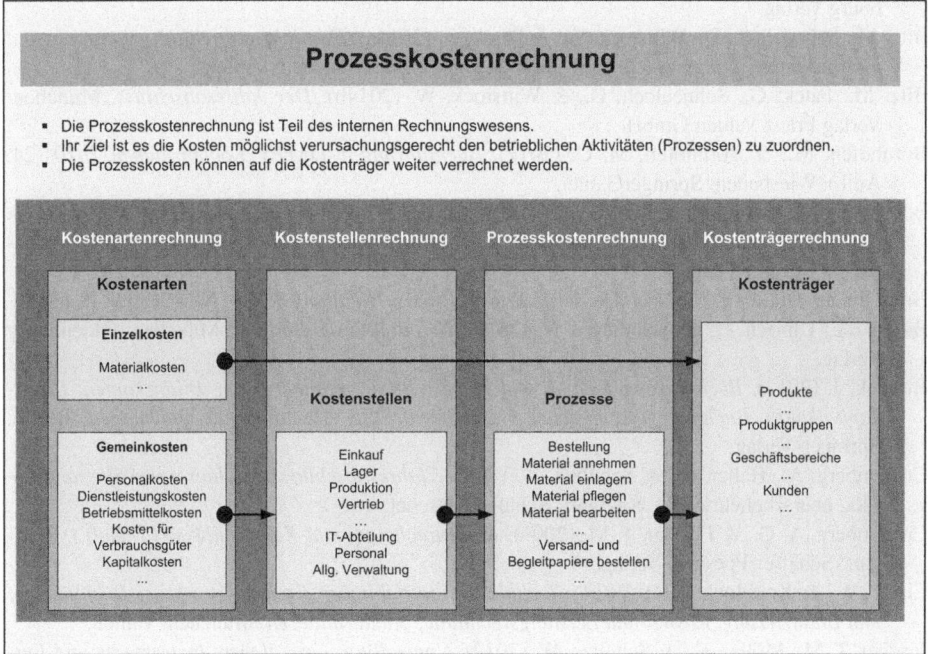

Abb. 6.17 Prozesskostenrechnung

6.6.5 Prozesskostenrechnung

In der Regel ist es wünschenswert, die Kosten den verursachenden Prozessen möglichst genau zuordnen zu können (siehe Abb. 6.17). Die Prozesskostenrechnung ist ein recht junger Bestandteil der Kostenrechnung und wird aufgrund ihrer Komplexität und aufwendigen

Umsetzung in Unternehmen (noch) nicht häufig angewandt. Synonym verwendete Begriffe für die Prozesskostenrechnung sind Activity Based Costing oder Cost Driver Accounting oder aber der deutsche Begriff Vorgangskalkulation. Hintergrund für die Einführung der Prozesskostenrechnung ist die Tatsache, dass die Gemeinkosten zwar über die Kostenstellenrechnung letztlich dem Kostenträger zugeschlagen werden, hierbei aber keinerlei Informationen über die die kostenverursachenden Prozesse vorhanden sind. Für die Steuerung der betrieblichen Leistungserstellung ist es aber oftmals erforderlich, die Kosten auf den betrieblichen Prozessen zu überwachen. Wenn auch die Idee einer Prozesskostenrechnung schon seit etwa 1899 besteht, ist eine praktikable Umsetzung in Betrieben erst mit den Fortschritten in der Informations- und Kommunikationstechnologie möglich geworden.

Weiterführende Literatur

Bieg, H., Kußmaul, H., & Waschbusch, G. (2012). *Externes Rechnungswesen*. München: Oldenbourg Verlag.
Bitz, M., Schneeloch, D., Wittstock, W., & Patek, G. (2014a). *Der Jahresabschluss: Nationale und internationale Rechtsvorschriften, Analyse und Politik*. München: Vahlen.
Bitz, M., Patek, G., Schneeloch, D., & Wittstock, W. (2014b). *Der Jahresabschluss*. München: Verlag Franz Vahlen GmbH.
Bornhofen, M., & Bornhofen, M. C. (2012). *Buchführung 1–DATEV Kontenrahmen 2010* (24. Aufl.). Wiesbaden: SpringerGabler.
Bornhofen, M., & Bornhofen, M. C. (2013). *Buchführung 2 DATEV-Kontenrahmen 2012: Abschlüsse nach Handels-und Steuerrecht Betriebswirtschaftliche Auswertung Vergleich mit IFRS*. Wiesbaden: SpringerGabler.
Britzelmaier, B. (2013). *Controlling: Grundlagen, Praxis, Handlungsfelder*. New Jersey: Pearson.
Burger, A., Ulbrich, P., & Ahlemeyer, N. (2010). *Beteiligungscontrolling*. München: Oldenbourg Verlag.
Bussiek, J. (2013). *Buchführung-Technik und Praxis: Bilanzveränderungen, Bilanzkonten, Eigenkapitalkonto, Buchung verschiedener Geschäftsvorfälle, Abschließende Buchungen*. Berlin: Springer-Verlag.
Coenenberg, A., Haller, A., & Schultze, W. (2005). *Jahresabschluss und Jahresabschlussanalyse* (20., überarbeitete Aufl.). Stuttgart: Schäfer Poeschel.
Coenenberg, A. G., & Fischer, T. M. (2009). *Kostenrechnung und Kostenanalyse* (7. Aufl.). Stuttgart: Schäffer-Poeschel Verlag.
Eisele, W., & Knobloch, A. P. (2014). *Technik des betrieblichen Rechnungswesens: Buchführung und Bilanzierung, Kosten-und Leistungsrechnung, Sonderbilanzen*. München: Vahlen.
Fischer, T. M., Möller, K., & Schultze, W. (2012). *Controlling: Grundlagen, Instrumente und Entwicklungsperspektiven* (S. 639). Stuttgart: Schäffer-Poeschel.
Hahn, H., & Wilkens, K. (2000). *Buchhaltung und Bilanz: Bilanzierung*. München: Oldenbourg Verlag.
Heinhold, M. (2012). *Buchführung in Fallbeispielen* (12. Aufl.). Stuttgart: Schäfer Poeschel.
Horváth, P., Gleich, R., & Seiter, M. (2015). *Controlling*. München: Vahlen.
Klein, H. D. (2013). *Konzernbilanzpolitik*, Vol. 5. Berlin: Springer-Verlag.
Küting, K., & Weber, C. P. (2012). *Der Konzernabschluss: Praxis der Konzernrechnungslegung nach HGB und IFRS*. Stuttgart: Schäffer-Poeschel Verlag.

Weiterführende Literatur

Plaumann, S. (2013). Auslegungsquellen und deren Interdependenzen. In *Auslegungshierarchie des HGB* (S. 49–216). Wiesbaden: Springer Fachmedien.

Schildbach, T., Stobbe, T., & Brösel, G. (2013). *Der handelsrechtliche Jahresabschluss* (10. Aufl.). Sternenfels: Verlag Wissenschaft & Praxis.

Schneeloch, D. (2011). *Betriebswirtschaftliche Steuerlehre Band 2: Betriebliche Steuerpolitik*, Vol. 2. München: Vahlen.

Schneeloch, D. (2012). *Betriebswirtschaftliche Steuerlehre Band 1: Besteuerung*. München: Vahlen.

Varnholt, N. T., Lebefromm, U., & Hoberg. (2009). *Kostenrechnung und operatives Controlling: betriebswirtschaftliche Grundlagen und Anwendung mit SAP® ERP®*. München: Oldenbourg Verlag.

Weber, C. P. (1995). *Handbuch der Rechnungslegung*. K. Küting (Hrsg.). Stuttgart: Schäffer-Poeschel.

Wöhe, G., & Kußmaul, H. (2015). *Grundzüge der Buchführung und Bilanztechnik: mit MicroBilG und BilRuG* (9. Aufl.). München: Vahlen.

Wöhe, G. et al. (2013). *Grundzüge der Unternehmensfinanzierung*. München: Vahlen.

Wysocki, K. V., Wohlgemuth, M., & Brösel, G. (2014). *Konzernrechnungslegung* (5. Aufl.). Düsseldorf, 9, Z6. Verlag UTB

Forderungsmanagement und Liquidität 7

Neben dem Ziel der Gewinnmaximierung ist es für das Unternehmen ebenso erforderlich, liquide finanzielle Mittel in ausreichendem Maße vorzuhalten. Üblicherweise werden betriebliche Leistungen zunächst in Rechnung gestellt. Auf der einen Seite werden die Rechnungen der Kunden eines Unternehmens oder die Rechnungen über erbrachte Leistungen an Kunden erst zu einem späteren Zeitpunkt bezahlt. Auf der anderen Seite müssen in unserem Unternehmen eingegangene Verbindlichkeiten pünktlich und regelmäßig bedient werden. Dies macht es erforderlich, aktives Forderungsmanagement zu betreiben. Hierfür wiederum werden Zahlungsmittel benötigt. Oft muss man seine Forderungen rechtlich durchsetzen, wozu Kenntnisse im Bereich des gerichtlichen Mahnverfahrens unabdingbar sind.

7.1 Gerichtliches Mahnverfahren

Um einen rechtlich durchsetzbaren Anspruch auf Zahlung gegenüber dem Schuldner zu haben, ist es nicht ausreichend, lediglich eine Rechnung zu stellen und nach Fälligkeit des Rechnungsbetrages und ausbleibender Zahlung den Schuldner (ggf. durch Mahnung) in Verzug zu versetzen. Die Durchsetzung des Anspruches setzt einen vollstreckbaren Titel voraus. Dieser kann durch das gerichtliche Mahnverfahren erlangt werden. Das Mahnverfahren ist ein zivilgerichtliches Spezialverfahren ohne mündliche Verhandlung, ausführliche Klageschrift und Beweiserhebung. Es ist neben der Erhebung einer normalen Zivilklage eine einfache Möglichkeit, gegen säumige Schuldner vorzugehen. Das Mahnverfahren hat zwei wesentliche Vorteile gegenüber einer Klage: Es ist deutlich günstiger und es kann ohne fremde Hilfe betrieben werden, d. h. es ist nicht notwendig einen Rechtsanwalt zu bestellen. Zu beachten ist allerdings, dass das Mahnverfahren nur bei Geldforderungen wie beispielsweise Kaufpreis-, Darlehens- oder Werklohnforderungen möglich ist.

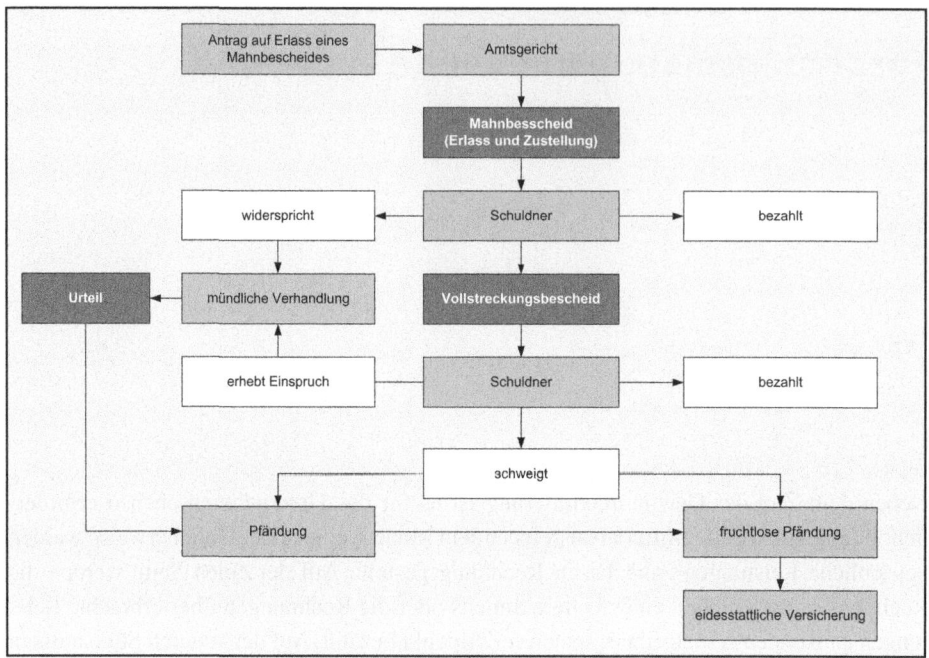

Abb. 7.1 Ablauf des gerichtlichen Mahnverfahrens

Das Mahnverfahren, siehe Abb. 7.1, beginnt mit dem **Antrag auf Erlass eines Mahnbescheides**. Der Erlass eines Mahnbescheids kann nur mit dem offiziellen Formular beantragt werden. Der Antrag kann zugleich den Antrag auf Durchführung eines Streitverfahrens für den Fall des Widerspruchs durch den Schuldner enthalten. Antragsformulare sind im Schreibwarenfachhandel erhältlich. Es besteht auch die Möglichkeit den Antrag elektronisch unter Verwendung einer digitalen Signatur zu stellen.

Mit der Bearbeitung des Mahnantrags fordert das Amtsgericht beim Antragsteller die Kosten an. Entspricht der Antrag den Voraussetzungen, erlässt das Amtsgericht nach Geldeingang einen Mahnbescheid. Dieser enthält den Hinweis, dass das Gericht die Anspruchsberechtigung nicht geprüft hat. Im Mahnbescheid wird auf die Folge hingewiesen, dass ein Vollstreckungsbescheid ergehen kann, wenn nicht innerhalb von zwei Wochen Widerspruch erhoben wird. Der Mahnbescheid wird dem Antragsgegner durch das Gericht „von Amts" wegen zugestellt. Die Zustellung des Mahnbescheids unterbricht die laufende Verjährungsfrist.

Der Antragsgegner kann gegen den Mahnbescheid Widerspruch erheben (§ 692 Nr. 4 ZPO). Damit geht das Mahnverfahren in ein ordentliches Gerichtsverfahren über. In diesem Verfahren wird der Antragsgegner den behaupteten Anspruch regelmäßig bestreiten und

7.1 Gerichtliches Mahnverfahren

sich im Prozess sachlich zur Wehr setzen. Der **Widerspruch gegen den Mahnbescheid** ist vom Antragsgegner schriftlich zu erheben. Im Interesse einer zügigen Bearbeitung empfiehlt sich die Verwendung des Widerspruchsvordrucks. Anerkannt sind aber auch die Einlegung durch Telebrief, Telefax oder Fernschreiben, sowie der zu Protokoll der Geschäftsstelle des zuständigen Amtsgerichts erklärte Widerspruch. Eine Begründung ist nicht erforderlich. Die Widerspruchsfrist beträgt zwei Wochen ab der Zustellung des Mahnbescheids, einen Monat bei zulässiger Auslandszustellung. Ein später eingehender Widerspruch ist aber auch noch wirksam, wenn noch kein Vollstreckungsbescheid erlassen worden ist. Der rechtzeitig eingelegte Widerspruch verhindert die Fortsetzung des Mahnverfahrens und führt in ein normales Gerichtsverfahren – das sog. streitige Verfahren. Die Überleitung in das streitige Verfahren beginnt mit der Abgabe des Rechtsstreits durch das Mahngericht an das Gericht, das der Antragsteller in seinem Mahnantrag als das sachlich und örtlich zuständige Gericht angegeben hat. Das sich an den Widerspruch anschließende Streitverfahren folgt den allgemeinen Regeln des Zivilprozesses. Die Geschäftsstelle des Gerichts, an das die Streitsache abgegeben wurde, fordert den Antragsteller unverzüglich auf, seinen Anspruch binnen zwei Wochen zu begründen, § 697 ZPO. Geht die Anspruchsbegründung durch den Antragsteller nicht rechtzeitig bei Gericht ein, so wird – allerdings nur auf Antrag des Antragsgegners – ein Termin zur mündlichen Verhandlung bestimmt. Hierbei wird durch das Gericht eine erneute Frist für die Anspruchsbegründung gesetzt.

Hat der Antragsgegner nicht oder nicht rechtzeitig gegen den gesamten Anspruch Widerspruch eingelegt, so erlässt das Amtsgericht (§ 699 Abs. 1 ZPO) auf Antrag des Gläubigers einen **Vollstreckungsbescheid** auf Grundlage des nicht angefochtenen Mahnbescheids bzw. dessen nicht angefochtenen Teils. Der Antrag muss spätestens 6 Monate nach Zustellung des Mahnbescheids gestellt werden und die Erklärung enthalten, ob und welche Zahlungen inzwischen auf den per Mahnbescheid geltend gemachten Anspruch geleistet worden sind. Der vom Amtsgericht erlassene Vollstreckungsbescheid dient als eigenständiger und vorläufig vollstreckbarer Vollstreckungstitel. Mit ihm kann die Zwangsvollstreckung betrieben werden. Der Vollstreckungsbescheid wird vom Gericht „von Amts wegen" dem Antragsgegner zugestellt. Die Zustellung erfolgt an die Adresse, die im Mahnbescheid angegeben wurde.

Der Antragsgegner kann **Einspruch gegen den Vollstreckungsbescheid** einlegen. Auch wenn der Vollstreckungsbescheid bereits erlassen wurde, hat der Antragsgegner noch die Möglichkeit, Einspruch einzulegen und damit den Übergang in das streitige Gerichtsverfahren zu erreichen. Der Vollstreckungsbescheid ist durch den Einspruch im Ganzen oder auch teilweise anfechtbar. Der Einspruch erfolgt schriftlich und formlos. Er muss den Vollstreckungsbescheid bezeichnen, gegen den er sich richtet. Eine Begründung des Einspruchs ist nicht erforderlich. Die Einspruchsfrist beträgt zwei Wochen ab Zustellung des Vollstreckungsbescheids. Diese Frist kann nicht verlängert werden. Der Einspruch gegen den Vollstreckungsbescheid leitet in das ordentliche Gerichtsverfahren über. Wird Einspruch erhoben, so ist die Sache von Amts wegen an das im Mahnbescheid genannte zuständige Gericht abzugeben. Wurde Einspruch eingelegt, so hat der Antragsteller die Anspruchs- bzw. Klagebegründung nach Aufforderung des Gerichts innerhalb von zwei Wochen vorzulegen. Unterlässt der Antragsteller dies, so muss er mit der Aufhebung des Vollstreckungsbescheids und der Abweisung der Klage als unzulässig rechnen.

Wenn der Schuldner auch nach Erlass und Zustellung des Vollstreckungsbescheids nicht zahlt, ist der Gläubiger gezwungen, **Zwangsvollstreckungsmaßnahmen** einzuleiten, um an sein Geld zu kommen. Die Zwangsvollstreckungsmöglichkeiten in das bewegliche und unbewegliche Vermögen, in Geldforderungen und andere Vermögenswerte sind unterschiedlich. Das bewegliche Vermögen umfasst z. B. Maschinen, Einrichtungsgegenstände, Schmuck, aber auch Aktien und andere Wertpapiere und besonders Bargeld. Es wird im Wege der Pfändung vollstreckt (§ 803 ZPO). Nicht pfändbar ist alles, was der Schuldner für den täglichen Bedarf benötigt sowie die normale Wohnungseinrichtung. Zuständig für die Vollstreckung ist der Gerichtsvollzieher, der vom Gläubiger schriftlich beauftragt werden muss. Gerichtsvollzugsaufträge können an die Gerichtsvollzieher-Verteilungsstelle des Amtsgerichts gerichtet werden, in dessen Bezirk der Schuldner seinen Wohnsitz hat bzw. bei Handelsgesellschaften (GmbH, AG, OHG, KG etc.) sich der Sitz befindet. Zum unbeweglichen Vermögen gehören z. B. Grund- und Wohnungseigentum. Auf dieses kann man sich im Wege der Zwangsvollstreckung eine Sicherungshypothek ins Grundbuch eintragen lassen. Dies bewirkt eine Sicherung des Rechtes in Bezug auf die Rangstelle bei einer künftigen Zwangsversteigerung (§ 866 ZPO). Eine solche Zwangshypothek kann nur bei Forderungen von mehr als 750 Euro eingetragen werden. Die Eintragung erfolgt bei dem Grundbuchamt, in dessen Bezirk das Grund- bzw. Wohnungseigentum geführt wird. Für die Einleitung der Zwangsverwaltung bzw. Zwangsversteigerung ist ein zusätzlicher Antrag beim Vollstreckungsgericht erforderlich. Geldforderungen und andere Vermögenswerte sind z. B. Lohnforderungen, Bankkonten, Bausparverträge und Lebensversicherungen. Zu deren Pfändung wird ein sog. Pfändungs- und Überweisungsbeschluss des Vollstreckungsgerichts benötigt. In diesem wird dem Schuldner des Schuldners (wie z. B. seinem Arbeitgeber oder seiner Bank) verboten, Zahlungen an ihn zu leisten und zugleich die Forderung auf Auszahlung des Geldes dem Gläubiger zur Einziehung überwiesen (§ 829 ZPO). Für den Erlass eines solchen Pfändungs- und Überweisungsbeschlusses ist das Amtsgericht zuständig, in dessen Bezirk der Schuldner seinen Wohnsitz hat.

Der Schuldner muss die **Verfahrenskosten** tragen. Sie sind unterteilt in die Gerichtskosten und die Auslagen des Antragstellers. Hierunter fallen alle Kosten, die der Antragsteller für die Beantragung des Mahnbescheids auslegen musste, wie Ausgaben für den Vordruck und das Porto für die Zusendung an das Gericht sowie. ggf. Gebühr der Rechtsanwaltsgebühren, inkl. Auslagen und Mehrwertsteuer.

7.2 Factoring

Factoring stellt eine Finanzdienstleistung dar, die Unternehmen häufig zu einer Erhöhung der Liquidität verhilft. Sie stellt in der Form eine umsatzkongruente Betriebsmittelfinanzierung dar. Die Beziehung zwischen den am Factoring beteiligten Akteuren ist in Abb. 7.2 dargestellt.

Je nach Leistungsumfang der Dienstleistung wird zwischen unterschiedlichen Formen des Factorings unterschieden. Hier sind als Formen das echte und unechte Factoring, Fälligkeits-Factoring (Maturity Factoring) und das Inhouse-Factoring (Bulk- oder Eigenservice-Factoring) zu nennen.

Als **echtes Factoring** wird ein Verfahren bezeichnet, bei dem der Factor das Delkredererisiko übernimmt. Durch echtes Factoring wird die Bilanz des Unternehmens um Forderungen und Verbindlichkeiten verkürzt. Dies führt zur Verbesserung wesentlicher betrieblicher Kennzahlen, so steigen die Liquidität und die Eigenkapitalquote. Außerdem kommt es häufig zu einer Entlastung innerbetrieblicher Prozesse, denn das Unternehmen wird von den administrativen Aufgaben des Debitorenmanagements befreit. Factoring stellt also eine Form des Outsourcings dar. Beteiligte sind ein Unternehmen als Factoring-Kunde (Kreditor), welches seine „Forderungen aus Lieferungen und Leistungen" an einen Factor (Kreditinstitut, insbesondere Factor-Bank) verkauft, und der Forderungsschuldner (Debitor). Häufig wird der Debitor auch Anschlusskunde oder -firma, Klient oder Anwender genannt. In Deutschland kommt überwiegend echtes Factoring zur Anwendung.

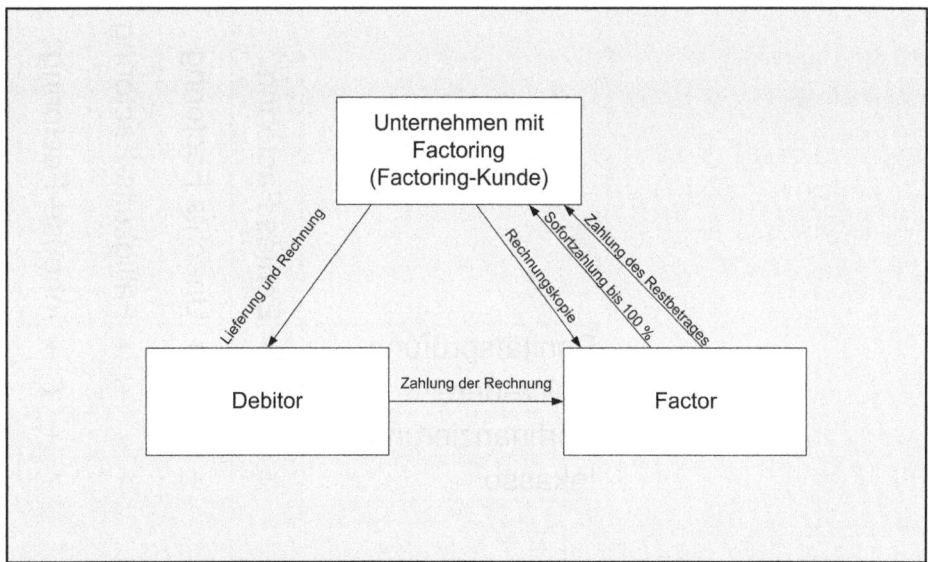

Abb. 7.2 Beziehungen der am Factoring beteiligten Akteure

Beim **unechten Factoring** bleibt das Risiko des Forderungsausfalls beim Unternehmen (Factoring-Kunde). Das unechte Factoring wird in der Rechtsprechung und Literatur überwiegend als Darlehen angesehen, die Abtretung der Forderung erfolgt zur Sicherung des Kredits (also der bezahlten Summe für die Forderung) und zugleich erfüllungshalber (sofern die Forderung tatsächlich eingezogen werden kann). Die Factoring-Gesellschaften (Factor) unterstützen das Unternehmen hier in der Bereitstellung von Liquidität und durch die Übernahme des Debitorenmanagements.

Eine weitere Variante stellt das **Fälligkeits-Factoring,** auch als Maturity Factoring bekannt, dar. Beim Fälligkeits-Factoring, erhält der Factoring-Kunde die Vorteile der vollständigen Risikoabsicherung und der Entlastung beim Debitorenmanagement. Der Factoring-Kunde verzichtet hierbei aber auf die sofortige Regulierung des Kaufpreises.

Neben den genannten Formen kommt auch bei einigen Unternehmen das **Inhouse-Factoring** zur Anwendung. Es wird auch als Bulk-Factoring oder Eigenservice-Factoring bezeichnet. Der Factor übernimmt zwar das Delkredererisiko, schränkt seine Dienstleistungen aber stark ein. Die Debitorenbuchhaltung einschließlich Mahnwesen verbleibt beim Kunden. Lediglich nach Abschluss des außergerichtlichen Mahnverfahrens wird der Factor mit dem Einzug der Forderung beauftragt.

In Abb. 7.3 werden die unterschiedlichen Formen des Faktorings hinsichtlich ihres Dienstleistungsumfangs verglichen.

Abb. 7.3 Arten des Factorings im Vergleich

	Echtes Factoring	Unechts Factoring	Fälligkeits-Factoring	Inhouse-Factoring
Bonitätsprüfung	+	+	+	+
Delcredere	+	-	+	~
Vorfinanzierung	+	+	-	+
Inkasso	+	+	+	~

Weiterführende Literatur

Goeke, M. (2008). *Praxishandbuch Mittelstandsfinanzierung*. Mit Leasing, Factoring & Co. unternehmerische Potenziale ausschöpfen. Wiesbaden: Gabler.
Grundmann, W. (2013). *Leasing und Factoring: Formen, Rechtsgrundlagen, Verträge*. Berlin: Springer.
Hermann, J. (2006). *Handbuch Factoring*. Bonn: visAvis.
Salten, U., & Gräve, K. (2013). *Gerichtliches Mahnverfahren und Zwangsvollstreckung* (5. Aufl.). United States of America: DVS.

Rechtsformen der Unternehmen 8

Die Ausgestaltung und der Umfang, in dem in einem Unternehmen bzw. Betrieb Rechnungswesen betrieben wird, hängen insbesondere bzgl. des externen Rechnungswesens stark von der Wahl der Rechtsform ab. Gerade im externen Rechnungswesen gibt es zahlreiche rechtliche Vorschriften, u. a. das HGB, die AO, diverse Steuergesetze usw., die zu berücksichtigen sind. Die Frage, welche Rechtsvorschriften zu berücksichtigen sind, ob in einem Betrieb beispielsweise die einfache Buchführung (Einnahme-Überschussrechnung) angewendet werden kann oder ob die doppelte Buchführung anzuwenden ist, hängt auch von der Wahl der Rechtsform ab. Das interne Rechnungswesen ist in der Regel nicht gesetzlich vorgeschrieben. Ob und inwieweit man in einem Betrieb überhaupt internes Rechnungswesen betreibt, bleibt also in das Ermessen des Unternehmens gestellt und hängt auch oft von der Größe des Unternehmens, von der Anzahl der Beschäftigten, von den Geschäftsbereichen, der Branchenzugehörigkeit oder auch von der Art und dem Umfang der angebotenen Produkte und Dienstleistungen ab. Große Unternehmen und Konzerne werden häufig in der Rechtsform einer Kapitalgesellschaft betrieben. Auch hier bestimmt im Prinzip die Wahl der Rechtsform die Struktur des Management Accountings. Hier werden neben der Kostenarten-, Kostenstellen- und der Kostenträgerrechnung häufig noch die Profitcenterrechnung und eine Marktsegment- und Ergebnisrechnung durchgeführt. Demnach ist es für das Management eines Betriebes unbedingt erforderlich, Grundkenntnisse in Bezug auf die Wahl der Rechtsformen von Unternehmen zu haben.

8.1 Aspekte hinsichtlich der Wahl der Rechtsform

Das Oberziel eines Unternehmens ist die Gewinnerzielung unter Aufrechterhaltung der Liquidität. Diesem Ziel muss im Prinzip auch die Wahl der Rechtsform folgen. Die einzelnen Rechtsformen unterscheiden sich im Hinblick auf die Aspekte: Leitung und Kontrolle,

Abb. 8.1 Aspekte der Rechtsformwahl

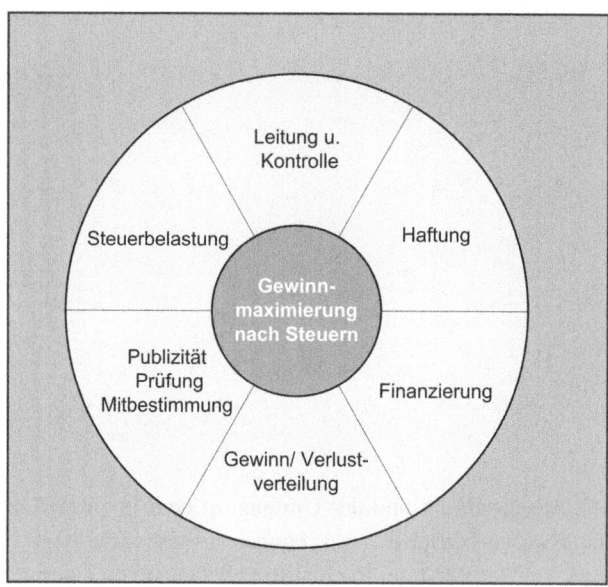

Haftung der Eigenkapitalgeber, Finanzierungsmöglichkeiten, Gewinn- und Verlustverteilung bzw. -beteiligung, der Publizitäts-, Offenlegungs-, Prüfungserfordernissen hinsichtlich des Jahresabschlusses bzw. des Konzernabschlusses sowie hinsichtlich der Mitbestimmung. Ein weiterer wesentlicher Gesichtspunkt ist die Steuerbelastung der gewählten Rechtsform. Die Aspekte, die bei der Wahl der Rechtsform eine Rolle spielen sind in Abb. 8.1 abgebildet.

Betrachtet man den Aspekt der Leitung und Kontrolle eines Unternehmens, so kann u. a. Folgendes festgestellt werden: Es gibt Gesellschaftsformen, in denen die Leitung und Kontrolle allein bei den Inhabern oder Gesellschaftern liegt. Diese sind in der Regel „Personengesellschaften". Hingegen kann es bei Kapitalgesellschaften bestimmte Kontroll- und Aufsichtsorgane geben. Hier ist die Führung des Unternehmens von einem Kontrollorgan getrennt. Am deutlichsten tritt dies bei der Aktiengesellschaft (AG) in Erscheinung. Der Vorstand führt hier die Geschäfte und wird dabei durch den Aufsichtsrat überwacht. Auch bei Betrachtung des Aspekts der Finanzierungsmöglichkeiten eines Unternehmens sind erhebliche Unterschiede zwischen den Rechtsformen zu konstatieren. So hat eine börsennotierte AG über den Handel ihrer Aktien einen unmittelbaren Zugang zu (neuen) Kapitalgebern, als es beispielsweise bei Personengesellschaften der Fall ist. Extreme Unterschiede gibt es auch im Hinblick auf die Haftung der Eigenkapitalgeber. Bestimmte Rechtsformen sind juristische Personen. Das Unternehmen hat eine eigene Rechtspersönlichkeit und ist damit strikt von seinen Gesellschaftern getrennt. Dies ist z. B. bei den Kapitalgesellschaften (GmbH, AG u. a.) der Fall. Hier haftet zwar das Unternehmen mit seinem Vermögen, die Eigenkapitalgeber allerdings haften in der Regel bei voller Einzahlung ihrer Einlagen nicht mit ihrem privaten Vermögen. Das sieht im Falle

8.1 Aspekte hinsichtlich der Wahl der Rechtsform

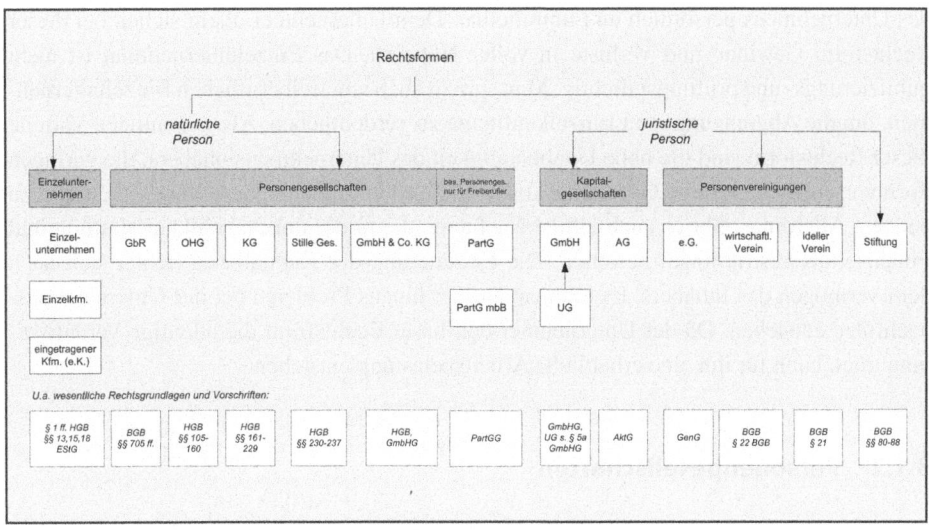

Abb. 8.2 Überblick – gängige Rechtsformen von Unternehmen

der Personengesellschaft (KG, OHG, GbR) häufig anders aus. Hier ist es grundsätzlich so, dass es keine Haftungsbeschränkung gibt, also sowohl mit dem Geschäftsvermögen als auch mit dem Privatvermögen gehaftet wird. Nachfolgend werden einzelne Rechtsformen und ausgewählte Eigenschaften näher beschrieben. Abb. 8.2 liefert einen Überblick über gängige Rechtsformen.

8.1.1 Einzelunternehmen

Ein Einzelunternehmen umfasst im weiteren Sinne jede selbständige Betätigung einer einzelnen natürlichen Person als Landwirt, Gewerbetreibender oder Freiberufler. Es ist dabei nicht von Bedeutung, ob die Person Arbeitnehmer beschäftigt oder nicht. Im engeren Sinne wird unter dem Begriff des Einzelunternehmens das Unternehmen eines vollhaftenden Einzelkaufmanns im Sinne des Handelsgesetzbuches (HGB) verstanden. Der Einzelunternehmer betreibt als Kaufmann seine Handelsgeschäfte unter dem Namen seiner Firma. Der Firmenname ist frei wählbar. Lässt sich der Einzelkaufmann in das Handelsregister eintragen, so ist dem Firmennamen der Zusatz „eingetragener Kaufmann" – abgekürzt: „e.K." – hinzufügen. Das Einzelunternehmen entsteht, wenn ein Freiberufler oder ein Gewerbetreibender allein ein Geschäft eröffnet. Bei Einzelunternehmen gibt es nur einen Unternehmensinhaber, dieser wird häufig auch als Betriebsinhaber bezeichnet. Der Einzelunternehmer ist „Alleinherrscher" seines Betriebes. Ihm obliegt einerseits die Leitung und Kontrolle des Unternehmens, andererseits trägt er aber auch das volle finanzielle Risiko. Er haftet mit seinem gesamten Vermögen (Betriebs- und Privatvermögen) für Verbindlichkeiten des Unternehmens persönlich und unmittelbar. Dem Unternehmer allein stehen bei dieser Rechtsform Gewinne und Verluste in voller Höhe zu. Das Einzelunternehmen ist nicht publizierungs- und prüfungspflichtig. Man spricht auch von freiberuflichen Einzelunternehmen, um die Abgrenzung zum Einzelkaufmann zu verdeutlichen. Als wesentliche Vorteile dieser Rechtsform sind die hohe Unabhängigkeit des Unternehmensinhabers, die geringen Formvorschriften, geringe Gründungskosten und größtmöglicher Gestaltungsspielraum zu nennen. Allerdings gibt es auch einige Nachteile, die in der unbeschränkten Haftung und Finanzierungsrestriktionen bestehen. Die Erweiterung der Kapitalbasis richtet sich nach dem Vermögen des Inhabers. Es können darüber hinaus Probleme bei der Unternehmensnachfolge entstehen. Da der Unternehmer bei dieser Rechtsform die alleinige Verantwortung trägt, kann für ihn eine erhebliche Arbeitsbelastung entstehen.

8.1.2 Personengesellschaften

Eine Personengesellschaft entsteht, wenn sich mindestens zwei Personen zur Erreichung eines gemeinsamen Zweckes zusammenschließen. Die Personen können im juristischen Sinne natürliche oder juristische Personen sein. Eine Personengesellschaft selbst ist keine juristische Person, kann aber trotzdem Träger von Rechten und Pflichten sein. Die Besteuerung einer Personengesellschaft erfolgt nach dem Transparenzprinzip. Das Transparenzprinzip besagt, dass eine Personengesellschaft – z. B. KG, OHG – selbst kein einkommensteuerpflichtiges Steuersubjekt ist und insofern für die Besteuerung „transparent" ist. Das Transparenzprinzip gilt nicht für die Gewerbesteuer, da nach § 5 GewStG die Personengesellschaft selbst Steuerschuldner ist und somit keine Verlagerung der Steuerschuld auf die Gesellschafter erfolgt. Der Körperschaftsteuer kann die Personengesellschaft nicht unterliegen, da sie nicht in § 1 KStG aufgeführt ist.

8.1.2.1 Gesellschaft bürgerlichen Rechts (GbR)

Die „Grundform" der Personengesellschaft ist die GbR oder auch BGB-Gesellschaft genannt. Sie ist eine auf einem Vertrag beruhende Personenvereinigung zur Erreichung eines gemeinsamen Zwecks. Die rechtlichen Grundlagen sind in §§ 705 ff. BGB geregelt. Die GbR ist keine juristische Person, hat keine eigene Rechtspersönlichkeit und damit auch kein eigenes Vermögen. Das Gesellschaftsvermögen ist Gesamthandeigentum, über das die Gesellschafter nur gemeinsam verfügen können. Gesellschafter können natürliche und juristische Personen sein. Die Leitung der Gesellschaft obliegt allen Gesellschaftern (§ 709 BGB). Sie sind zur Leistung einer gleich hohen Einlage verpflichtet (§ 706 BGB). Alle Gesellschafter partizipieren in gleicher Weise an Gewinnen und Verlusten (§ 722 BGB). Viele dieser Regelungen können jedoch individuell an die Bedürfnisse der Gesellschaft im Einzelfall durch Regelungen im Gesellschaftervertrag anders geregelt werden, sodass eine optimale Anpassung an die konkreten Bedürfnisse der Gesellschaft bzw. der Gesellschafter im Einzelfall gewährleistet ist. Die Gesellschafter haften als Gesamtschuldner. Einem Gläubiger etwa ist also die Vollstreckung in das Privatvermögen eines Gesellschafters möglich, um seinen eigenen Anspruch zu befriedigen. Dieser kann dann im Innenverhältnis einen Ausgleichsanspruch gegen seine Mitgesellschafter geltend machen. Die GbR finanziert sich mit Hinblick auf die Eigenfinanzierung regelmäßig aus den Einlagen der Gesellschafter. Ist eine Fremdfinanzierung notwendig, kann diese durch Bankkredite erfolgen. Allerdings hängt wegen der gesamtschuldnerischen Haftung die Kreditwürdigkeit der GbR von der Kreditwürdigkeit des Gesellschafters ab. Die Höhe ihres aufsummierten Reinvermögens ist hierbei ein zentraler Aspekt. Die GbR ist eine Gesellschaftsform, die „mit Vorsicht" zu genießen ist. Zwar bietet sie einen großen Gestaltungsspielraum, jedoch besteht aufgrund der gesamtschuldnerischen Haftung das nicht zu unterschätzende Risiko, dass man für Verbindlichkeiten in Anspruch genommen wird, die ein Mitgesellschafter für die GbR eingegangen ist. Auch kommt die GbR durch einen einfachen Vertrag zustande, die Schriftform ist nicht erforderlich. Gerade deshalb ist es wichtig, sich nicht auf mündliche Absprachen zu verlassen, sondern den Vertrag schriftlich zu fixieren.

8.1.2.2 OHG – offene Handelsgesellschaft
Die offene Handelsgesellschaft ist rechtlich geregelt in den §§ 105–160 HGB. Die vollhaftenden Gesellschafter führen das Unternehmen. Die OHG ist als Handelsgesellschaft ins Handelsregister (HRA) eingetragen. Der Kern einer solchen Gesellschaft ist eine kaufmännische Tätigkeit, nämlich ein Handelsgeschäft.

8.1.2.3 Kommanditgesellschaft
Die Kommanditgesellschaft ist wie die OHG eine Personenhandelsgesellschaft, bei der jedoch weitere Besonderheiten zu beachten sind. Hier gibt es zwei unterschiedliche Arten von Gesellschaftern, die Komplementäre und die Kommanditisten. Die Komplementäre sind zur Geschäftsführung befugt. Sie leiten, steuern und kontrollieren den Betrieb und haften unbeschränkt gegenüber Gläubigern der Gesellschaft. Die Kommanditisten hingegen sind von der Geschäftsführung ausgeschlossen, sie haften allerdings dafür auch nicht unbeschränkt sondern nur in der Höhe der von Ihnen eingebrachten Einlage. Die KG ist ebenfalls ins Handelsregister einzutragen (HRA).

8.1.2.4 GmbH & Co. KG
Die GmbH & Co. KG zählt zu den Personengesellschaften. Sie besteht aus einer GmbH, die als Komplementär fungiert, und weiteren Kommanditisten. Der Komplementär ist vollhaftend. Da bei dieser Konstruktion allerdings die haftungsbeschränkte GmbH als Komplementär eingesetzt ist, ist eine haftungsbeschränkte Gesellschaftsform entstanden.

8.1.2.5 Stille Gesellschaft
Die stille Gesellschaft ist dadurch gekennzeichnet, dass sich ein Kapitalgeber – der stille Gesellschafter – am Unternehmen eines Geschäftsinhabers in der Weise beteiligt, dass seine Kapitaleinlage in das Vermögen des Geschäftsinhabers übergeht. Diese Gesellschaftsform heißt „still", da sie für Außenstehende nicht erkennbar ist. Es handelt sich um eine reine Innengesellschaft. Die stille Gesellschaft ist in den §§ 230–237 HGB geregelt.

Ein stiller Gesellschafter ist von der Geschäftsführung ausgeschlossen. Der stille Gesellschafter übernimmt keine Haftung. Bei Verlust seiner Einlage z. B. durch eine Insolvenz des Unternehmens kann er als Insolvenzgläubiger seine Einlage zurückfordern. Die Gewinn- und Verlustbeteiligung ist in der Regel in einem Gesellschaftsvertrag geregelt. Die Beteiligung am Verlust, nicht aber die Beteiligung am Gewinn, kann vertraglich ausgeschlossen werden (§ 231 HGB). Die Möglichkeit der (Geld-)Entnahme des stillen Gesellschafters ist auf seinen eigenen Gewinnanteil beschränkt (§ 232 HGB). Die stille Gesellschaft ist als Betreiber eines Handelsgewerbes zur Erstellung eines Jahresabschlusses verpflichtet, aber nicht prüfungs- und publizitätspflichtig. Es wird in der Praxis zwischen einer „typischen" stillen Gesellschaft, bei der der stille Gesellschafter am laufenden Gewinn und ggf. am laufenden Verlust beteiligt ist, und einer „atypischen" stillen Gesellschaft, bei der der stille Gesellschaft zusätzlich an Wertänderungen des ruhenden Vermögens beteiligt ist, unterschieden. Interessant ist diese Gesellschaftsform im Hinblick auf die Finanzierung des Unternehmens. Der Geschäftsinhaber kann über die stille Beteiligung seinem Unternehmen Kapital zuführen, ohne auf seine Entscheidungskompetenz zu verzichten. Er verzichtet lediglich auf Teile seines Gewinns.

8.1.2.6 Partnerschaftsgesellschaft

Die Partnerschaftsgesellschaft steht als Rechtsform ausschließlich den freien Berufen offen. Sie ist im Partnerschaftsgesellschaftsgesetz (PartGG) geregelt. Zur Gründung sind mindestens zwei Partner erforderlich. Inhaltlich ist die Struktur der PartG eng an die der OHG angelegt. Häufig wird auch von einer „Schwesterfigur" zur OHG gesprochen. Die Partner haften unbeschränkt. Die Partnerschaft ist rechtlich selbstständig. Die Geschäftsführungsbefugnis und das Vertretungsrecht werden durch die Partner ausgeübt.

8.1.3 Kapitalgesellschaften

Inhaltlich ist die Kapitalgesellschaft eine auf einem Gesellschaftsvertrag beruhende Körperschaft des privaten Rechts, deren Mitglieder einen gemeinsamen – meist wirtschaftlichen – Zweck verfolgen. Sie ist eine juristische Person. Kapitalgesellschaften sind durch gesetzlich festgelegte Kapitalaufbringungs- und Kapitalerhaltungsvorschriften gekennzeichnet. Im Hinblick auf die Besteuerung gilt hauptsächlich das Trennungsprinzip. Dieses besagt, dass die Besteuerung der Kapitalgesellschaft unabhängig von der Besteuerung der Erträge aus den Anteilen der Anteilseigner erfolgt.

8.1.3.1 GmbH und Unternehmergesellschaft

Die GmbH und die Unternehmergesellschaft (UG) sind Kapitalgesellschaften. Die UG ist inhaltlich der GmbH sehr stark angenähert und hat wesentliche Grundgedanken bzgl. der GmbH übernommen.

Die Gesellschaft mit beschränkter Haftung ist eine juristische Person. Sie ist im GmbH-Gesetz (GmbHG) geregelt. Die Gesellschaft haftet nur mit ihrem Vermögen. Das gezeichnete Stammkapital beträgt mindestens 25.000 Euro. Hiervon müssen bei Gründung mindestens 12.500 Euro eingezahlt werden. Die Gründung der Gesellschaft muss notariell beurkundet werden. Als juristische Person entsteht die Gesellschaft ebenfalls erst mit der Eintragung ins Handelsregister (HRB). Die Haftungsbeschränkung tritt erst mit Eintragung ins Handelsregister in Kraft. Regelmäßig beginnt die Steuerpflicht der GmbH schon mit Abschluss des Gesellschaftervertrages. Die GmbH ist in ihrem Bestand unabhängig von ihren Gesellschaftern. Ein Wechsel der Gesellschafter berührt die Gesellschaft nicht in ihrem Wesen – die GmbH ist also unabhängig von ihren Mitgliedern organisiert. Sie ist in allen Belangen rechtlich selbstständig und hat einen eigenen Namen (Firma). Die beiden zentralen Organe der GmbH sind der Geschäftsführer und die Gesellschafterversammlung. Der Geschäftsführer vertritt die Gesellschaft und nimmt die Geschäftsführung wahr. Zum Geschäftsführer kann auch ein Nichtgesellschafter bestellt werden. Die Gesellschaftsversammlung, der alle Gesellschafter angehören, übernimmt die Kontrolle der Geschäftsführung und fungiert als Beschlussorgan. Die Versammlung entscheidet insbesondere über die Gewinnverwendung. Jedem Gesellschafter steht dabei in der Regel ein Stimmrecht in Höhe seiner Kapitalanteile zu. Eine GmbH kann als zusätzliches Organ noch über einen Aufsichtsrat verfügen, als Pflichtorgan vorgeschrieben ist dieser allerdings erst bei mehr als 500 Arbeitnehmern.

Der Bedarf an einer Kapitalgesellschaftsform, die eine Haftungsbeschränkung auch schon für einen geringeren Betrag als 25.000 Euro ermöglicht, ist in den letzten Jahren gewachsen. Dies war in der Vergangenheit nur durch die Gründung ausländischer Kapitalgesellschaften, wie z. B. der britischen Limited mit Firmensitz in Großbritannien möglich. 2008 wurde im deutschen Recht die UG (Unternehmergesellschaft) eingeführt, die es ermöglicht, bereits mit einem Euro Stammkapital eine Haftungsbeschränkung zu erlangen. Die Unternehmergesellschaft wird auch als Mini-GmbH oder 1-Euro GmbH bezeichnet. Sie ist ebenfalls im GmbH-Gesetz (§ 5a GmbHG) geregelt und wie auch die GmbH zur doppelten Buchführung verpflichtet. Es handelt sich nicht um eine neue Rechtsform, sondern vielmehr um eine GmbH mit reduziertem Kapital und einem besonderen Rechtsformzusatz. Im Rechtsverkehr darf die UG nur mit dem Rechtsformzusatz „Unternehmergesellschaft (haftungsbeschränkt)" oder „UG (haftungsbeschränkt)" auftreten. Eine Abkürzung des Zusatzes „haftungsbeschränkt" ist nicht zulässig. Im Gegenzug dafür, dass die Stammeinlage fast beliebig gering ausfallen kann, müssen jährlich mindestens 25 % des Jahresüberschusses in eine Rücklage eingestellt werden. Wenn die angesammelte Rücklage zusammen mit dem ursprünglichen Stammkapital die Summe von 25.000 Euro (Mindestkapital gem. § 5 Abs. 1 GmbHG) erreicht, können die Gesellschafter gem. § 57c GmbHG einen Kapitalerhöhungsbeschluss fassen. Dieser ermöglicht es der UG künftig auf die Ansammlung der Rücklage i. H. v. 25 % des Jahresüberschusses zu verzichten, über den Jahresüberschuss auch sonst frei zu verfügen und ihre Firmierung zu ändern. Sie darf nun den Rechtsformzusatz „GmbH" führen. Eine UG darf allerdings erst dann aufhören, die Rücklage anzusparen, wenn das Stammkapital tatsächlich auf mindestens 25.000 Euro erhöht worden ist. Die UG ist eine in der Regel voll körperschaftssteuer- und gewerbesteuerpflichtige juristische Person und muss ihre Jahresabschlüsse nach Maßgabe der §§ 325, 326 HGB veröffentlichen.

8.1.3.2 Aktiengesellschaft

Eine Aktiengesellschaft (AG) ist eine Kapitalgesellschaft, an der sich Eigenkapitalgeber durch den Erwerb von Aktien beteiligen. Aktien beinhalten also Mitgliedschaftsrechte in der Form handelbarer Wertpapiere. Die korrespondierenden Rechtsverhältnisse sind im Aktiengesetz (AktG) geregelt. Die Gesellschafter der AG sind die Aktionäre. Die Organe der AG sind der Vorstand (als geschäftsführendes Organ) und der Aufsichtsrat (als Kontrollorgan), der insbesondere Bestellungen und Abberufungen des Vorstandes sowie die Überwachung der Geschäftsführung und die Prüfung des Jahresabschlusses verantwortet. Die Hauptversammlung der Aktionäre ist das oberste Organ. Sie ist zuständig für die Bestellung des Vorstandes und des Aufsichtsrates und entscheidet über die Verwendung des Bilanzgewinns. Die AG haftet ausschließlich mit ihrem Gesellschaftsvermögen. Es gibt eine Vielzahl von Möglichkeiten, um neues Kapital aufzunehmen. Firmenanteile (Aktien) können leicht verkauft werden. Ferner genießt die AG ein hohes Ansehen. Es gibt allerdings auch nicht zu unterschätzende Nachteile. Die AG führt zu einem hohen Verwaltungsaufwand und bringt hohe Gründungskosten mit sich. Es ist ein Mindestkapital von 50.000 Euro aufzubringen. Auch sind mehrere Personen (mind. 3) zu Besetzung des Aufsichtsrates erforderlich. Die Kontrollorgane verhindern eventuell schnelle Entscheidungsfindungen und hemmen das Unternehmen in seiner Flexibilität, nicht zuletzt durch erhöhte Koordinationsaufwände.

8.1.4 Personenvereine

8.1.4.1 Nicht wirtschaftlicher Verein

Ein Verein ist ein auf Dauer angelegter Zusammenschluss von natürlichen oder juristischen Personen mit einem gemeinsamen Namen, in dem jeder im Rahmen der Satzung nach freien Stücken ein- und austreten kann. Der Verein kann sich von dazu bestimmten Mitgliedern vertreten lassen. Mindestvoraussetzung für die Eintragung eines rechtsfähigen Vereins sind eine Anzahl von sieben Vereinsmitgliedern (§ 56 BGB) und eine Satzung, in der insbesondere die Befugnisse des Vereinsvorstands definiert sind. Ein nicht-rechtsfähiger Verein bedarf lediglich zweier Gründungsmitglieder, eine schriftliche Satzung ist nicht für die Gründung nicht von Nöten. Die Vereine bestimmen ihre Satzung unter Berücksichtigung der Vorschriften der § 21–§ 79 BGB selbst. Vereine sind in erster Linie nicht auf einen wirtschaftlichen Geschäftsbetrieb ausgerichtet, sondern verfolgen ideelle und gemeinnützige Zwecke. Sie erlangen Rechtsfähigkeit durch Eintragung in das Vereinsregister. Das Vereinsregister wird beim zuständigen Amtsgericht geführt.

8.1.4.2 Wirtschaftlicher Verein

Wirtschaftliche Vereine sind nicht häufig anzutreffen. Ihre Ausrichtung konzentriert sich auf wirtschaftliche Geschäftsbetriebe, ihre Tätigkeit ist gewerblicher Natur. Sie dienen in erster Linie den geschäftlichen Interessen ihrer Mitglieder. Wirtschaftliche Vereine erlangen ihre Rechtsfähigkeit durch Verleihung durch die örtlich zuständige Landesregierung (§ 22 BGB).

8.1.4.3 Genossenschaft

Nach § 1 Genossenschaftsgesetz (GenG) ist eine Genossenschaft eine Gesellschaft mit eigener Rechtspersönlichkeit, welche die Förderung des Erwerbs bzw. der Wirtschaftlichkeit ihrer Mitglieder mittels gemeinschaftlicher Geschäftsbetriebe bezweckt. Die Genossenschaft ist ein wirtschaftlicher Verein mit einer nicht geschlossenen Zahl von Mitgliedern. Genossenschaften treten z. B. auf in der Form von Produktionsgenossenschaften (z. B. Agrar- und Winzergenossenschaften), Kreditgenossenschaften (z. B. Volks- und Raiffeisenbanken), Baugenossenschaften (Wohnungsbau und -verwaltung), Einkaufs- oder Handwerksgenossenschaften. Zur Gründung einer Genossenschaft sind mindestens drei Personen, die Feststellung einer Satzung und die Eintragung ins Genossenschaftsregister erforderlich. Mit Eintritt in die Genossenschaft übernimmt jedes Mitglied einen Geschäftsanteil, der mindestens zu einem Zehntel eingezahlt werden muss (§ 7 GenG). Die Übernahme mehrerer Anteile durch ein Mitglied ist erlaubt (§ 7a GenG). Der Gesamtbetrag aller eingezahlten Geschäftsanteile eines Mitglieds bezeichnet man als Geschäftsguthaben. Die Gewinn- und Verlustzuweisung erfolgt üblicherweise nach Maßgabe der Geschäftsguthaben (§ 19 GenG). Das Eigenkapital der Genossenschaft setzt sich zusammen aus der Summe aller eingezahlten Geschäftsguthaben. Es ist durch den Eintritt und Austritt der Mitgliedern Schwankungen unterlegen. Die Genossenschaft verfügt über drei Organe: den Vorstand, der aus mindestens zwei Personen besteht, dem Aufsichtsrat mit mindestens drei Mitgliedern und der Generalversammlung. Die Generalversammlung wählt den Aufsichtsrat und den Vorstand und entscheidet u. a. über die Gewinnverteilung. Sie kann satzungsändernde Beschlüsse fassen. Genossenschaften sind zur doppelten Buchführung verpflichtet. Der Jahresabschluss muss grundsätzlich geprüft werden (§ 53 GenG). Die Prüfung obliegt gem. § 55 GenG dem genossenschaftlichen Prüfverband. Genossenschaften haben häufig Finanzierungsprobleme. Bei Mitgliedsaustritten müssen die jeweiligen Geschäftsguthaben ausgezahlt werden, was die Eigenkapitalbasis der Genossenschaft schmälert und schwanken lässt. Banken sind deshalb zögerlich bei der Kreditvergabe. Zur Verbesserung der Fremdfinanzierungsmöglichkeit kann in den Satzungen allerdings eine sogenannte Nachschusspflicht für den Fall der Insolvenz verankert werden (§ 6 GenG).

8.2 Kooperations- und Konzentrationsformen in Märkten

Nachdem die Rechtsformen von Unternehmen und Kooperationsformen dargestellt wurden, werden nun Kooperations- und Konzentrationsformen zwischen Unternehmen in Märkten im Allgemeinen betrachtet. Während bei den Darstellung von Rechtsformen und Kooperationsformen im Wesentlichen die Zusammenarbeit zwischen einzelnen Wirtschaftssubjekten und deren konkrete Rechtsbeziehung im Vordergrund standen, werden nun die Kooperationsformen mit Blick auf die Stärke der rechtlichen und wirtschaftlichen Verflechtung untersucht. Dies ist deshalb von Bedeutung, da die Stärke solcher

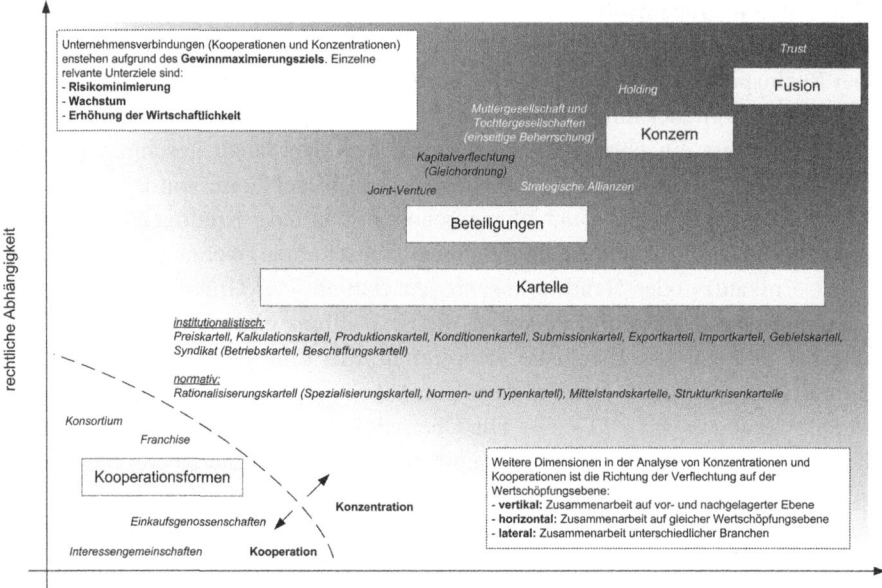

Abb. 8.3 Kooperations- und Konzentrationsformen in Märkten

Verflechtungen Auswirkungen auf die Marktmacht und auf den Wettbewerb sowie das Verhalten der Konkurrenzunternehmen haben und gerade Konzentrationsformen eine Basis für Wettbewerbsverzerrungen bilden und Ursachen für Marktversagen darstellen können. Abb. 8.3 gibt einen Überblick über die Kooperations- und Konzentrationsformen orientiert an den Dimensionen der rechtlichen und wirtschaftlichen Abhängigkeit.

Unternehmen können auf unterschiedlichste Weise zusammenarbeiten. Ist sowohl die rechtliche als auch die wirtschaftliche Verflechtung der Unternehmen eher als gering einzustufen, spricht man von Kooperationsformen. Zu den Kooperationsformen zählen Interessengemeinschaften, Konsortien, Einkaufsgenossenschaften und Franchise-Systeme.

Interessengemeinschaften sind Zusammenschlüsse unterschiedlichster natürlicher oder juristischer Personen zu Verfolgung eines gemeinsamen Zwecks. Die rechtliche Qualifikation hängt von der konkreten Ausgestaltung ab. Es kann sich u. a. um Vereine und Verbände, aber auch um gemeinnützige Organisationen handeln. Ferner kommt die GbR als Rechtsform in Betracht.

Einkaufsgenossenschaften sind genossenschaftliche Zusammenschlüsse mit dem Ziel der Erhöhung der Wirtschaftlichkeit ihrer Mitglieder. Ziel ist es, durch koordinierten gemeinsamen Einkauf von Roh-, Hilfs-, Betriebsstoffen, Handelswaren oder Anlagen günstigere Einkaufskonditionen zu erlangen und Lagerkosten einzusparen. Wird dieses Ziel nicht in der Form einer Genossenschaft verfolgt, so spricht man bei losen Zusammenschlüssen auch von Einkaufsgemeinschaften.

Konsortien sind Unternehmenszusammenschlüsse mehrerer rechtlich und wirtschaftlich selbständiger Unternehmen zur zeitlich begrenzten Durchführung eines vereinbarten

8.2 Kooperations- und Konzentrationsformen in Märkten

Geschäftszwecks. Durch die Bildung eines Konsortiums können Geschäftsrisiken für Unternehmen gemindert werden. Konsortien bilden rechtlich gesehen eine GbR. Die Mitglieder eines Konsortiums werden als Konsorten bezeichnet. Das Unternehmen, das eine führende Rolle im Konsortium übernimmt wird Konsortialführer genannt.

Franchising ist nach Definition des „Deutschen Franchise-Verbandes" ein auf Partnerschaft basierendes Absatzsystem mit dem Ziel der Verkaufsförderung. Der sogenannte Franchisegeber übernimmt Planung, Durchführung und Kontrolle eines erfolgreichen Betriebstyps. Er erstellt ein unternehmerisches Gesamtkonzept, das von seinen Geschäftspartnern, den Franchisenehmern, selbstständig an ihrem Standort umgesetzt wird. Franchise erfolgt in der Form, dass ein Franchisegeber einem Franchisenehmer gegen Gebühr bzw. Gewinnanteile die Nutzung seiner Marke, seines Absatzsystems, seiner Symbolik, Logos etc. überlässt, die dieser dann eigenverantwortlich und rechtlich selbständig vertreibt. Der Franchisenehmer ist folglich rechtlich Händler im eigenen Namen und auf eigene Rechnung. Das Modell der Franchise-Unternehmen findet u. a. bei McDonalds, Burger King und Subway Anwendung.

Neben den Kooperationsformen gibt es zahlreiche Konzentrationsformen. Konzentrationsformen sind dadurch gekennzeichnet, dass die rechtliche oder wirtschaftliche Verflechtung zwischen den Unternehmen bereits hoch ist bzw. durch sich abzeichnende Maßnahmen anwächst. Konzentrationen können in Form von Beteiligungen, Konzernen bzw. Konzernverflechtungen und Fusionen, sowie Kartellen vorliegen.

Beteiligungen liegen vor, wenn Gesellschaften sich am Kapital anderer Unternehmen beteiligen. Sie bilden die Grundlage für die Bildung von Konzernen.

Konzerne sind Zusammenschlüsse, bei denen beteiligten Unternehmen zwar rechtlich selbständig bleiben, aber ihre wirtschaftliche Selbständigkeit aufgeben und dabei unter eine einheitliche Leitung gestellt werden. Hierbei können drei Grundtypen kapitalmäßiger Verflechtungen differenziert werden: Gleichordnungskonzerne (auch Kapitalverflechtung genannt), einseitig beherrschte Konzerne bzw. Unterordnungskonzerne und Holdings. Im **Gleichordnungskonzern** sind die beteiligten Unternehmen wechselseitig miteinander am Kapital beteiligt und unter einer einheitlichen Leitung gleichgeordnet. Eine andere Form bildet der **Unterordnungskonzern.** In einem Unterordnungskonzern übt ein Unternehmen durch seine kapitalmäßige Bindung Herrschaft über die anderen Unternehmen aus und unterstellt die anderen damit einer einheitlichen Leitung. Man spricht von einem Konzern in Form von Mutter- und Tochtergesellschaften. Von einer **Holdinggesellschaft** wird gesprochen, wenn für mehrere Unternehmen eine Leitungsgesellschaft errichtet wird, welche kapitalmäßig an den einzelnen Unternehmen beteiligt ist, aber nur Verwaltungs- und Organisationsaufgaben für sie wahrnimmt. Die Holding besitzt also kein eigentliches operatives Kerngeschäft mehr. Die Holding wird auch als Dachgesellschaft bezeichnet.

Unter einem **Kartell** versteht man einen Vertrag oder Beschluss zwischen selbstständig bleibenden Unternehmen oder sonstigen Marktakteuren der gleichen Marktseite zur Beschränkung ihres Wettbewerbs (§ 1 GWB). Es handelt sich somit meist um Konkurrenzunternehmen, die durch konzertiertes Vorgehen den Wettbewerb in ihrem Markt zu ihrem eigenen Nutzen einschränken möchten. Der Gesetzgeber hat zum Schutz gegen Kartelle das Gesetz gegen Wettbewerbsbeschränkungen (GWB) erlassen. Das Gesetz verbietet

Kartelle, lässt sie jedoch in einigen Ausnahmen zu. Dies ist dann der Fall, wenn die Wettbewerbsbeschränkung gesamtwirtschaftlich sinnvoll und wünschenswert erscheint. Über die Einhaltung des GWB wacht das Bundeskartellamt.

Fusionen werden auch als Trust bezeichnet. Sie entstehen durch den Zusammenschluss von Unternehmen, die ihre rechtliche und wirtschaftliche Selbstständigkeit aufgeben. Dabei entsteht durch Verschmelzung ein neues Unternehmen mit einiger neuer Rechtspersönlichkeit. Fusionen müssen vor der Durchführung beim Bundeskartellamt angemeldet werden. Sie sind erst nach der Genehmigung durch diese Behörde zu vollziehen (§ 39 Abs. 1 GWB).

Weiterführende Literatur

Beuthien, R. W., Dierkes, V., Wehrheim, S., & Schöpflin, M. (2008). *Die Genossenschaft–mit der Europäischen Genossenschaft Recht, Steuer und Betriebswirtschaft* (Bd. 17). Berlin: Erich Schmidt Verlag.

Birk, D., Desens, M., & Tape, H. (2014). *Steuerrecht 2013* (17. Aufl.). Heidelberg: C.F. Müller.

Brandmüller, G., & Lindner, R. (2005). *Gewerbliche Stiftungen. Unternehmensträgerstiftung-Stiftung & Co*. Berlin: KG–Familienstiftung.

Eichwald, B., & Lutz, K. J. (2011). *Erfolgsmodell Genossenschaften: Möglichkeiten für eine werteorientierte Marktwirtschaft*. Wiesbaden: Deutscher Genossenschafts-Verlag.

Eisenhardt, U., & Wackerbarth, U. (2011). *Gesellschaftsrecht: Recht der Personengesellschaften: mit Grundzügen des GmbH-und des Aktienrechts* (Bd. 1). Heidelberg: CF Müller GmbH.

Fleschutz, K. (2008). *Die Stiftung als Nachfolgeinstrument für Familienunternehmen*. Wiesbaden: Handlungsempfehlungen für die Ausgestaltung und Überführung.

Glenk, H. (2013). *Genossenschaftsrecht: Systematik und Praxis des Genossenschaftswesens*. Munich: Beck.

Hierl, S., & Huber, S. (2008). *Rechtsformen und Rechtsformwahl*. Nürnberg: DATEV.

Klein-Blenkers F (2009). *Rechtsformen der Unternehmen*. Heidelberg: CF Müller GmbH.

Kloka, P. D. (2015). *Rechtsformen und Rahmenbedingungen der Innovationsfinanzierung*. Baden-Baden: Nomos Verlagsgesellschaft mbH & Co. KG.

König, R., Maßbaum, A., & Sureth, C. (2017). *Besteuerung und Rechtsformwahl* (7. Aufl.). Berlin: Verlag Neue Wirtschafts-Briefe.

Muscheler, K. (2011). *Stiftungsrecht*. Baden-Baden: Nomos Verlagsgesellschaft mbH & Co. KG.

Niehus, U., & Wilke, H. (2013). *Die Besteuerung der Personengesellschaften*. Stuttgart: Schäffer-Poeschel Verlag für Wirtschaft Steuern Recht GmbH.

Söffing, G., Söffing, G., & Hallerbach, D. (2009). *Die GmbH-&-Co.-KG*. Herne: NWB.

Stein, P. (2016). *Die Aktiengesellschaft: Gründung, Organisation, Finanzverfassung*. Berlin: Springer.

Wackerbarth, U., & Eisenhardt, U. (2013). *Gesellschaftsrecht II. Recht der Kapitalgesellschaften: Mit Bezügen zum Bilanz-, Insolvenz-und Kapitalmarktrecht* (Bd. 2). Heidelberg: CF Müller GmbH.

Wehrlin, U. (2010). *Wirtschaftsstandorte und Unternehmensrechtsformen: Internationale Wettbewerbsfähigkeit – Rechtsformen Standorte –Vergleich Deutschland/EU*. Munich: AVM.

Wehrlin, U. (2013). *Unternehmensrechtsformen: Darstellung Vergleich und Auswahl der Rechtsform*. Berlin: Lehrbuchverlag.

Steuern 9

Im externen Rechnungswesen, bei der Wahl der Rechtsform eines Unternehmens und auch bei etlichen Beschaffungs- und Absatzvorgänge im Unternehmen spielen Steuern eine wesentliche Rolle. Sie sind buchhalterisch richtig zu erfassen und haben Auswirkungen auf die Ertragslage des Unternehmens. Daher ist ein Überblick über betrieblich relevante Steuerarten und deren Abgrenzung zu verwandten Begriffen wie Gebühren und Beiträgen wesentlich.

9.1 Abgrenzung zwischen Gebühren, Beiträgen und Steuern

Gebühren, Steuern und Beiträge können unter dem Oberbegriff Abgaben zusammengefasst werden. Abgaben stellen wichtige Kostenpunkte für das Unternehmen, nicht zuletzt für das Umweltmanagement dar. Das Formulieren von möglichst effizienten und treffsicheren Umweltabgaben (beispielsweise niedrigere Besteuerung von erneuerbaren Energien) ist eine komplexe Teilaufgabe des Staats. Umweltabgaben sind eine grundlegende Einnahmequelle für den Umweltschutz und stellen zugleich einen tiefen staatlichen Eingriff in die Interessenlandschaft von Unternehmen dar. Genauer sind unter Abgaben materielle Aufwendungen zu verstehen, die eine zur Abgabeleistung verpflichtete Person an eine empfangsberechtigte Person oder Institution abzuführen hat. Kapitalgesellschaften zahlen Körperschaftsteuern – eine Ertragsteuer, die an das Finanzamt abzuführen ist. Mitglieder in Vereinen zahlen Vereinsbeiträge. Diese Beispiele zeigen auf, dass in vielen Bereichen des täglichen Alltags Abgaben eine Rolle spielen bzw. eine große Bedeutung zukommt. Eine entscheidende Gemeinsamkeit aller Abgaben ist, dass sie regelmäßig auf Geldleistungen gerichtet sind.

Gebühren sind eine Form der öffentlichen Abgabe. Sie sind Zahlungen für besondere Leistungen einer öffentlichen Körperschaft oder für die freiwillige oder erzwungene

Inanspruchnahme von öffentlichen Einrichtungen. Beispiele sind allgemein: Verwaltungsgebühren, Abwassergebühren, Kfz-Steuer etc.

Steuern sind Geldleistungen, die nicht eine Gegenleistung für eine besondere Leistung darstellen und von einem öffentlich-rechtlichen Gemeinwesen zur Erzielung von Einnahmen allen auferlegt werden, bei denen der Tatbestand zutrifft, an den das Gesetz die Leistungspflicht knüpft; die Erzielung von Einnahmen kann Nebenzweck sein. Zölle und Abschöpfungen sind Steuern im Sinne dieses Gesetzes. Die Legaldefinition des Steuerbegriffes findet sich in § 3 Abs. 1 der AO.

Merkmale von Steuern:

- Steuern sind Geldleistungen ohne Anspruch auf Gegenleistungen,
- die Hauptfinanzierungsquelle des Staates,
- ein wichtiges Instrument zur Finanzierung staatlicher Ausgaben,
- die Erhebung erfolgt gegenüber allen juristischen und natürlichen Personen,
- keine Steuer wird zwangsläufig zweckgebunden ausgegeben.

Steuern können nach verschiedenen Aspekten systematisiert werden. Nach Ertragshoheit wird zwischen Ländersteuern, Bundessteuer und Gemeinschaftssteuern unterschieden. Stellt man auf die Erhebungsform ab, so gibt es direkte Steuern und indirekte Steuern. Bezüglich des Steuergegenstandes wird zwischen Besitzsteuern, Verkehrssteuern und Verbrauchssteuern unterschieden. Besitzsteuern sind solche Steuern, die den Besitz eines Gutes wie Einkommen, Erträge und Vermögen besteuern. Bei Verkehrssteuern knüpft die Steuer an einen Vorgang im Rechtsverkehr an. Bei Verbrauchssteuern wird der Verbrauch oder Konsum eines Gutes besteuert – beispielsweise um beim Verbrennen von Treibstoff auftretende externe Effekte zu kompensieren. Substanzsteuern sind solche Steuern, die auf das Innehaben von Vermögensgegenständen erhoben werden.

Beiträge werden für die Bereitstellung einer besonderen Gegenleistung (Geld) erhoben, sodass die Option der Benutzung besonderer Einrichtungen zur Verfügung gestellt werden kann. Sie werden unabhängig von der tatsächlichen Inanspruchnahme der Leistung erhoben. Mit der Zahlung des Beitrages hat man einen Anspruch auf die für die Mitglieder satzungsgemäß allgemein bereitgestellten Leistungen, jedoch nicht auf eine speziell bereitzustellende Leistung. Häufig gibt es gesetzliche Vorgaben bzgl. der satzungsgemäßen oder vertraglichen Leistungen. Beispiele für Beiträge sind: Krankenkassenbeiträge, Vereinsbeiträge, IHK-Beitrag, Beiträge zur gesetzlichen Pflegeversicherung und Arbeitslosen- und Rentenversicherung und Sozialversicherungsbeiträge im Allgemeinen.

9.2 Einkommensteuer

Es ist grundsätzlich von Interesse, sich mit dem Steuerobjekt der Einkommensteuer zu beschäftigen.

9.2 Einkommensteuer

Das Steuerobjekt der Einkommenssteuer ist das Einkommen. Das Einkommensteuerrecht in Deutschland unterscheidet zwischen Einnahmen, Einkünften, Einkommen und zu versteuerndem Einkommen. **Einnahmen** sind bei Arbeitnehmern das Bruttoarbeitsentgelt, bei Selbstständigen die Erlöse. **Einkünfte** ergeben sich, wenn die notwendigen Kosten – Werbungskosten bei Arbeitnehmern, Betriebsausgaben bei Selbstständigen – von den Einnahmen abgezogen werden. Dieses Prinzip wird als objektives Nettoprinzip bezeichnet. **Einkommen** ergibt sich nach Abzug von Freibeträgen wie Sonderausgaben, Vorsorgeaufwand und außergewöhnlichen Belastungen. Dieses Prinzip bezeichnet man als subjektives Nettoprinzip. Zu **versteuerndes Einkommen** heißt die Bemessungsgrundlage für den Einkommensteuertarif und ist meist wertmäßig mit dem Einkommen gleich, außer beim Abzug von Kinderfreibeträgen.

Ausgangspunkt für die Ermittlung des zu versteuernden Einkommens ist die Ermittlung der Einkünfte aus den **sieben Einkunftsarten**. § 2 Abs. 1 EStG unterscheidet zwischen folgenden Einkunftsarten:

1. Einkünfte aus Land- und Forstwirtschaft,
2. Einkünfte aus Gewerbebetrieb,
3. Einkünfte aus selbständiger Arbeit,
4. Einkünfte aus nichtselbständiger Arbeit,
5. Einkünfte aus Kapitalvermögen,
6. Einkünfte aus Vermietung und Verpachtung,
7. sonstige Einkünfte im Sinne des § 22

Die ersten drei Einkunftsarten Einkünfte aus Land- und Forstwirtschaft, Einkünfte aus Gewerbebetrieb und Einkünfte aus selbständiger Arbeit werden als **Gewinneinkunftsarten** bezeichnet.

Die vier weiteren Einkunftsarten Einkünfte aus nichtselbständiger Arbeit, solche aus Kapitalvermögen, Vermittlung und Verpachtung sowie die sonstigen Einkünfte nach § 22 EStG werden als **Überschusseinkünfte** bezeichnet.

9.2.1 Ausgewählte Einkunftsarten

Die für Freiberufler wichtigste Einkunftsart in dieser Funktion sind die Einkünfte aus selbstständiger Arbeit (§ 18 EStG). Abhängig von der Rechtsform können aber auch regelmäßig Einkünfte aus Gewerbebetrieben und Kapitalgesellschaften erzielt werden.

9.2.1.1 Einkünfte aus selbständiger Arbeit – § 18 EStG

Einkünfte aus selbständiger Arbeit sind Einkünfte aus freiberuflicher Tätigkeit. Zu der freiberuflichen Tätigkeit gehören nach § 18 EStG die selbständig ausgeübte wissenschaftliche, künstlerische, schriftstellerische, unterrichtende oder erzieherische Tätigkeit, die selbständige Berufstätigkeit der Ärzte, Rechtsanwälte, Notare, Patentanwälte,

Vermessungsingenieure, Ingenieure, Architekten, Handelschemiker, Wirtschaftsprüfer, Steuerberater, beratenden Volks- und Betriebswirte, vereidigten Buchprüfer, Steuerbevollmächtigten, Heilpraktiker, Krankengymnasten, Journalisten, Bildberichterstatter, Dolmetscher, Übersetzer, Lotsen und ähnlicher Berufe. Ein Angehöriger eines freien Berufs ist auch dann freiberuflich tätig, wenn er sich der Mithilfe fachlich vorgebildeter Arbeitskräfte bedient; Voraussetzung ist, dass er aufgrund eigener Fachkenntnisse leitend und eigenverantwortlich tätig wird. Eine Vertretung im Fall vorübergehender Verhinderung steht der Annahme einer leitenden und eigenverantwortlichen Tätigkeit nicht entgegen.

9.2.1.2   Einkünfte aus Gewerbebetrieb – § 15 EStG

Einkünfte aus Gewerbebetrieb erzielt eine natürliche Person dann, wenn sie als Einzelunternehmer oder in Mitunternehmerschaft eine selbständige Betätigung nachhaltig mit Gewinnerzielungsabsicht ausübt, sich dabei am allgemeinen wirtschaftlichen Verkehr beteiligt und wenn die Betätigung weder als Ausübung von Land- und Forstwirtschaft, noch als Ausübung eines freien Berufs oder einer anderen selbständigen Arbeit, noch als bloße Vermögensverwaltung anzusehen ist.

Eine **selbständige Betätigung** liegt vor, wenn die Tätigkeit eigenverantwortlich, auf eigene Rechnung (Unternehmerrisiko) und Gefahr (Unternehmerinitiative) ausgeübt wird. Den Steuerpflichtigen müssen der Erfolg bzw. Misserfolg und das wirtschaftliche Risiko seiner Tätigkeit treffen.

Weiter wird vorausgesetzt, dass eine **nachhaltige Betätigung** vorliegt. Eine Tätigkeit ist nachhaltig, wenn sie auf Wiederholung ausgerichtet ist; die Wiederholungsabsicht ist anhand der tatsächlichen Umstände zu beurteilen. Das Merkmal Nachhaltigkeit ist erfüllt, wenn eine Mehrzahl gleichartiger Handlungen vorgenommen wurde. Nachhaltigkeit liegt bereits dann vor, wenn eine Tätigkeit von vornherein mit der Absicht unternommen wird, sie bei sich bietender Gelegenheit zu wiederholen.

Eine Person, die Einkünfte aus Gewerbetrieb erzielt, muss in **Gewinnerzielungsabsicht** handeln. Die Tätigkeit muss auf die Erzielung eines angemessenen Gewinns ausgerichtet sein, ein Gewinn darf nicht von vornherein mit hoher Wahrscheinlichkeit ausgeschlossen sein. Die Gewinnerzielungsabsicht kann Nebenzweck sein. Eine Gewinnerzielungsabsicht liegt dann nicht vor, wenn die Tätigkeit ihren Ursprung in den persönlichen Neigungen des Steuerpflichtigen hat (sog. Liebhaberei).

Einkünfte aus Gewerbebetrieb können nur dann angenommen werden, wenn eine Teilnahme des Steuerpflichtigen mit seiner Tätigkeit am **allgemeinen wirtschaftlichen Verkehr** vorliegt. Entscheidend ist, dass der Steuerpflichtige nach außen in Erscheinung tritt. Eine Beteiligung am allgemeinen wirtschaftlichen Verkehr liegt dann vor, wenn der Gewerbebetrieb für Dritte erkennbar am Markt seine Leistungen gegen Entgelt anbietet. Sie wird bereits dann angenommen, wenn der Gewerbetreibende für nur einen Auftraggeber tätig wird.

Ausgangsgröße für die Ermittlung der Einkünfte aus Gewerbebetrieb ist der **Gewinn**. Dieser wird entweder durch Betriebsvermögensvergleich oder durch Einnahmenüberschussrechnung ermittelt. Für die Ableitung der Einkünfte aus dem Gewinn sind verschiedene Sondervorschriften zu beachten, z. B. die nichtabzugsfähigen Betriebsausgaben oder der Investitionsabzugsbetrag.

9.2.1.3 Einkünfte aus Kapitalvermögen – § 20 EStG

Der Art nach gehören zu den Einkünften aus Kapitalvermögen alle Entgelte aus der Nutzungsüberlassung von (Geld-)Kapital, das heißt die Früchte aus der Kapitalnutzung. Es kommt nicht auf die Bezeichnung der Nutzungsentgelte an, sondern ausschließlich auf deren wirtschaftlichen Gehalt als Gegenleistung für die Nutzung fremden Geldkapitals.

Neben natürlichen Personen können auch bestimmte Körperschaften, z. B. eingetragene Vereine, Einkünfte aus Kapitalvermögen erzielen – dies gilt insbesondere aber nicht für Kapitalgesellschaften, welche ausschließlich gewerbliche Einkünfte erzielen können. Diese Einkünfte sind als Einkünfte aus Kapitalvermögen i.S. d. Einkommensteuergesetz zu berechnen. Allerdings ist für Steuerbefreiungen, z. B. Schachteldividenden, und für den Steuertarif ausschließlich das Körperschaftsteuergesetz anzuwenden; die folgenden Ausführungen zum gesonderten Steuertarif sind daher bei Körperschaften nicht anwendbar.

Mit dem Unternehmenssteuerreformgesetz 2008 wurde die Besteuerung von Kapitaleinkünften grundlegend reformiert. Ein wichtiger Punkt war die Einführung eines gesonderten Steuertarifs für Einkünfte aus Kapitalvermögen nach § 32d EStG. Dieser ermöglichte aufgrund seiner proportionalen Ausgestaltung und der Unabhängigkeit von anderen Einkünften die Einführung einer Abgeltungsteuer.

Diese Änderungen bedeuteten einen Systemwechsel von der synthetischen Einkommensteuer (alle Einkunftsarten werden mit dem gleichen Steuersatz besteuert) hin zu einer dualen Einkommensteuer (Erwerbs- und Kapitaleinkommen unterliegen unterschiedlichen Steuersätzen). Die dabei entstehende Beschränkung des Werbungskostenabzugs bedeutet eine Abkehr vom Nettoprinzip.

Die Abgeltungswirkung erlaubt, dass die entsprechenden Kapitaleinkünfte nicht mehr in die Veranlagung einbezogen werden müssen. Sie tauchen daher auch nicht in der Einkommensteuerstatistik auf.

Einkünfte aus Kapitalvermögen sind in dem Jahr zu versteuern, in dem sie zugeflossen sind. Zugeflossen sind Einkünfte, wenn der Steuerpflichtige über sie verfügen kann, z. B., wenn sie auf dem Konto gutgeschrieben worden sind.

Die Einkünfte aus Kapitalvermögen sind in § 20 Abs. 1, 2 und 3 EStG abschließend aufgeführt. Sofern diese Art von Einkünften zu den Einkünften aus Land- und Forstwirtschaft, aus Gewerbebetrieb, aus selbständiger Arbeit oder aus Vermietung und Verpachtung gehören, sind sie diesen Einkünften zuzurechnen (Subsidiaritätsprinzip des § 20 Abs. 8 EStG).

Unter Beachtung des Subsidiaritätsprinzips gehören somit folgende Einkünfte dazu:

- Einnahmen aus der Nutzung eines Geldkapitals nach § 20 Abs. 1 EStG:
  - Einnahmen aus Dividenden und vergleichbare Einkünfte (§ 20 Abs. 1 Nr. 1, 2 und 9 EStG),
  - Einnahmen als (typisch) stiller Gesellschafter (§ 20 Abs. 1 Nr. 3 EStG), atypisch stille Gesellschafter erzielen Gewinneinkünfte (z. B. aus Gewerbebetrieb),
  - Einnahmen aus partiarischen Darlehen (§ 20 Abs. 1 Nr. 3 EStG),

- Einnahmen aus Zinsen und vergleichbare Einkünfte (§ 20 Abs. 1 Nr. 5 und 7 EStG),
- Ertragsanteil aus Versicherungsleistungen, sofern sie nicht den sonstigen Einkünften zuzuordnen sind; bestimmte Versicherungen unterliegen sogar nur dem hälftigen Ertragsanteil (§ 20 Abs. 1 Nr.6 EStG),
- Einnahmen aus der Diskontierung von Wechseln (§ 20 Abs. 1 Nr. 8 EStG),
- Einnahmen aus Leistungen eines Betriebes gewerblicher Art von juristischen Personen des öffentlichen Rechts (§ 20 Abs. 1 Nr. 10 EStG),,
- Einnahmen aus dem Schreiben von Optionen (§ 20 Abs. 1 Nr. 11 EStG),
- Leistungen aus Veräußerungsgeschäften und Termingeschäften nach § 20 Abs. 2 EStG:
  - Gewinne aus der Veräußerung von Anteilen einer Körperschaft (insb. GmbH-Anteile, Aktien, Genossenschaftsanteile) und vergleichbare Einkünfte (§ 20 Abs. 2 Nr. 1, 2 a) und 8 EStG),
  - Gewinne aus der Veräußerung von Zinsscheinen und sonstigen zinsbringenden Wertpapieren und vergleichbare Einkünfte (§ 20 Abs. 2 Nr. 2b, 5 und 7 EStG),
  - Gewinne aus Termingeschäften und vergleichbare Einkünfte (§ 20 Abs. 2 Nr. 3 EStG),
  - Gewinne aus der Veräußerung von (typisch) stillen Gesellschaften und partiarischen Darlehen (§ 20 Abs. 2 Nr. 4 EStG),
  - Gewinne aus der Veräußerung aus solchen Versicherungsverträgen, welche bei Auszahlung ebenfalls Einkünfte aus Kapitalvermögen erzielen (§ 20 Abs. 2 Nr. 6 EStG),
- Daneben gehören auch besondere Entgelte und Vorteile zu den Einkünften aus Kapitalvermögen, wenn sie im Zusammenhang mit den oben genannten Einnahmen erzielt werden (z. B. Schadenersatz und Kulanzerstattungen im Zusammenhang mit bestimmten Kapitalanlagen) (§ 20 Abs. 3 EStG).

Nicht zu den Einkünften aus Kapitalvermögen gehören Veräußerungen von Anteilen von Kapitalgesellschaften bei einer Beteiligung im Privatvermögen von mind. 1 % (§ 17 EStG). Dividendenerträge solcher Beteiligungen gehen allerdings zu den Einkünften aus Kapitalvermögen.

Sofern es sich nicht um abstrakte Devisentermingeschäfte (ohne tatsächliche Lieferung) handelt, gehören Gewinne und Verluste aus Fremdwährungsgeschäften nicht zu Einkünften aus Kapitalvermögen, sondern (vorbehaltlich des Subsidiaritätsprinzips) zu den sonstigen privaten Veräußerungsgeschäften, sofern sie innerhalb der einjährigen Spekulationsfrist ausgeführt worden sind.

Die Unterscheidung zwischen einer stillen Gesellschaft und einem partiarischen Darlehen hat für die Besteuerung der Einkünfte aus Kapitalvermögen im Inland faktisch keine Bedeutung, da eine Besteuerung sowohl für den stillen Gesellschafter als auch das partiarische Darlehen über § 20 Abs. 1 Nr. 4 EStG herbeigeführt wird. Die Unterscheidung ist jedoch wichtig für eine Behandlung im Rahmen von Doppelbesteuerungsabkommen.

9.3 Umsatzsteuer

Die Umsatzsteuer ist eine der wichtigsten Steuerarten im Tagesgeschäft. Sie wird durch das Umsatzsteuergesetz (UStG) geregelt. Die Umsatzsteuer wird auf Lieferungen und Leistungen erhoben, die ein Unternehmen im Rahmen seines Wirtschaftens ausführt (siehe Abb. 9.1). Einige Leistungen, die von Unternehmen erbracht werden, stellen zwar grundsätzlich steuerbare Umsätze, sind jedoch nach § 4 UStG von der Umsatzsteuer befreit. Einige Auszüge aus § 4 UStG:

§ 4 Nr. 8 UStG

a) die Gewährung und die Vermittlung von Krediten,

b) die Umsätze und die Vermittlung der Umsätze von gesetzlichen Zahlungsmitteln. Das gilt nicht, wenn die Zahlungsmittel wegen ihres Metallgehalts oder ihres Sammlerwerts umgesetzt werden,

c) die Umsätze im Geschäft mit Forderungen, Schecks und anderen Handelspapieren sowie die Vermittlung dieser Umsätze, ausgenommen die Einziehung von Forderungen,

d) die Umsätze und die Vermittlung der Umsätze im Einlagengeschäft, im Kontokorrentverkehr, im Zahlungs- und Überweisungsverkehr und das Inkasso von Handelspapieren,

e) die Umsätze im Geschäft mit Wertpapieren und die Vermittlung dieser Umsätze, ausgenommen die Verwahrung und die Verwaltung von Wertpapieren,

f) die Umsätze und die Vermittlung der Umsätze von Anteilen an Gesellschaften und anderen Vereinigungen,

g) die Übernahme von Verbindlichkeiten, von Bürgschaften und anderen Sicherheiten sowie die Vermittlung dieser Umsätze,

h) die Verwaltung von Investmentfonds im Sinne des Investmentsteuergesetzes und die Verwaltung von Versorgungseinrichtungen im Sinne des Versicherungsaufsichtsgesetzes,

§ 4 Nr. 10 UStG

a) die Leistungen aufgrund eines Versicherungsverhältnisses im Sinne des Versicherungssteuergesetzes. Das gilt auch, wenn die Zahlung des Versicherungsentgelts nicht der Versicherungsteuer unterliegt;

b) die Leistungen, die darin bestehen, dass anderen Personen Versicherungsschutz verschafft wird;

§ 4 Nr. 11 UStG

die Umsätze aus der Tätigkeit als Bausparkassenvertreter, Versicherungsvertreter und Versicherungsmakler;

§ 4 Nr. 12 UStG

a) die Vermietung und die Verpachtung von Grundstücken, von Berechtigungen, für die die Vorschriften des bürgerlichen Rechts über Grundstücke gelten, und von staatlichen Hoheitsrechten, die Nutzungen von Grund und Boden betreffen,

b) die Überlassung von Grundstücken und Grundstücksteilen zur Nutzung auf Grund eines auf Übertragung des Eigentums gerichteten Vertrags oder Vorvertrags,

c) die Bestellung, die Übertragung und die Überlassung der Ausübung von dinglichen Nutzungsrechten an Grundstücken.

§ 4 Nr. 15 UStG

die Umsätze der gesetzlichen Träger der Sozialversicherung, der gesetzlichen Träger der Grundsicherung für Arbeitsuchende nach dem Zweiten Buch Sozialgesetzbuch sowie der gemeinsamen Einrichtungen nach § 44b Abs. 1 des Zweiten Buches Sozialgesetzbuch, der örtlichen und überörtlichen Träger der Sozialhilfe sowie der Verwaltungsbehörden und sonstigen Stellen der Kriegsopferversorgung einschließlich der Träger der Kriegsopferfürsorge

a) untereinander,

b) an die Versicherten, die Bezieher von Leistungen nach dem Zweiten Buch Sozialgesetzbuch, die Empfänger von Sozialhilfe oder die Versorgungsberechtigten. Das gilt nicht für die Abgabe von Brillen und Brillenteilen einschließlich der Reparaturarbeiten durch Selbstabgabestellen der gesetzlichen Träger der Sozialversicherung.

Steuerpflichtige Umsätze werden mit einem Steuersatz von derzeit 19 % (§ 12 Abs. 1 UStG) bzw. mit dem ermäßigtem Steuersatz von 7 % (§ 12 Abs. 2 UStG) versteuert. Unter den Voraussetzungen des § 15 UStG kann der Unternehmer bei von anderen Unternehmen bezogenen Lieferungen und Leistungen die ihm in Rechnung gestellte Umsatzsteuer als Vorsteuer zum Abzug bringen (siehe Abb. 9.2). Dies setzt allerding eine ordnungsgemäße Rechnung i.S. d. § 14 UStG voraus. Unter Inanspruchnahme der Regelung des § 19 Abs. 1 UStG zur „Besteuerung von Kleinstunternehmern" kann von der Erhebung der Umsatzsteuer abgesehen werden, wenn der steuerpflichtige Umsatz zuzüglich der darauf entfallenden Steuer im vorangegangenen Kalenderjahr 17.500 Euro nicht überstiegen hat und im laufenden Kalenderjahr 50.000 Euro voraussichtlich nicht übersteigen wird. In diesem Fall kann allerdings auch keine Vorsteuer geltend gemacht werden.

Der Unternehmer hat gemäß § 18 Abs. 3 UStG für das Kalenderjahr oder für den kürzeren Besteuerungszeitraum eine Steuererklärung nach amtlich vorgeschriebenem Vordruck abzugeben, in dem er die zu entrichtende Steuer oder den Überschuss, der sich zu seinen Gunsten ergibt, selbst zu berechnen hat. Wenn andere Einkunftsarten hinzukommen, kann es sogar sein, dass monatliche Umsatzsteuervoranmeldungen erstellt werden müssen. Beträgt die Umsatzsteuer für das vorangegangene Kalenderjahr mehr als 6.136 Euro, ist der Kalendermonat Voranmeldungszeitraum.

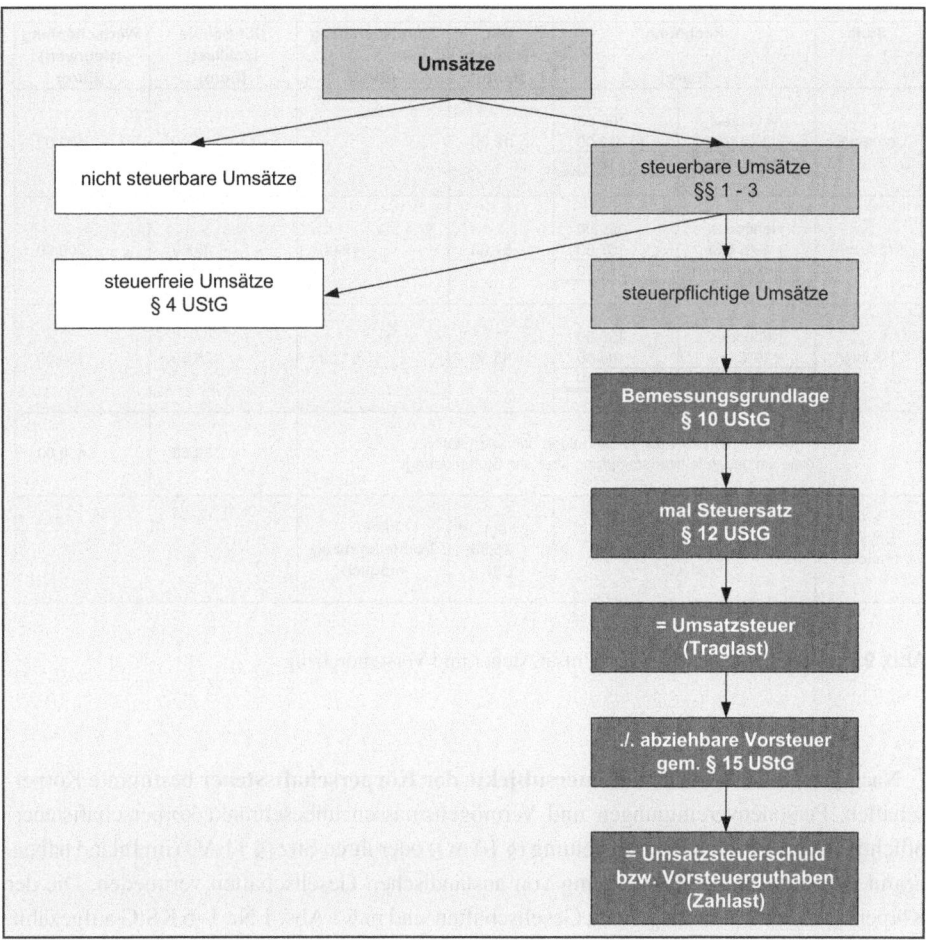

Abb. 9.1 Vereinfachtes Prüfungsschema zur Umsatzsteuer

9.4 Körperschaftsteuer

Die Körperschaftsteuer, abgekürzt KSt, ist die Steuer, die auf das Einkommen von inländischen juristischen Personen wie beispielsweise Kapitalgesellschaften, Genossenschaften oder Vereinen erhoben wird. Sie beträgt 15 % des zu versteuernden Einkommens. Auf Basis der Steuerbilanz wird durch verschiedene Korrekturen, welche die Steuergesetze vorgeben, das maßgebliche Einkommen ermittelt. Es muss jährlich mit der Körperschaftsteuererklärung beim zuständigen Finanzamt gemeldet werden. Die Körperschaftsteuer ist nicht die einzige Unternehmensteuer. Sie wird durch die Gewerbesteuer und die Einkommensteuer auf unternehmerische Einkünfte ergänzt.

Wie bei der Einkommensteuer ist bei der Körperschaftsteuer zwischen unbeschränkter und beschränkter Steuerpflicht zu unterscheiden.

Stufe	Rechnung [Euro]		USt (Traglast) [Euro]	Vorsteuerabzug [Euro]	USt-Schuld (Zahllast) [Euro]	Wertschöpfung (Mehrwert) [Euro]
Urerzeuger	Nettopreis + 19% USt = Verkaufspreis	100,00 19,00 119,00	19,00	-	19,00	100,00
Produzent	Nettopreis + 19% USt = Verkaufspreis	300,00 57,00 357,00	57,00	19,00	38,00	200,00
Händler	Nettopreis + 19% USt = Verkaufspreis	450,00 85,50 535,50	85,50	57,00	28,50	150,00
	Summe der Umsatzsteuerschulden über alle Stufen sowie die gesamte Wertschöpfung über alle Stufen beträgt:				85,50	450,00
Endverbraucher	zahlt Verkaufspreis in Höhe von **535,50** Euro inkl. USt		trägt **85,50** USt	kein Vorsteuerabzug möglich		

Abb. 9.2 Berechnungsbeispiel zur Umsatzsteuer und Vorsteuerabzug

Nach § 1 Abs. 1 KStG sind **Steuersubjekte der Körperschaftssteuer** bestimmte Körperschaften, Personenvereinigungen und Vermögensmassen unbeschränkt körperschaftsteuerpflichtig, wenn sie ihre Geschäftsleitung (§ 10 AO) oder ihren Sitz (§ 11 AO) im Inland haben. Somit wird eine Doppelbesteuerung von ausländischen Gesellschaften vermieden. Die der Körperschaftsteuer unterliegenden Gesellschaften sind in § 1 Abs. 1 Nr. 1–6 KStG aufgezählt, wobei die Aufzählung im Klammerzusatz des § 1 Abs. 1 Nr. 1 KStG seit der Änderung durch Art. 3 Nr. 2 SEStEG nicht mehr abschließend ist. Eine Erweiterung der unbeschränkten Körperschaftsteuerpflicht im Wege der Auslegung ist gemäß R 2 Abs. 1 KStR 2004 unzulässig.

Die unbeschränkte Körperschaftsteuerpflicht erstreckt sich nach § 1 Abs. 2 KStG auf sämtliche Einkünfte. Es gilt das Welteinkommensprinzip. Ist weder die Geschäftsleitung noch der Sitz im Inland gelegen, so sind Körperschaften, Personenvereinigungen und Vermögensmassen mit ihren inländischen Einkünften beschränkt steuerpflichtig (§ 2 Nr. 1 KStG, § 8 Abs. 1 KStG i.V.m. § 49 EStG). Zu beachten sind Doppelbesteuerungsabkommen.

Ferner sind Körperschaften des öffentlichen Rechts mit ihren kapitalertragsteuerpflichtigen Einnahmen, also zum Beispiel Zinserträgen, beschränkt steuerpflichtig (§ 2 Nr. 2 KStG). Sie müssen keine Körperschaftsteuererklärung abgeben, mit dem Abzug von Abgeltungsteuer ist das Besteuerungsverfahren abgeschlossen. Für die beschränkt steuerpflichtigen Gesellschaften gilt ein ermäßigter Abgeltungssteuersatz von 15 % analog dem Steuersatz für andere juristische Personen.

Von der Körperschaftsteuer befreit sind unter anderem Unternehmen des Bundes, politische Parteien im Sinne des § 2 PartG sowie gemeinnützigen, mildtätigen oder kirchlichen Zwecken dienende Körperschaften, wenn kein wirtschaftlicher Geschäftsbetrieb unterhalten wird (§ 5 Abs. 1 KStG, §§ 51 ff. AO).

Diese subjektiven Steuerbefreiungen gelten jedoch nicht für inländische Einkünfte, die dem Steuerabzug unterliegen. Deswegen werden die steuerbefreiten Körperschaften auch als „partiell steuerpflichtig" bezeichnet.

Die Befreiungen gelten zudem nicht für beschränkt Steuerpflichtige (§ 2 Abs. 1 KStG, § 5 Abs. 2 Nr. 2 KStG), mit Ausnahme von beschränkt steuerpflichtigen Körperschaften, die gemeinnützigen, mildtätigen oder kirchlichen Zwecken dienen (§ 5 Abs. 1 Nr. 9 KStG), nach den Rechtsvorschriften eines EU-/EWR-Mitglieds gegründete Gesellschaften (Art. 54 AEUV/Art. 34 EWR-Vertrag) sind und ihren Sitz sowie ihre Geschäftsleitung in einem Mitgliedstaat haben, mit dem ein Amtshilfeabkommen besteht.

Der Steuersatz beträgt laut § 23 Abs. 1 KStG 15 % des zu versteuernden Einkommens, der Steuerbetrag wird auf volle Euro abgerundet. Zusätzlich werden 5,5 % von diesem Steuerbetrag als Solidaritätszuschlag erhoben, sodass der Steueranteil insgesamt einheitlich 15,825 % des zu versteuernden Einkommens beträgt. Somit entspricht die Ermittlung des zu zahlenden Körperschaftsteuerbetrags einem proportionalen Tarif, was einen wesentlichen Unterschied zur Einkommensteuer mit Steuerprogression darstellt.

Gemäß § 7 Abs. 1 KStG bemisst sich die Körperschaftsteuer nach dem zu versteuernden Einkommen. Der Gewinn der Steuerbilanz dient als Basis für die Einkommensermittlung. Grundsätzlich erfolgt diese nach den Vorschriften des EStG, besondere Regelungen des KStG gehen aber als „lex specialis" vor (§ 7 Abs. 2 KStG i.V.m. § 8 Abs. 1 KStG). Eine Liste der relevanten Vorschriften aus dem Einkommensteuergesetz findet sich in R 32 KStR 2004. Der ausgewiesene Gewinn in der Handelsbilanz ist eventuell zu korrigieren und ein ausgewiesener Bilanzgewinn, in dem auch Gewinn- oder Verlustvorträge des Vorjahres enthalten sind, und muss in den Jahresüberschuss umgerechnet werden. Dies ist beispielsweise dann erforderlich, wenn Unterschiede zwischen Handels- und Steuerrecht in der Bewertung des Anlagevermögens auftreten. Unterjährige Gewinnausschüttungen sind hinzuzurechnen und müssen natürlich ebenfalls versteuert werden.

9.5 Gewerbesteuer

Die Gewerbesteuer (GewSt) wird als Gewerbeertragsteuer auf die objektive Ertragskraft eines Gewerbebetriebes in Höhe von mindestens 7 % des Ertrags erhoben.

Eine ertragsunabhängige Besteuerung der Substanz des Gewerbebetriebs erfolgte bis 1997 mit der Gewerbekapitalsteuer, seitdem nur noch in den Gewinnhinzurechnungen, die bestimmte Finanzierungskosten in die gewerbesteuerliche Bemessungsgrundlage einbeziehen. Mit der Unternehmenssteuerreform 2008 wurde diese Komponente ausgeweitet. Ziel war es, das Gewerbesteueraufkommen zu verstetigen.

Die Gewerbesteuer ist die wichtigste originäre Einnahmequelle der Gemeinden in Deutschland. Sie ist eine deutsche Ausnahmeerscheinung und im Ausland in vergleichbarer Form nicht anzutreffen. Es handelt sich nach § 3 Abs. 2 AO um eine Realsteuer oder Sachsteuer, auch wenn diese Einordnung nach der Abschaffung der Gewerbekapitalsteuer und der Lohnsummensteuer umstritten ist. Die Gewerbesteuer zählt zu den Gemeindesteuern und den Objektsteuern. Rechtsgrundlage ist das Gewerbesteuergesetz (GewStG), die Gewerbesteuer-Durchführungsverordnung sowie als allgemeine Verwaltungsvorschriften die Gewerbesteuer-Richtlinien.

Besteuert werden Gewerbebetriebe, die entweder über ihre Rechtsform als Kapitalgesellschaft oder über ihre gewerbliche Tätigkeit im Sinne des Einkommensteuerrechts (Einzelunternehmen und Personengesellschaften) erfasst werden. Dabei wird für natürliche Personen und Personengesellschaften ein Freibetrag von 24.500 € gewährt (§ 11 Abs. 1 Nr. 1 GewStG). Für sonstige juristische Personen des privaten Rechts (z. B. Vereine) und nichtrechtsfähige Vereine, soweit sie einen wirtschaftlichen Geschäftsbetrieb (ausgenommen Land- und Forstwirtschaft) unterhalten, gilt ein Freibetrag von 5.000 € (§ 11 Abs. 1 Nr. 2 GewStG). Freiberufliche oder andere nichtgewerbliche selbstständige Tätigkeiten unterliegen nicht der Gewerbesteuer. Land- und forstwirtschaftliche Betriebe werden nur besteuert, wenn sie im Handelsregister eingetragen sind oder der Umsatz, der mit gewerblichen Dienstleistungen erzielt wird, 5.000 € übersteigt.

Ausgangsbasis für die Bemessung der Gewerbesteuer ist der Gewerbeertrag. Dies ist der nach Einkommensteuer- bzw. Körperschaftsteuerrecht zu bestimmende Gewinn. Im Regelfall wird der Gewinn bzw. Verlust übernommen und im Einzelfall um bestimmte Beträge erhöht (Hinzurechnungen, § 8 GewStG) oder vermindert (Kürzungen, § 9 GewStG). Sowohl Hinzurechnungen als auch Kürzungen verfolgen verschiedene Ziele, die teilweise damit begründet werden, dass die Bemessungsgrundlage die objektive Ertragskraft – von der Finanzierungsentscheidung des Unternehmers im Einzelfall unabhängiger, realer Gewerbeertrag – eines Gewerbebetriebs abbilden soll. Nach der ursprünglichen Vorstellung des Gesetzgebers arbeitet ein angenommener fiktiver Standardbetrieb mit eigenem Kapital, mit eigenen Maschinen, jedoch in fremden (angemieteten) Räumen. Die Vorschriften über Hinzurechnungen und Kürzungen haben sich jedoch auch aus fiskalischen Gründen mehrfach geändert, sodass umstritten bleibt, welche Hinzurechnungen bzw. Kürzungen mit diesem Ziel begründet werden können.

9.6 Gemeinnützigkeit

Die Gemeinnützigkeit definiert sich in Deutschland aus § 52 Abgabenordnung (AO).
Nach § 52 Abs. 2 AO sind u. a. folgende Ziele als gemeinnützig anzuerkennen:

- die Förderung von Wissenschaft und Forschung
- die Förderung von Bildung und Erziehung
- die Förderung von Kunst und Kultur
- die Förderung von Völkerverständigung
- die Förderung des Denkmalschutzes und der Denkmalpflege

- die Förderung des Naturschutzes und der Landschaftspflege
- die Förderung des Heimatgedankens
- die Förderung des traditionellen Brauchtums
- die Förderung des Tierschutzes
- die Förderung des Sportes
- die Förderung der Entwicklungszusammenarbeit
- die Förderung des bürgerschaftlichen Engagements zugunsten gemeinnütziger, mildtätiger und kirchlicher Zwecke (seit 1. Januar 2007)

Bei der Gründung einer steuerbegünstigten Körperschaft empfiehlt sich eine frühzeitige Abstimmung der Satzung (Verein) oder des Gesellschaftsvertrages (GmbH) mit dem Finanzamt. Nach der Gründung kann beim Finanzamt die Ausstellung einer vorläufigen Bescheinigung über die Steuerbegünstigung beantragt werden. Diese vorläufige Bescheinigung bestätigt jedoch nur, dass die satzungsmäßigen Voraussetzungen für die Steuerbegünstigung vorliegen. Danach prüft das Finanzamt turnusmäßig alle drei Jahre, ob die Gemeinnützigkeitsgrundsätze eingehalten werden und erteilt dann einen Freistellungsbescheid (Anwendungserlass zu § 59 Abgabenordnung). Dieser berechtigt dann höchstens fünf Jahre lang zur Ausstellung von Zuwendungsbestätigungen (Spendenbescheinigungen).

Die Anerkennung als gemeinnützig kann rückwirkend unter den Voraussetzungen der §§ 61, 64 AO entzogen werden.

Für viele Unternehmen kann die Beantragung der Gemeinnützigkeit von Interesse sein: Bzgl. der Körperschaftsteuer führt die Gemeinnützigkeit zu einigen Vorteilen. Einnahmen sind bis zu einem Betrag von 35.000 € jährlich steuerunschädlich (§ 64 Abs. 3 AO). Liegen die Einnahmen über dieser Grenze, entfällt die steuerliche Privilegierung, es sei denn die Einnahmeerzielung gehört notwendigerweise zur gemeinnützigen Tätigkeit, dann liegt ein sog. Zweckbetrieb vor. In der Praxis sind lediglich die in §§ 66 bis § 68 AO benannten Zweckbetriebe von Bedeutung, z. B. Krankenhäuser, Wohlfahrtspflegeeinrichtungen, Wissenschaft, Bildung und Kultur unter den jeweiligen besonderen Voraussetzungen.

Hinsichtlich der Umsatzsteuer treten ebenfalls einige steuerrechtliche Erleichterungen ein. Das Umsatzsteuergesetz sieht einige Befreiungen von der Umsatzsteuer vor – so z. B. in den Fällen der § 4 Nr. 12 UStG, § 4 Nr. 18 UStG, § 4 Nr. 20 a UStG, § 4 Nr. 22a UStG, § 4 Nr. 22 b UStG, § 4 Nr. 23 UStG und § 4 Nr. 25 UStG. Wenn die Körperschaft zur Erreichung ihrer gemeinnützigen Zwecke unternehmerisch tätig wird und die erbrachten Leistungen nicht nach § 4 UStG von der Umsatzsteuer befreit sind, unterliegen die Leistungen der Umsatzsteuer. Ein steuerpflichtiger wirtschaftlicher Geschäftsbetrieb kann u. U. zum ermäßigten Steuersatz § 12 Abs. 2 Nr. 8 UStG erfolgen.

Weiterführende Literatur

Augsten, U. (2008). *Steuerrecht in Nonprofit-Organisationen*. Wiesbaden: Gabler.
Birk, D., Desens, M., & Tappe, H. (2015). *Steuerrecht*. Heidelberg: CF Müller GmbH.
Bornhofen, M., & Bornhofen, M. C. (2008a). *Steuerlehre 1 Rechtslage 2008: Allgemeines Steuerrecht, Abgabenordnung, Umsatzsteuer*. Berlin: Springer-Verlag.

Bornhofen, M., & Bornhofen, M. C. (2008b). *Steuerlehre 2 Rechtslage* 2007, Vol. 2. Wiesbaden: Gabler Verlag.

Campenhausen, O., & Grawert, A. (2011). *Steuerrecht im Überblick: Zusammenfassungen und Grafiken. Schäffer-Poeschel Verlag für Wirtschaft.* Stuttgart: Steuern, Recht GmbH.

Halaczinsky, R., & Hendricks, L. (2013). *Steuerrecht und betriebliche Steuerlehre: Umsatzsteuer, Einkommensteuer, Körperschaftsteuer, Abgabenordnung, Gewerbesteuer, Internationales Steuerrecht, Lohnsteuer, Grundsteuer, Grunderwerbsteuer, Umwandlungssteuerrecht.* Frankfurt: Beck, CH.

Kußmaul, H. (2000). *Betriebswirtschaftliche Steuerlehre.* München: Oldenbourg.

Rose, G. (2013). *Die Ertragsteuern: Einkommensteuer, Körperschaftsteuer, Gewerbeertragsteuer.* Vol. 1. Berlin: Springer-Verlag.

Scheffler, W. (2016). *Besteuerung von Unternehmen I*, Vol. 1. Heidelberg: CF Müller GmbH.

Tipke, K., & Lang, J. (2002). *Steuerrecht.* (18. völlig überarbeitete Aufl.). Köln: Schmidt Verlag.

Weidmann, C., & Kohlhepp, R. (2009). *Die gemeinnützige GmbH.* Wiesbaden: Springer Fachmedien.

Projektmanagement 10

Der Begriff „Projekt" erfährt im betriebswirtschaftlichen bzw. unternehmerischen Umfeld eine nahezu inflationäre Verwendung. Ob es sich um die Entwicklung oder Markteinführung neuer Produkte bzw. Innovationen handelt, oder ob es sich etwa um eine Zertifizierung eines Qualitätsmanagementsystems oder einer Umweltmanagementsystems handelt; ob neue Absatzmärkte erschlossen oder eine neue IT-Infrastruktur im Unternehmen aufgebaut wird – all diese Vorgänge werden allgemein und richtig als Projekt bezeichnet. In diesem Kapitel möchten wir uns mit den Grundlagen des Projektmanagements vertraut machen und die Gemeinsamkeiten herausarbeiten, die sich regelmäßig bei Projekten ganz gleich welchen Umfelds zeigen. Das gute Projektmanagement liefert die Grundlage und das Fundament, um kleine wie umfangreiche Vorhaben erfolgreich – das heißt effizient und effektiv - durchzuführen, ohne sich von auftretenden Hürden und Problemen aus der überlegten Bahn werfen zu lassen.

10.1 Grundlagen

10.1.1 Projekt

Es gibt eine Vielzahl von Definitionen des Projektbegriffes, die je nach Umfeld bzw. Kontext zum Tragen kommen. Bereits ein Blick in eine gängige Definition nach DIN 69901 zeigt die Komplexität des Begriffes auf:

Nach DIN 69901 ist ein **Projekt** eine Aufgabe, die im Wesentlichen durch eine Einmaligkeit der Bedingungen in ihrer Gesamtheit gekennzeichnet ist. Bedingungen können dabei bestimmte Zielvorgaben, zeitliche, finanzielle wie personelle Ausstattung sein oder auch die eigene projektspezifische Organisation oder gar eine Interdisziplinarität der Aufgabenstellung selbst. Nach DIN 69901 ist die Komplexität einer Aufgabe kein Beurteilungskriterium für ein Projekt. Die Einmaligkeit der Projekte – im Gegensatz zu den üblichen „Routineaufgaben in einem Betrieb" – bedingt eine Fülle von projektspezifischen Anforderungen an die Unternehmensführung, an das Management und an die Projektleitung.

Wir können also folgende Merkmale eines Vorhabens festhalten, die ein Projekt charakterisieren:

- **befristet:** Es gibt einen konkreten Anfang und ein konkretes Ende.
- **einmalig:** Es ist keine vollständige Reproduktion aus der Vergangenheit möglich; dies führt zwangsläufig zu Unsicherheiten. Damit existiert ein Risiko.
- **komplex:** Es besteht die Notwendigkeit zur Koordination vieler Teilschritte.
- **abteilungsübergreifend:** Es geht über Ressortgrenzen hinaus.
- **grundlegend:** Es führt zu wesentlichen Veränderungen in einer Struktur.

Folgende Vorhaben stellen Projekte dar:

- Die Errichtung des Offshore-Windparks in der Nordsee
- Die Entwicklung eines „Smart Meter[1]" durch ein Unternehmen
- Einführung eines „ERP-Systems"[2]
- Forschungsvorhaben zum Monitoring der Biodiversität von Almen
- Der Rückbau eines Atomkraftwerkes
- Einführung eins Umweltmanagementsystem in einem Unternehmen

Es gibt demnach eine unüberschaubare Vielzahl von Projekten. Je nach ihrem Arbeitsgebiet im Betrieb müssen Sie sich mit unterschiedlichen Ansätzen vertraut machen. Nachfolgend ein Überblick über einige gängige Definitionsansätze:

Verschiedene Definitionsansätze zum Projektbegriff

„Ein Projekt ist ein Vorhaben, das im Wesentlichen durch die Einmaligkeit aber auch Konstante der Bedingungen in ihrer Gesamtheit gekennzeichnet ist, wie z. B. Zielvorgabe, zeitliche, finanzielle, personelle und andere Begrenzungen; Abgrenzung gegenüber anderen Vorhaben; projektspezifische Organisation." (DIN 69901 des Deutschen Instituts für Normung e. V.)

---

[1] Ein intelligenter Zähler, auch englisch Smart Meter genannt, ist ein Zähler für Energie, z. B. Strom oder Gas, der dem jeweiligen Anschlussnutzer den tatsächlichen Energieverbrauch und die tatsächliche Nutzungszeit anzeigt und in ein Kommunikationsnetz eingebunden ist.

[2] ERP steht für „Enterprise-Resource-Planning". Es bezeichnet die unternehmerische Aufgabe, Ressourcen wie Kapital, Personal, Betriebsmittel, Material, Informations- und Kommunikationstechnik, IT-Systeme im Sinne des Unternehmenszwecks rechtzeitig und bedarfsgerecht zu planen und zu steuern. Ein solches IT-System gewährleistet einen effizienten betrieblichen Wertschöpfungsprozess und eine stetig optimierte Steuerung der unternehmerischen und betrieblichen Abläufe.

"Ein Projekt ist ein zeitlich begrenztes Unternehmen, das unternommen wird, um ein einmaliges Produkt, eine Dienstleistung oder ein Ergebnis zu erzeugen." (Project Management Body of Knowledge des amerikanischen Project Management Institute)

"Ein Projekt ist eine für einen befristeten Zeitraum geschaffene Organisation, die mit dem Zweck eingerichtet wurde, ein oder mehrere Produkte in Übereinstimmung mit einem vereinbarten Business Case zu liefern." (Britisches Office of Government Commerce (OGC) der britischen Regierung)

"Ein Projekt ist ein zeit- und kostenbeschränktes Vorhaben zur Realisierung einer Menge definierter Ergebnisse entsprechend vereinbarter Qualitätsstandards und Anforderungen (Erfüllung der Projektziele)" (IPMA Competence Baseline der International Project Management Association)

"Ein Projekt ist eine sachlich und zeitlich begrenzte Aufgabe, die interdisziplinär angegangen wird." (Blazek 1994)

Ein Projekt ist eine „einzigartige Menge von zielgerichteten Prozessen, die aus koordinierten und kontrollierten Aktivitäten mit definierten Anfangs- und Endzeiten bestehen. Die Zielerreichung erfordert spezifischen Anforderungen genügende Ergebnisse und kann mehreren in der Norm [...] beschriebenen Einschränkungen, z. B. Fristen, Kosten, Ressourcen usw., unterliegen" (ISO 21500:2012)

Welche der Definitionen zum Tragen kommt, hängt ganz von der Besonderheit der Aufgabe und des Kontextes des Projektes ab. Geht es um Projekte wie beispielsweise das Umsetzen eines Umweltmanagementsystems, das nach der ISO 14001 zertifiziert werden soll, so ist es sinnvoll, auf die Projektdefinition aus der ISO 21500 abzustellen.

10.1.2 Projektmanagement – Definition

Ebenso wie zum Begriff des Projektes gibt es je nach Norm unterschiedliche Definitionen des Begriffes Projektmanagement. Es kann allgemein wie folgt definiert werden:

▶ Der Begriff **Projektmanagement** beschreibt die Leitung und Organisation eines Projektes. Projektmanagement (oft auch als PM abgekürzt) umfasst damit die Koordination und Steuerung aller Elemente, die zur Zielerreichung eines Projektes beitragen.
Das Projektmanagement umfasst nach Definition der DIN 69901 die Führungsaufgaben, -organisation, -techniken und -mittel zur erfolgreichen Abwicklung eines Projekts.
Allgemeiner definiert das Project Management Institute (PMI) im PMBOK das PM als Anwendung von Wissen, Fähigkeiten, Methoden und Techniken auf die Vorgänge innerhalb eines Projekts.

Beim Projektmanagement geht es vor allem um die Abstimmung aller Vorgänge, die während eines Projektablaufs auf ein Unternehmen zukommen. Das Projekt wird so gegliedert, dass ein systematisches Vorgehen möglich ist und die Planung und Überwachung einzelner Abläufe einfacher wird. Projektmanagement umfasst die Führung und Koordination in sämtlichen Bereichen des Projekts, das heißt die Definition, Planung, Steuerung und das Erreichen der angestrebten Ziele. Durch professionelles Projektmanagement werden Projektorganisation und Teamarbeit gleichermaßen optimiert und so das zielorientierte und effektive Arbeiten gefördert.

Bei einem großen Projekt sind Transparenz und Kommunikation im Team besonders wichtig, da es nur so zu einem planvollen Ablauf und zur gemeinsamen Zielerreichung kommt.

Die Norm bietet allgemeine Beschreibungen von Begriffen und Prozessen, die im Projektmanagement als bewährte Praxis gelten. ISO 21500 kann von Organisationen jeglicher Art, einschließlich privaten, staatlichen oder gemeinschaftlichen Organisationen auf Projekte aller Art ungeachtet ihrer Komplexität, Größe und Dauer angewendet werden. Weitere interessante und nützliche Normen in diesem Kontext sind die ISO 10006 – Qualitätsmanagementsysteme, der Leitfaden für Qualitätsmanagement in Projekten, die DIN 69901 – Projektmanagementsystem und die DIN 69909 -Multiprojektmanagement.

10.1.3 Ziele und Restriktionen

Jedes Projekt verfolgt Ziele. Ganz gleich welches Projekt wir betrachten, so fällt auf, dass die Ziele und die Zielerreichung von drei Größen bestimmt werden – nämlich von der Zeit, von den Kosten und von der Qualität des Ergebnisses. Die drei Größen stehen in einer konkurrierenden Zielbeziehung zueinander. Als Projektmanager ist man dafür verantwortlich, die Kostenvorgaben im Projekt einzuhalten. So darf etwa ein vorgegebenes Budget nicht überschritten werden. Der Projektmanager sollte termintreu arbeiten, d. h. ein Ziel ist in einen bestimmten Zeitraum zu erreichen. Ferner muss bei jedem Projekt das produzierte Ergebnis eine gewisse Qualität aufweisen. Diese drei Aspekte: Ergebnis (Qualität), Kosten (Budget) und Zeit (Termin) bilden die Eckpunkte des sog. *„Magischen Dreiecks des Projektmanagements"*, wie in Abb. 10.1 dargestellt.

Vor Projektbeginn werden die drei Größen definiert und priorisiert, anschließend wird darauf die Projektsteuerung aufgebaut. Der Parameter Zeit steht für die Projektlaufzeit und beinhaltet Projektstart und -ende sowie alle einzuhaltenden Termine, die das Projekt strukturieren. Mit Kosten hingegen ist das Budget gemeint, das vor Projektbeginn festgelegt wird und nicht überschritten werden sollte. Die Leistung eines Projekts ist durch die mit den Stakeholdern besprochenen inhaltlichen Zielen bestimmt. Wird eine der drei Größen verändert, so hat dies direkte Auswirkungen auf die beiden anderen Größen. Um die Projektziele trotzdem zu erreichen, müssen Änderungen in einem Parameter durch die

10.2 Projektablauf – Phasen

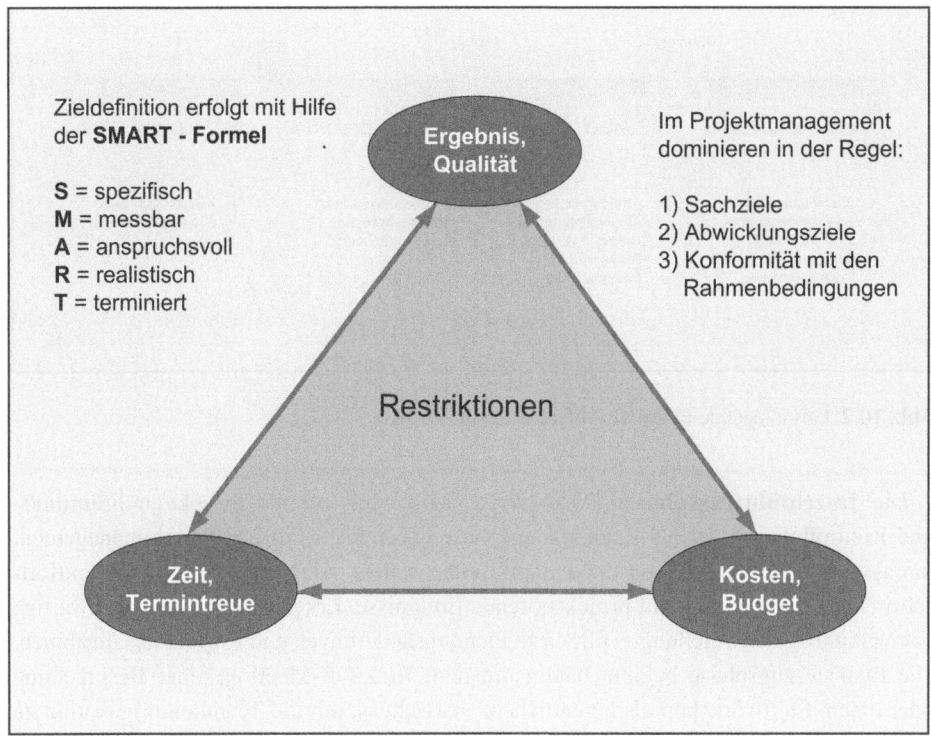

Abb. 10.1 Ziele und Restriktionen im Projektmanagement

anderen beiden Größen ausgeglichen werden. Dies führt zwangsläufig zu einer Veränderung aller drei Parameter.

10.2 Projektablauf – Phasen

Ein Projekt durchläuft sichtlich mehrere Phasen. Diese Phasen können wie in Abb. 10.2 systematisiert werden.

Auf die **Projektinitiierung** folgt die

Projektdefinition: Das Ziel des Projekts wird festgelegt, Chancen und Risiken werden analysiert und die wesentlichen Inhalte angesetzt. Kosten, Ausmaß und Zeit werden grob geschätzt; bei großen Projekten kann dies durch eine Machbarkeitsstudie unterstützt werden. Am Ende dieser Phase steht der formelle Projektauftrag.

Projektplanung: In dieser Phase wird das Team organisiert. Es werden Aufgabenpläne, Ablaufpläne, Terminpläne, Kapazitätspläne, Kommunikationspläne, Kostenpläne, Qualitätspläne und das Risikomanagement angelegt. Hierbei spielen so genannte Meilensteine eine wichtige Rolle.

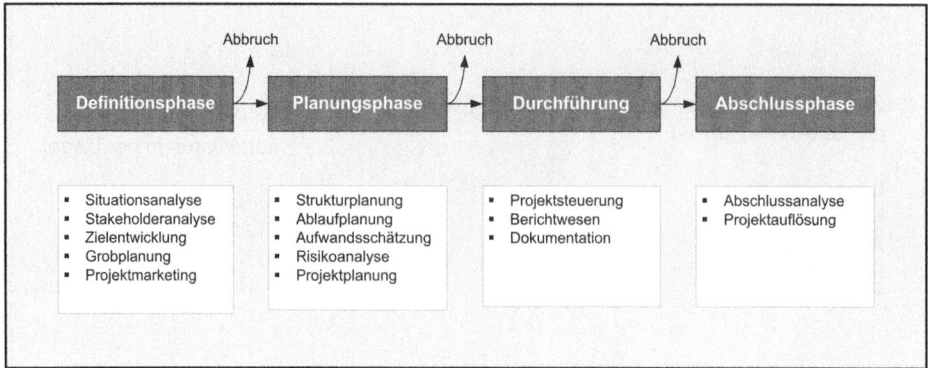

Abb. 10.2 Grundlegende Phase im Ablauf eines Projektes

Die **Durchführungsphase:** Diese Phase wird auch oft als Projektdurchführungs- und Kontrollphase oder als Realisierungsphase bezeichnet. Für das Projektmanagement umfasst sie – abgesehen von der Durchführung selbst – die Kontrolle des Projektfortschritts und die Reaktion auf projektstörende Ereignisse. Erkenntnisse über gegenwärtige oder zukünftige Abweichungen führen zu Planungsänderungen und Korrekturmaßnahmen. Die Realisierungsphase beginnt häufig mit dem Kick-Off-Meeting, einer Besprechung oder einem Startworkshop als eigentlichem Startschuss, um die Teamkommunikation zu fördern und um das Ziel bekannt zu geben. Für den Projektleiter stellt das Kick-Off-Meeting auch eine Plattform dar, um sich gut zu präsentieren. Ab diesem Moment ist es äußerst wichtig, dass jeder Projektbeteiligte Zugriff auf den Projektplan hat und dieser auch permanent undzuverlässig aktualisiert wird. Es kann in jedem Projekt zu Abweichungen vom ursprünglichen Ablaufplan kommen, deshalb muss womöglich sogar die Projektplanung aktualisiert werden. Es sollte die Festlegung eines einfachen Berichtsformats für die regelmäßigen Projektstatussitzungen erfolgen. Die in der Planungsphase definierten Aufgaben bzw. Arbeitspakete werden bei gleichzeitiger Rückkopplung zu anderen Aufgaben und zum Gesamtauftrag von den jeweiligen Teammitgliedern abgearbeitet. Die Realisierungsphase eines Projektes beinhaltet zusammenfassend folgende Aufgaben: Arbeitspakete erledigen, Planung der Termine und Aktualisierung der Arbeitspakete, Steuerung bei Abweichungen, Kommunikation zwischen den Arbeitsgruppen, umfassende Information an wichtigen Projektpunkten, die Abnahme der Teilerfolge und die Präsentation der Meilensteinergebnisse. Regelmäßig werden Projektmeetings durchgeführt, um die Kommunikation sicherzustellen. Diese geben dem Projektmanager eine gute Möglichkeit, um auf Probleme einzugehen und um sowohl das Team, als auch Vorgesetzte über Änderungen zu informieren.

Projektabschluss: Die Ergebnisse werden präsentiert und in dokumentierter Form übergeben. In einem Review wird das Projekt rückblickend bewertet; die gemachten

10.2 Projektablauf – Phasen

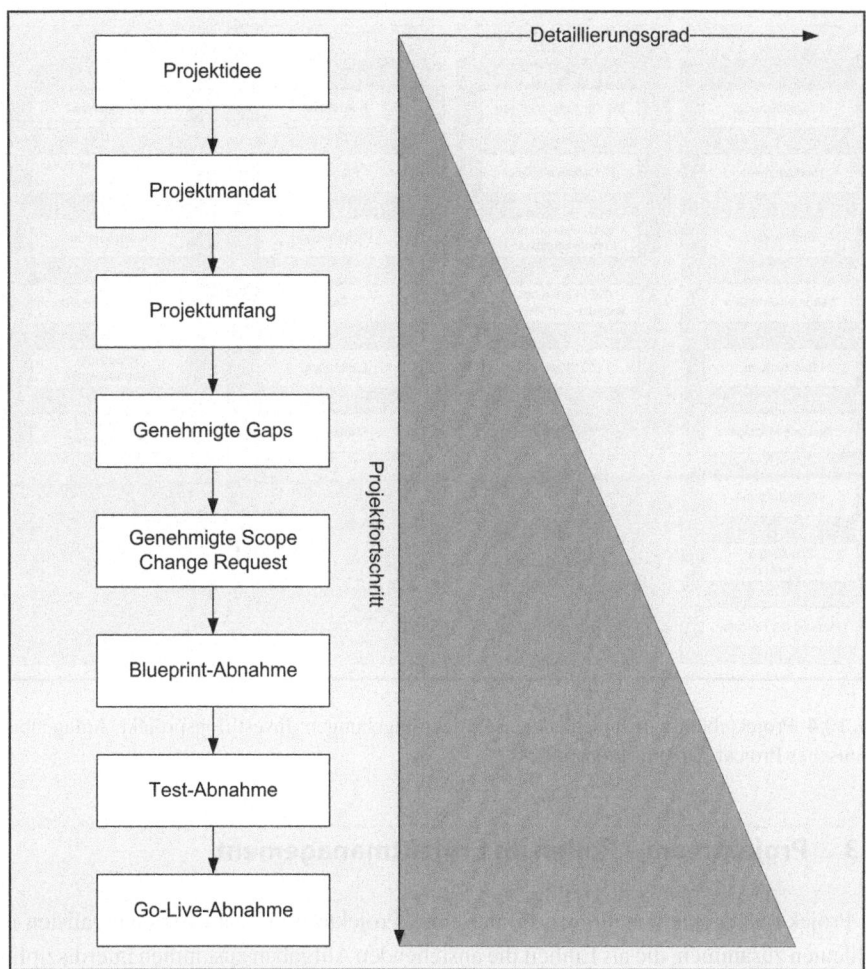

Abb. 10.3 Projektphasen in Softwareprojekten und IT-Projekten

Erfahrungen werden häufig in einem Lessons-Learned-Bericht festgehalten. Der Projektleiter wird vom Auftraggeber entlastet.

Nach jeder dieser Phasen ist ein Projektabbruch möglich, d. h. das Projekt wird abgebrochen, ohne dass die Projektziele erreicht sind. Ein Projekt kann abgebrochen werden, weil das Ziel beispielsweise nicht mehr erreichbar ist oder die Kosten sich als zu hoch erweisen und die Gewinnschwelle (Break-Even-Point) nicht mehr erreicht werden kann.

Je nach Kontext und Rahmen des Projektes werden weitere Projektphasen definiert oder die obigen Projektphasen werden weiter unterteilt. Abb. 10.3 und 10.4 zeigen eine mögliche Einteilung von Projektphasen in spezifischen Situationen.

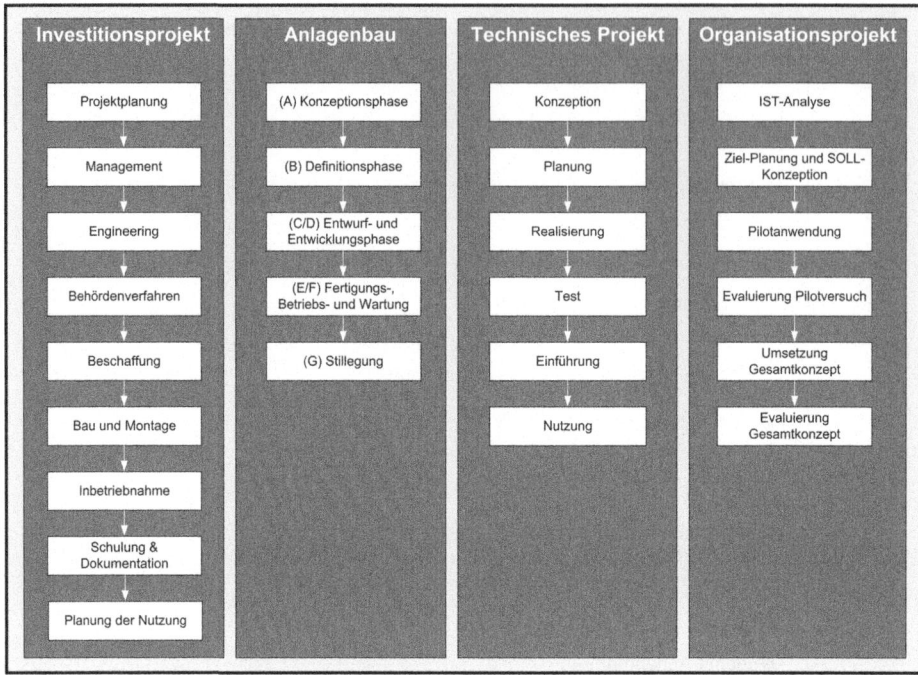

Abb. 10.4 Projektabläufe in verschiedenen Projektumgebungen: Investitionsprojekt, Anlagenbau, Technisches Projekt, Organisationsprojekt

10.3 Projektteam – Rollen im Projektmanagement

Das Projektmanagement stellt am Anfang eines Projektes ein Team aus Generalisten und Fachleuten zusammen, die als Einheit die anstehenden Aufgaben zusammen interdisziplinär erfolgreich erledigen. Das Team besteht über die Dauer des Projektes und befasst sich ausschließlich mit dem Projektgegenstand und nimmt an Sitzungen des Projektmanagements teil. Sie sind somit sowohl an der Projektdurchführung als auch in unterschiedlich hohem Maß an Entscheidungen der Projektleitung beteiligt. Das Team untersteht in der hierarchischen Ordnung dem Projektmanagement und dem Auftraggeber. Vom Projektmanagement zusammengestellte oder mit dem Team zusammen erarbeitete Verhaltens-, Kommunikations- und Konfliktregeln bieten den Zusammenhalt des Projektteams. In großen Projekten können allerdings noch andere hierarchische Konstellationen entstehen. Das Projektteam kann bei kleinen Projekten oft in Personalunion mit den Aufgaben der Projektausführung befasst sein und aus denselben Personen bestehen. Das Projektteam besteht im Idealfall aus hauseigenem Personal, für Teil- oder Fachaufgaben sollten Honorarkräfte herangezogen werden. Mit einem Kick-Off-Meeting beginnt das Team das Projekt.

Häufig stellt sich die Frage nach der optimalen **Teamgröße**.

Kleine Teams besitzen einige Vorteile. Die Steuerung des Teams ist umso einfacher, je kleiner das Team ist. Teamsitzungen können gut geplant werden. Abstimmungen

10.3 Projektteam – Rollen im Projektmanagement

sind einfach durchzuführen. Kommunikation und Informationsfluss verläuft in kleinen Gruppen meist ohne größere Komplikationen.

Große Teams haben den Vorzug, dass das kreative Potential in der Regel mit der Größe der Gruppe steigt. Ein großes Team kann häufig problemorientierter agieren. Allerdings steigen auch die konkurrierenden Zielbeziehungen zwischen den einzelnen Gruppenmitgliedern. Planungs- und Verwaltungsaufwand steigen, der Verständigungs- und Entscheidungsprozess bringt häufig Probleme mit sich.

Bei der **Auswahl der Projektmitarbeiter** sollten sowohl fachliche, als auch persönliche Kompetenzen und die Teamfähigkeit eine Beachtung finden.

Zu den zu berücksichtigenden **Fachlichen Kompetenzen** zählen:

- Fachkenntnisse
- methodische Kenntnisse
- Zusatzqualifikationen

Zu den zu berücksichtigenden **Persönliche Kompetenzen** zählen:

- Selbständigkeit
- Durchsetzungsvermögen
- Problemlösungskompetenz
- Analytisches und systematisches Denken
- Verantwortlichkeit für das Projekt
- Selbstorganisation
- Aufgeschlossenheit für das Projekt
- Aufgeschlossenheit für Stakeholder

Folgende Aspekte fallen in die Kategorie **Teamfähigkeit**:

- Kooperationsfähigkeit
- Diskussionsfähigkeit
- Kompromissfähigkeit
- Verantwortungsgefühl
- Interesse an persönlicher Weiterentwicklung

Die Rollen der Teamitglieder können wie in Abb. 10.5 dargestellt in neun Rollen eingeteilt werden.

Diese Rollendefinition nach Belbin (1993) ist eine gute Möglichkeit, um die Mitarbeiter im Team zu kategorisieren und zu analysieren. Nach den zentralen Erkenntnissen von Belbin sind Teams dann effektiv, wenn sie aus einer Vielzahl heterogener Persönlichkeits- und Rollentypen bestehen. Belbin unterscheidet in seiner Gliederung drei Hauptorientierungen, welche wiederum jeweils drei der neun Teamrollen umfassen. Drei handlungsorientierte Rollen sind: Macher (Shaper), Umsetzer (Implementer), Perfektionist (Completer, Finisher). Drei kommunikationsorientierte Rollen sind: Koordinator/Integrator (Co-ordinator), Teamarbeiter/Mitspieler (Teamworker), Wegbereiter/Weichensteller

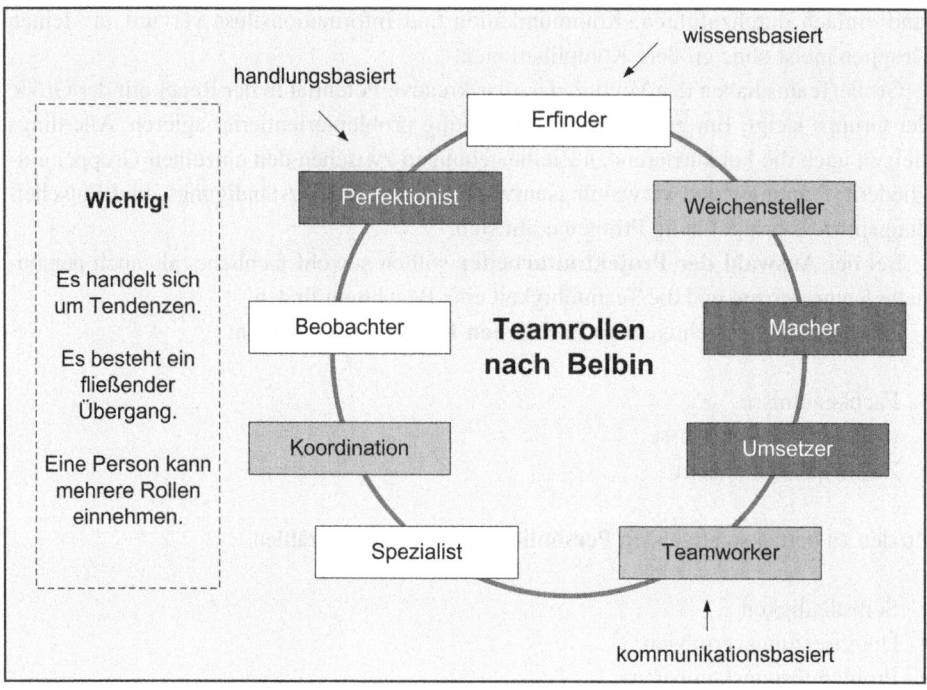

Abb. 10.5 Rollen im Projektteam

(Resource Investigator) und drei wissensorientierte Rollen sind: Neuerer/Erfinder (plant), Beobachter (Monitor Evaluator) und den Spezialisten (Specialist).

In Tab. 10.1 sind die Rollen, ihr Rollenbeitrag, ihre wesentlichen Charakteristika und mögliche Schwachen dargestellt.

Tab. 10.1 Teamrollen, Rollenbeiträge und Charakteristika und Schwächen nach Belbin

Teamrolle	Rollenbeitrag	Charakteristika	zulässige Schwächen
Beobachter	untersucht Vorschläge auf Machbarkeit	nüchtern, strategisch, kritisch	mangelnde Fähigkeit zur Inspiration
Koordinator/ Integrator	Unterstützt Entscheidungsprozesse	selbstsicher, vertrauensvoll	kann als manipulierend empfunden werden
Macher	hat Mut, Hindernisse zu überwinden	dynamisch, arbeitet gut unter Druck	ungeduldig, neigt zu Provokation
Neuerer/Erfinder	bringt neue Ideen ein	unorthodoxes Denken	oft gedankenverloren
Perfektionist	vermeidet Fehler, stellt optimale Ergebnisse sicher	gewissenhaft, pünktlich	überängstlich, delegiert ungern

Tab. 10.1 (Fortsetzung)

Teamrolle	Rollenbeitrag	Charakteristika	zulässige Schwächen
Spezialist	liefert Fachwissen u. Information	selbstbezogen, engagiert, Fachwissen zählt	verliert sich oft in technischen Details
Teamarbeiter, Mitspieler	verbessert Kommunikation, baut Reibungsverluste ab	kooperativ, diplomatisch	unentschlossen in kritischen Situationen
Umsetzer	setzt Pläne in die Tat um	diszipliniert, verlässlich, effektiv	Unflexibel
Wegbereiter/ Weichensteller	entwickelt Kontakte	kommunikativ, extrovertiert	oft zu optimistisch

10.4 Risiken einschätzen

Ein Projekt kann bisweilen eine einmalige, komplexe und befristete Aufgabe darstellen. Diese Merkmale führen zwangsläufig dazu, dass die Umsetzung eines Projektes gewissen Risiken unterliegt. Aufgrund der Einmaligkeit ist es nicht möglich auf eine komplette Dokumentation und Erfahrungen zuzugreifen. Die vorliegende Aufgabe ist komplex, d. h. sie kann unübersichtlich sein und bedarf der Strukturierung. Hierbei kann es zu Fehleinschätzungen kommen, die im extremen Falle zum Scheitern des Projektes führen. Sollte es selbst nicht zum Scheitern des Projektes kommen, so erhöht eine Fehleinschätzung regelmäßig zumindest die Kosten des Projektes. Insofern ist es entscheidend, sich mit dem Risiken in Projekten auseinanderzusetzen.

▶ Unter **Risiko** sind die Auswirkungen von Unsicherheit auf Ziele zu verstehen.
  Hierbei sind folgende Aspekte relevant:
  – Diese Auswirkungen von Risiken können positiv oder negativ sein.
  – Die Unsicherheit kann mit Hilfe von Wahrscheinlichkeiten geschätzt bzw. ermittelt werden.
  – Die Ziele der Organisation oder des Systems umfassen strategische, operationelle, finanzielle Ziele, aber auch die Sicherheit von Menschen, Sachen und der Umwelt (safety, security) genauso wie andere Ziele
  – Risiko ist eine Folge von Ereignissen oder von Entwicklungen

Im Projektmanagement dient die Darstellung aller identifizierten und bewerteten Risiken in einer Risikomatrix (s. Abb. 10.6) unterschiedlichen Zwecken. Die Risikomatrix dient der übersichtlichen Präsentation der wichtigsten Risiken eines Projekts oder einer Gruppe von Projekten (Programmen, Portfolios). Sie kann ferner zur Darstellung der Risikobereitschaft der Trägerorganisation und der Priorisierung der Risiken und der Maßnahmen des Risikomanagements verwendet werden.

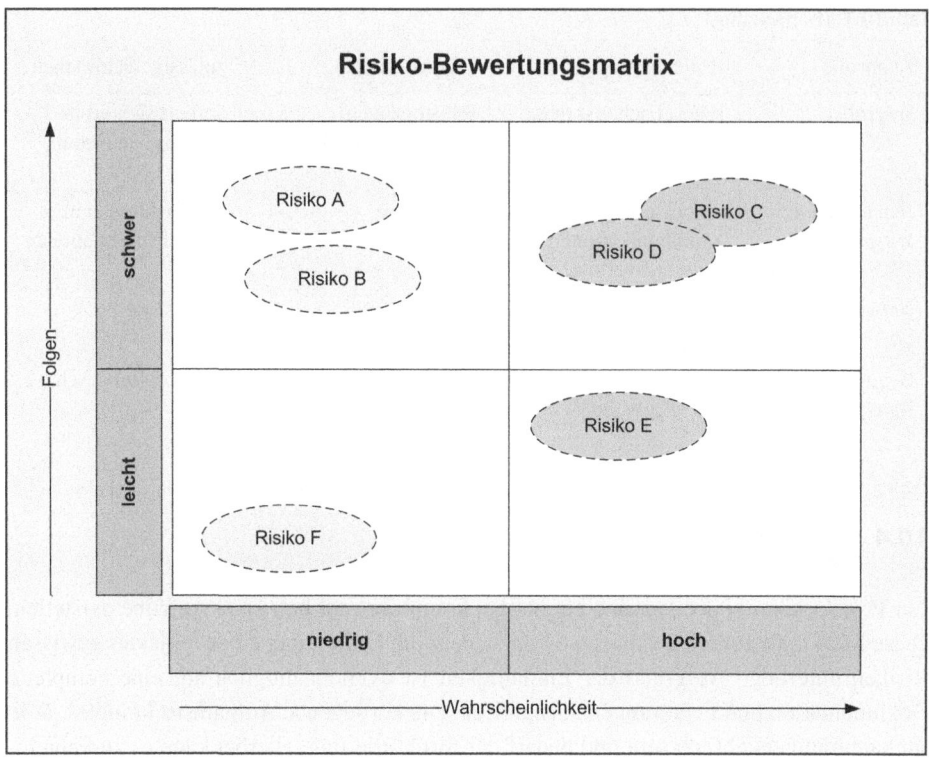

Abb. 10.6 Risikomatrix

Es gibt keine einheitliche Darstellungsform für die Risikomatrix. Eintrittswahrscheinlichkeit und Auswirkung können sowohl auf der Abszisse als auch auf der Ordinate aufgetragen sein. Am häufigsten findet sich die Darstellung, bei der Eintrittswahrscheinlichkeit und Auswirkung in drei oder fünf Stufen bewertet werden, dementsprechend besteht die Risikomatrix meist aus neun oder 25 Feldern.

Für die Praxis sind drei große Risikobereiche zu identifizieren: die Planungsunsicherheit, das Risiko einer Kostenexplosion und das Risiko bzgl. der Zusammenarbeit der Teammitglieder.

Planungsunsicherheit tritt dadurch ein, dass zwar die Definition klarer Ziele bzgl. der Termine, Kapazitäten und Kosten möglich ist, aber externe und projektinterne Umstände ständig die Umsetzung des Projektes beeinflussen und stören können.

Das **Risiko der Kostenexplosion** besteht insbesondere bei solchen Projekten, bei denen Anfangsinvestitionen getätigt wurden. Hier fällt dem Manager die Entscheidung über einen Abbruch des Projekts extrem schwer, da bei einem Abbruch unvermeidbar hohe Kosten entstehen bzw. im Accounting aufgedeckt werden.

Das **Risiko der Zusammenarbeit** von Teammitgliedern ist ebenfalls zu berücksichtigen. Die Teammitglieder bilden ihre eigenen Zielvorstellungen, die von den vereinbarten Projektzielen abweichen oder gar mit ihnen konkurrieren können. Es ist also in besonderem Maße auf die Zielsetzungen und die Zielbeziehungen der am Projekt beteiligten Personengruppen bzw. Stakeholder zu achten. Die Gruppendynamik kann nicht mit Sicherheit vorhergesagt werden.

Weiterführende Literatur

Aichele, C. (2006). *Intelligentes Projektmanagement*. Stuttgart: W. Kohlhammer Verlag.
Bea, F. X., Scheurer, S., & Hesselmann, S. (2011). *Projektmanagement* (2., überarb. und erweiterte Aufl.). Konstanz: UVK Verlagsgesellschaft.
Bea, F. X. (2012). Projektmanagement: Ziele, Aufgaben, Methodik. *Wirtschaftswissenschaftliches Studium, 41*(12), 639–664.
Bea, F. X., & Scheuer, S. (2011). *Projektmanagement* (Unternehmensführung, Band 2388). Konstanz: UVK Verlagsgesellschaft.
Bea, F. X., & Scheurer, S. (2011). Projekt-& Prozessmanagementtrends im Projektmanagement – Vom Management von Projekten zum projektorientierten Unternehmen. *Zeitschrift Führung und Organisation, 80*(6), 425–431.
Belbin, R. M. (1993). *Team roles at work*. Oxford: Butterworth Heinemann.
Birker, K. (2003). *Erfolgreich im Beruf: Projektmanagement*, 3. Aufl. Berlin: Cornelsen.
Blazek, A. (1994). Projekt-Controlling, *Denken und Handeln in Projekten zur Verwirklichung der Selbstkontrolle*. 4. Aufl., Gauting/München: Management Service Vertrag.
Birker, K. (2004). Entscheidungsfindungsstrategien und das Treffen von Entscheidungen. In *Öffentlichkeitsarbeit für Nonprofit-Organisationen* (S. 1203–1214). Wiesbaden: Gabler Verlag.
Burghardt, M. (2012). *Projektmanagement: Leitfaden für die Planung, Überwachung und Steuerung von Projekten*. New Jersey: John Wiley & Sons.
Dworatschek, S., Griesche, D., & Meyer, H. (1995). Projektmanagement als wirksames Instrument für ein erfolgreiches Verwaltungsmanagement. Verwaltung. *Organisation, Personal, Heft, 17*, 277–288.
Felkai, R., & Beiderwieden, A. (2011). *Projektmanagement für technische Projekte: Ein prozessorientierter Leitfaden für die Praxis*. Wiesbaden: Vieweg + Teubner Verlag.
Griesche, D., Meyer, H., & Dörrenberg, F. (Hrsg.). (2013). *Innovative Managementaufgaben in der nationalen und internationalen Praxis: Anforderungen, Methoden, Lösungen, Transfer*. Berlin: Springer-Verlag.
Felkai, R., & Beiderwieden, A. (2015). *Projektmanagement für technische Projekte: Ein Leitfaden für Studium und Beruf*. Wiesbaden: Springer Fachmedien.
Hab, G., & Wagner, R. (2007). *Projektmanagement in der Automobilindustrie*. Wiesbaden: Springer Fachmedien.
Jakoby, W. (2010). *Projektmanagement für Ingenieure*. Wiesbaden Vieweg + Teubner Verlag.
Jakoby, W. (2015). *Intensivtraining Projektmanagement: ein praxisnahes Übungsbuch für den gezielten Kompetenzaufbau*. Berlin: Springer-Verlag.
Jakoby, W. (2015). *Projektmanagement für Ingenieure: ein praxisnahes Lehrbuch für systematischen Projekterfolg*. Berlin: Springer-Verlag.
Litke, H. D. (2007). *Projektmanagement: Methoden, Techniken, Verhaltensweisen*.
Madauss, B. J. (2000). *Handbuch Projektmanagement: mit Handlungsanleitungen fur Industriebetriebe, Unternehmensberater und Behorden*. Stuttgart: Schaffer-Poeschel Verlag.

Meyer, H., & Reher, H. J. (2015). *Projektmanagement: Von der Definition über die Projektplanung zum erfolgreichen Abschluss*. Berlin: Springer-Verlag.

Meyer, H., & Reher, H. J. (2016). *Projektdefinition über*. Berlin: Springer-Verlag.

Patzka, G., & Rattay, G. (2014). *Projektmanagement: Leitfaden zum Management von Projekten, Projektportfolios und projektorientierten Unternehmen*. Wien: Linde Verlag GmbH.

Rinza, P. (2013). *Projektmanagement: Planung, Überwachung und Steuerung von technischen und nichttechnischen Vorhaben*. Berlin: Springer-Verlag.

Schelle, H. (2014). *Projekte zum Erfolg führen: Projektmanagement systematisch und kompakt (Vol. 50937)*. Munich: CH Beck.

Walder, F. P., & Patzak, G. (2013). *Qualitätsmanagement und Projektmanagement*. Berlin: Springer-Verlag.

Qualitätsmanagement 11

Vor allem in den westlichen Industriegesellschaften haben wir Zugang zu einer Vielzahl von Produkten und Dienstleistungen, die uns in gleichbleibender Qualität und Güte angeboten werden. Dies ist allerdings bei genauer Betrachtung keine Selbstverständlichkeit. Stellt man sich vor, dass wir die gleiche Aufgabe z. B. der Entwicklung oder Produktion eines Fahrzeuges an unterschiedliche Standorte in der Welt mit Arbeitern aus unterschiedlichen Kulturkreisen, mit grundlegend unterschiedlichen Gewohnheiten, Rechtsordnungen, Anspruchshaltungen und auch unterschiedlichen Ressourcen delegieren würden, so würde diese Aufgabe mit an Sicherheit grenzender Wahrscheinlichkeit unterschiedlich gelöst – je nach Arbeiter und persönlichem Hintergrund. Dies trifft insbesondere dann zu, wenn das Vorhaben nicht unter einheitlicher Leitung steht. Das Ergebnis wären Fahrzeuge in unterschiedlicher Qualität und Güte. Es wäre sehr schwer, die Produkte mit einem Markennamen zu versehen und zu bewerben. Denn jedes Produkt wäre individuell – die Einheitlichkeit und der Wiedererkennungseffekt, der den Verkauf erleichtert, wären nicht gegeben. Die Urteilsbildung bei Kunden wäre erschwert. Der Kunde sieht sich bei Verwendung dieser Produkte eventuell einem für ihn nicht abschätzbaren Risiko ausgesetzt und fragt deshalb dieses Produkt gar nicht erst nach. Für das Unternehmen selbst wäre ein solches Szenario nur sehr schwer beherrschbar. Es wäre mit hohen Kosten verbunden, die seine Gewinne belasten. Standardisierung, Vereinheitlichung und Qualitätsbildung ermöglichen dem Unternehmen die Verwirklichung des Ziels der Gewinnmaximierung. Für den Manager ist es deshalb notwendig, sich mit den Grundlagen des Qualitätsmanagements vertraut zu machen.

11.1 Qualitätsmanagement – Grundlagen

Es gibt zahlreiche Konzepte und Modelle zur Verwirklichung des Qualitätsmanagement. Hier sind beispielsweise die Normenreihe ISO 9000 ff., TQM und EFQM von herausragender Bedeutung. Darüber hinaus gibt es zahlreiche branchenspezifische Regelungen zum Aufbau von Qualitätsmanagementsystemen. Bevor wir uns den speziellen Konzepten widmen, sind einige allgemeine Grundlagen des QM zu erlernen.

11.1.1 Qualitätsmanagement – Qualitätsziele und Qualitätspolitik

Unter Qualitätsmanagement kann im Allgemeinen aufeinander abgestimmte Tätigkeiten zum Leiten und Lenken einer Organisation bezüglich der Qualität verstanden werden. Die Begriffe „Leiten und Lenken" bezüglich Qualität umfassen üblicherweise das Festlegen der Qualitätspolitik und der Qualitätsziele, die Qualitätsplanung, die Qualitätslenkung, die Qualitätssicherung und die Qualitätsverbesserung (siehe Abb. 11.1).

Die **Qualitätspolitik und – ziele** bezeichnen die übergeordneten Absichten und Ausrichtungen einer Organisation zur Qualität, wie sie von der obersten Leitung formell ausgedrückt wurden. Qualitätspolitik und Qualitätsziele müssen dem Zweck der Organisation angemessen sein, eine Verpflichtung zur Erfüllung von Anforderungen und zur ständigen Verbesserung der Wirksamkeit des QM-Systems enthalten, einen Rahmen zum Festlegen und Bewerten von Qualitätszielen bieten und in der Organisation vermittelt und

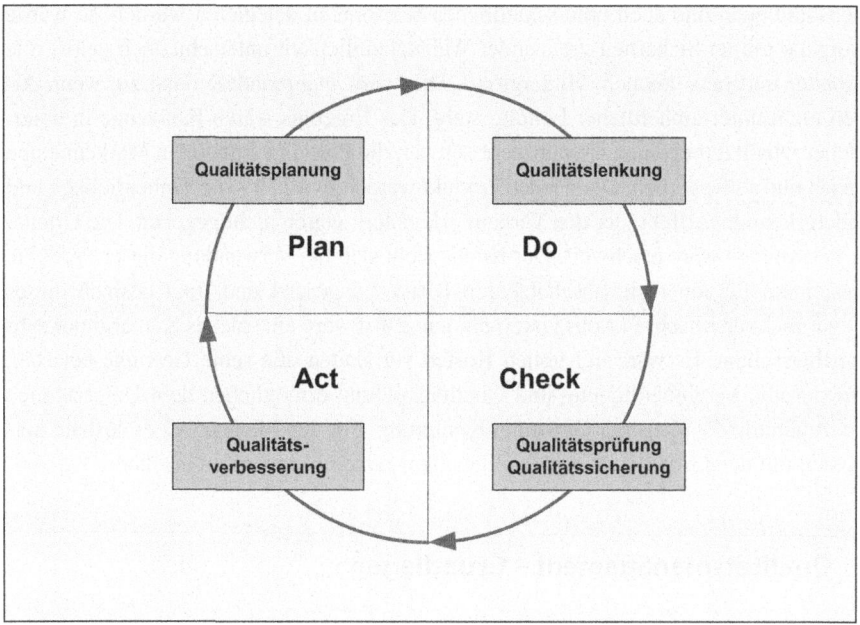

Abb. 11.1 Qualitätsregelkreis

11.1 Qualitätsmanagement – Grundlagen

verstanden werden. Sie müssen auf ihre fortdauernde Angemessenheit bewertet werden können. Sie umfassen:

- Niveau und Art zukünftiger für den Erfolg der Organisation erforderlicher Verbesserungen,
- erwarteter/gewünschter Grad der Kundenzufriedenheit,
- Weiterentwicklung der Personen in der Organisation,
- Erfordernisse und Erwartungen anderer interessierter Parteien,
- benötigte Ressourcen,
- potenzielle Beiträge von Lieferanten und Partnern,

Unter **Qualitätsplanung** versteht man den Teil des Qualitätsmanagements, der auf das Festlegen der Qualitätsziele und der notwendigen Ausführungsprozesse sowie der zugehörigen Ressourcen zur Erfüllung der Qualitätsziele gerichtet ist. Die QM-Planung richtet sich auf Planung und Entwicklung von Produkten, Prozessen und QM-Systemen zur Erfüllung der Kundenwünsche und Fehlervermeidung, d. h.

- Kundenbedürfnisse und -erwartungen ermitteln und in Qualitätsforderungen umsetzen
- Umsetzung der Qualitätsanforderungen in Qualitätsmerkmale
- Planung der Produktmerkmale zur Erfüllung der Anforderungen von Kunden, Gesetzen,
- Sicherheitsvorschriften, etc.
- Planung der Realisierung (Prozesse, Personaleignung, etc.)
- Planung der Hilfsmittel (Verfahrensanweisungen, Zuständigkeiten, Nachweisdokumente, Qualitätstechniken. etc.
- Prüfmittel planen und Prüfpläne erstellen

Qualitätslenkung ist der Teil des Qualitätsmanagements, der auf die Erfüllung von Qualitätsanforderungen gerichtet ist. In den Bereich der Qualitätslenkung fallen:

- Durchführung vorbeugender, überwachender und korrigierender Tätigkeiten bei der Realisierung von Produkten bzw. Dienstleistungen, um die Qualitätsforderungen zu erfüllen und Fehler zu vermeiden, d. h.
- angemessene Qualitätstechniken zur Erreichung der gesetzten Ziele zur Verfügung stellen
- Mitarbeiter befähigen, Qualitätstechniken anzuwenden
- Abweichungen (Fehler) vermeiden
- Ursachen für (potenzielle) Abweichungen feststellen und beseitigen
- Produkt-, Prozess- und Systemqualität messen/ermitteln und überprüfen
- Prüfmittel überwachen
- Audits durchführen
- Qualitätsberichte erstellen

Der Begriff **Qualitätssicherung** beschreibt den Teil des Qualitätsmanagements, der für das Erzeugen von Vertrauen darauf gerichtet ist, dass Qualitätsanforderungen erfüllt werden. Hierunter fallen:

- notwendige Dokumentation und Aufzeichnungen organisieren
- Dokumentation und Aufzeichnungen durchführen und pflegen
- interner Zweck: innerhalb einer Organisation der Führung Vertrauen zu verschaffen
- externer Zweck: in vertraglichen oder anderen Situationen ggü. den Kunden oder anderen Interessenten Vertrauen zu schaffen

Unter **Qualitätsverbesserung** kann der Teil des Qualitätsmanagements verstanden werden, der auf die Erhöhung der Fähigkeit zur Erfüllung der Qualitätsanforderungen gerichtet ist.

Es lassen sich entsprechende Maßnahmen zur Erhöhung der Effektivität und Effizienz von Tätigkeiten und Prozessen ergreifen, um einen zusätzlichen Nutzen für die Organisation und/oder den Kunden zu erzielen, d. h. ständige Verbesserung der Leistung der Organisation planen und vorantreiben. In den Bereich der Qualitätsverbesserung fällt:

- Verbesserungsprogramme planen und umsetzen
- Qualitätsfähigkeit von Verfahren, Einrichtungen und Personen verbessern

Die einzelnen Phasen des Qualitätsmanagements werden zyklisch in einem Kreislauf durchlaufen. Dieser Kreislauf entspricht dem PDCA-Zyklus. Der PDCA-Zyklus wurde in den 1930'er Jahren in den USA, basierend auf den Arbeiten des US-amerikanischen Physiker Walter Andrew Shewhart (1939) durch William Edwards Deming entwickelt. Shewhart arbeitete in einem elektrotechnischen Unternehmen und beschäftigte sich dort im Rahmen der Qualitätsverbesserung mit der statistischen Prozesslenkung. Um eine evolutionäre Qualitätsentwicklung im Sinne des KVP zu sichern, durchlaufen Maßnahmen zur Qualitätsverbesserung vier Stufen: Plan-Do-Check-Act. In der P-Phase (Plan) wird die Maßnahme bzw. der Prozess vor seiner Umsetzung geplant. In diese Phase fallen das Erkennen von Verbesserungspotentialen, die Analyse des aktuellen Zustandes und das Entwickeln eines (neuen) Konzeptes. Hierbei werden in der Regel die betroffenen Stellen, Arbeitnehmer und Teamleiter mit eingebunden. Auf der Ebene der D-Phase (Do) wird die Maßnahme häufig noch nicht flächendeckend im Betrieb umgesetzt sondern in Form des Ausprobierens und Testens in kleineren Bereichen unter Einbindung der betreffenden Mitarbeiter umgesetzt. In der C-Phase (Check) kommt es zur Überprüfung der in der Do-Phase umgesetzten Prozesse, danach erfolgt die Freigabe. In der A-Phase (Act) wird die Maßnahme, dann in allen betroffenen Unternehmensbereichen eingeführt und als neuer Standard festgeschrieben und die Einhaltung auch durch regelmäßige Audits geprüft. In Abb. 11.2 ist der PDCA-Zyklus dargestellt. Der PDCA-Zyklus wird auch oft als Demingkreis oder Shewart-Zyklus bezeichnet.

11.1 Qualitätsmanagement – Grundlagen

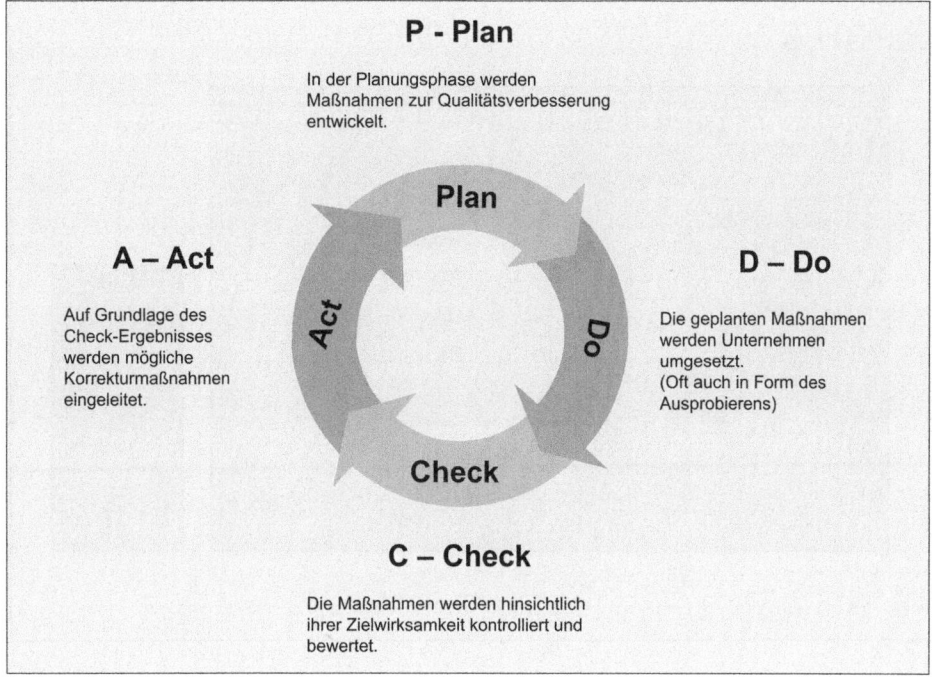

Abb. 11.2 PDCA-Zyklus

11.1.2 Normenreihe ISO 9000 ff.

Eine Qualitätsmanagementnorm bezeichnet zunächst die Anforderungen an ein Unternehmen, um bestimmte Standards bei der Umsetzung seines QM zu erfüllen. Eine entsprechende Zertifizierung wird i.d. R. durch Dritte durchgeführt, die dem Unternehmen daraufhin ein zeitlich limitiert gültiges Zertifikat ausstellen (beispielsweise für ein Jahr). Dieses Zertifikat weist Mitarbeitern, Kunden und Investoren einen bestimmten Standard im QM des Unternehmens aus. Auch wenn für die meisten Qualitätsmanagementnormen wie die EN ISO 9000 ff. zunächst nur eine Buchstaben- und Zahlenfolge darstellen, ist es von Vorteil, sich einen Überblick über verschiedene QM und ihre spezifischen Bezeichnungen zu machen. Allgemein werden ISO-Normen von der Internationalen Organisation für Normung (International Organization for Standardization) publiziert. Die ISO 9000 definiert Grundlagen und Begriffe zu Qualitätsmanagementsystemen und ist wie ein Anhang zu sehen. Diese Begriffsdefinitionen gelten für die gesamte Normenreihe. Wichtige Aspekte der ISO 9000 sind auch die 8 Grundsätze des Qualitätsmanagements, sowie die Definitionen der Qualität. Sie ist eine international anerkannte und gültige Normenreihe, welche den Aufbau und die Bewertung von QM-Systemen umfasst.

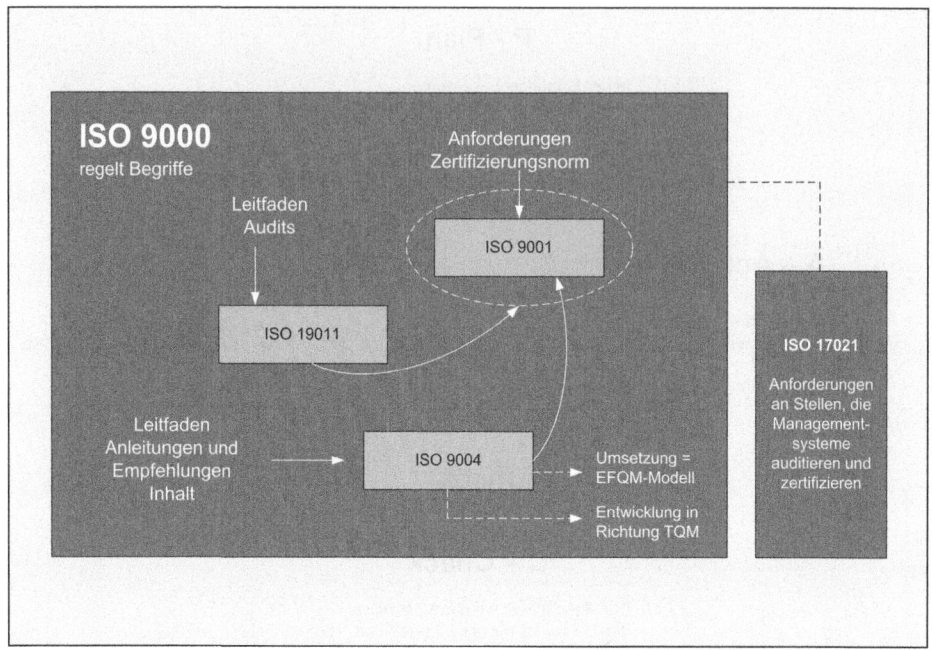

Abb. 11.3 Normenreihe ISO 9000 ff.

Bei der DIN EN ISO 9001:2008 handelt es sich um die allgemein wohl bekannteste Qualitätsmanagement-Zertifizierung überhaupt. Betriebe, die nach 9001:2008 zertifiziert sind, findet man in New Dehli genauso wie in Paris, London, Berlin oder Augsburg.

Die ISO 9001 ist der Normenkatalog. Es wird dargelegt was ein Unternehmen tun muss, um sich erfolgreich zertifizieren zu können. Es wird nur das „was", nicht aber das „wie", d. h. die konkrete Umsetzung im Unternehmen, beschrieben. Jedes Unternehmen muss für sich selbst einen individuellen Weg finden, um die Norm sinnvoll und angemessen umzusetzen. Die Forderungen der ISO 9001 stellen einen Mindeststandard dar und geben keinen Hinweis über die Reife des Qualitätsmanagement-Systems in dem Unternehmen. Die Norm heißt ausführlich: DIN EN ISO 9001:2008 somit ist es eine deutsche Norm, eine europäische Norm und eine internationale Norm; 9001:2008 – die Version aus dem Jahre 2008, die seit Anfang 2009 gilt.

Abb. 11.3 gibt eine Überblick über die wesentliche Systematik im Hinblick auf die Normenreihe ISO 9000 ff.

11.1.3 Qualitätsmanagementhandbuch

Das Qualitätsmanagementhandbuch (kurz: QM-Handbuch) ist eine unternehmensinterne Zusammenstellung und Dokumentation des Qualitätsmanagementsystems des Unternehmens.

Es beschreibt zum einen die Einstellung des Managements zur Qualität im Unternehmen und zum anderen auch die daraus resultierenden Maßnahmen. Das QM-Handbuch war eine Forderung aus der EN ISO 9001; in der nachfolgenden Revision 2015 ist das Handbuch nicht mehr zwingend gefordert.

Oftmals lehnt sich die Gliederung des QM-Handbuches an die der Norm an. Dies ermöglicht es, dass auch externe Leser schnell einen Überblick über die relevanten Informationen erhalten. Die Grundidee ist die kompakte Zusammenfassung des Managementsystems an einer zentralen und stets aktuellen Stelle, die jedem Mitarbeiter zur Verfügung stehen soll. Dies gilt ebenso für alle mitrelevanten Dokumente, wie zum Beispiel Prozessbeschreibungen und Arbeitsanweisungen. Die Art der Dokumentation ist nicht vorgeschrieben. Es kann in Papierform oder aber auch elektronisch – zum Beispiel über ein Intranet – erfolgen. Die ISO 9001:2015 vereinfacht die Dokumentation des QM-Systems. Ein QM-Handbuch und die sechs dokumentierten Verfahren aus der ISO 9001:2008 werden nicht mehr explizit gefordert.Die ISO 9001:2015 ermöglicht nun eine zeitgemäße, d. h. vorwiegend IT-gestützte, flexiblere und freiere Dokumentation des QM-Systems z. B. auch mit Software-as-a-Service-Lösungen (SaaS). Das bestehende QM-Handbuch kann aber an die Anforderungen der ISO 9001:2015 angepasst und weiterhin als Informations- und Motivationsinstrument genutzt werden, wenn dies für die Organisation sinnvoll ist.

11.1.4 Qualitätsmanagementbeauftragter

Der Qualitätsbeauftragte – oft auch als Qualitätsmanagementbeauftragter (kurz QMB) – wird in Organisationen als interner Dienstleister und Berater für das Qualitätsmanagement angesehen. Die Stellung einer/s Qualitätsbeauftragten ist keine leitende Position im eigentlichen Sinne, sondern eine der Leitung zugeordnete Stelle.

Einer/m Qualitätsbeauftragten fallen mehrheitlich organisationsbezogene und weniger mitarbeiterbezogene Aufgaben zu. Zu den wichtigsten gehören:

- die Einführung und Weiterentwicklung des Qualitätsmanagement-Systems in der Organisation
- die Planung, Überwachung und Korrektur des Qualitätsmanagement-Systems
- die Koordination der Erstellung, Überwachung und Lenkung des Qualitätsmanagement-Handbuchs sowie der Dokumente und Aufzeichnungen
- die Planung, Initiierung, Koordination und Evaluation von internen Qualitätsmanagement-Projekten einschließlich einrichtungsbezogener und/oder -übergreifender Arbeitsgruppen bzw. Qualitätszirkel
- das Sammeln und Auswerten von Informationen und Daten im Rahmen des Qualitäts-Controllings
- die Planung und Durchführung von internen Audits

- die regelmäßige Berichterstattung an die Leitung über den Entwicklungsstand und die Wirksamkeit des Qualitätsmanagement-Systems einschließlich der Übermittlung qualitätsrelevanter Daten
- die Vor- und Nachbereitung sowie Begleitung externer Audits
- Beratung der Unternehmensleitung bei der Entwicklung der Qualitätsziele und -politik
- die Planung und Durchführung von Schulungsmaßnahmen bezüglich des Qualitätsmanagements
- die Motivation und Beratung der Mitarbeiter/innen in Fragen zum Qualitätsmanagement
- die Bearbeitung von Kundenreklamation (ggf. in Zusammenarbeit mit weiteren Prozessverantwortlichen, z. B. Produktionsleitung, Laborleitung etc.)

Die ISO 9001:2015 unterstreicht die Führung und Verpflichtung der obersten Leitung in Bezug auf das QM-System. Zwar wird der Beauftragte der obersten Leitung (BoL) nicht mehr explizit genannt, die Aufgaben des QMB bleiben aber bestehen und müssen geleistet werden.

Das QM-System ist ein Werkzeug der obersten Leitung, um Vorstellungen und Ideen umzusetzen. Es ist ein klares Führungsinstrument und die Verantwortung dafür bleibt beim Management. Daher fordert die Norm, dass die oberste Leitung die Rechenschaftspflicht für die Wirksamkeit des QM-Systems übernimmt. Hierzu muss sie u. a. eine Qualitätspolitik und Qualitätsziele festlegen, die im Kontext der Organisation stehen und der Unternehmensstrategie entsprechen, den prozessorientierten Ansatz und das risikobasierte Denken fördern und sicherstellen, dass die Anforderungen des QM-Systems in die Geschäftsprozesse integriert werden.

Die Verpflichtung der obersten Leitung hinsichtlich des QM-Systems umfasst auch die Unterstützung der Führungskräfte und sonstigen Personen bei ihren Aufgaben für das QM-System. Ebenso trägt die oberste Leitung die Verantwortung dafür, dass die kundenseitigen, gesetzlichen und behördlichen Anforderungen verstanden und erfüllt werden.

11.2 Total-Quality-Management

Total-Quality-Management (TQM), bisweilen auch umfassendes Qualitätsmanagement, bezeichnet die durchgängige, fortwährende und alle Bereiche einer Organisation (Unternehmen, Institution etc.) erfassende, aufzeichnende, sichtende, organisierende und kontrollierende Tätigkeit, die dazu dient, Qualität als Systemziel einzuführen und dauerhaft zu garantieren. TQM wurde in der japanischen Automobilindustrie weiterentwickelt und schließlich zum Erfolgsmodell gemacht. TQM benötigt die volle Unterstützung aller Mitarbeiter, um zum Erfolg zu führen (siehe Tab. 11.1).

Tab. 11.1 Vergleich zwischen klassischer Qualitätssicherung und TQM

Qualitätssicherung (klassisch)	TQM
Menschliches Handeln führt zu Fehlern	Prozesse verursachen Fehler
Einzelne Mitarbeiter sind für Fehler verantwortlich	Alle Mitarbeiter sind für Fehler verantwortlich
Vollständig fehlerfrei zu arbeiten ist unmöglich	Null Fehler sind das Ziel
Einkauf von vielen Lieferanten	Partnerschaft mit wenigen Lieferanten
Kunden müssen die durch das Unternehmen angebotene Qualität akzeptieren	Vollkommene Kundenzufriedenheit ist das Ziel

Zu den wesentlichen Prinzipien der TQM-Philosophie zählen die folgenden sieben Prinzipien:

1. Qualität orientiert sich am Kunden,
2. Qualität wird durch Mitarbeiter aller Bereiche und Ebenen erzielt,
3. Qualität umfasst viele Dimensionen, die durch Kriterien operationalisiert werden müssen,
4. Qualität ist kein Ziel, sondern ein Prozess, der nie zu Ende geht,
5. Qualität bezieht sich auf Produkte und Dienstleistungen,
6. Qualität bezieht sich vor allem aber auf die Prozesse zur Erzeugung derselben.
7. Qualität setzt aktives Handeln voraus und muss erarbeitet werden.

Das meistverbreitete TQM-Konzept in Deutschland ist das EFQM-Modell für Excellence der European Foundation for Quality Management. Dieses Modell hat einen ganzheitlichen, ergebnisorientierten Ansatz. Die Kriterien dieses Modells werden zur Vergabe des wichtigsten deutschen Qualitätspreises, des Ludwig-Erhard-Preises, herangezogen.

11.3 EFQM

Das EFQM-Modell für Business Excellence ist ein Unternehmensmodell, das eine ganzheitliche Sicht auf Organisationen ermöglicht. Es wurde als Antwort Europas auf den in den USA hoch geschätzten Malcolm Baldrige National Quality Award und den japanischen Deming-Preis von der EFQM entwickelt. Es bietet Organisationen Hilfestellung für den Aufbau und die kontinuierliche Weiterentwicklung von umfassenden Managementsystemen. Die Unternehmen nutzen es als Werkzeug, um auf Grundlage von Selbstbewertungen

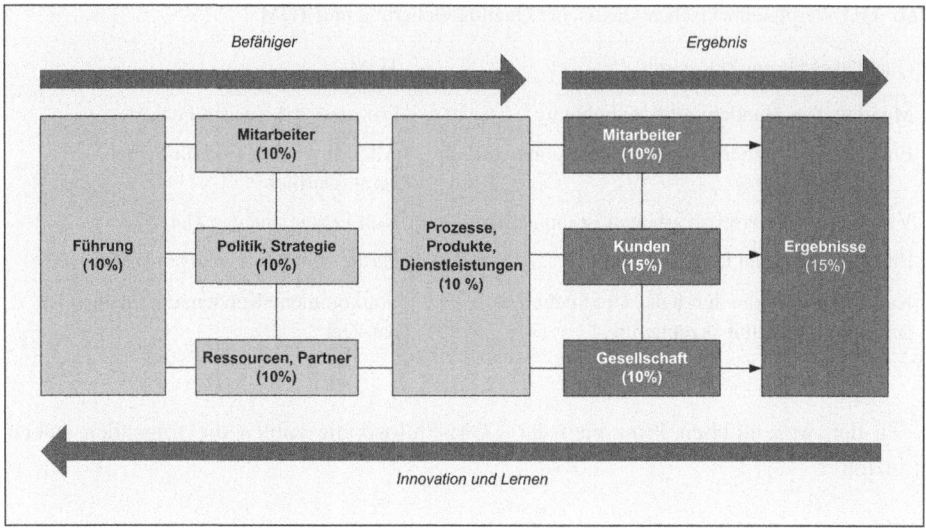

Abb. 11.4 EFQM – Modell

Stärken und Verbesserungspotenziale zu ermitteln, anzuregen und ihren Geschäftserfolg zu verbessern. Das einfache Modell umfasst die drei Säulen Menschen, Prozesse und Ergebnisse, wie in Abb. 11.4 dargestellt.

Um dauerhaft exzellente Ergebnisse zu erzielen, werden alle Mitarbeiter in einen kontinuierlichen Verbesserungsprozess eingebunden. Durch die permanente Beachtung aller Prozesse werden Informationen über den aktuellen Stand, die kontinuierliche Verbesserung und künftige Trends erarbeitet. Das EFQM-Modell ist ein Werkzeug, das Hilfestellung für den Aufbau und die kontinuierliche Weiterentwicklung eines umfassenden Managementsystems gibt. Es soll helfen, eigene Stärken, Schwächen und Verbesserungspotenziale zu erkennen und die Unternehmensstrategie darauf auszurichten.

1. Führung und Zielkonsequenz
2. Management mit Prozessen und Fakten
3. Mitarbeiterentwicklung und Beteiligung
4. Kontinuierliches Lernen, Innovation und Verbesserung
5. Aufbau von Partnerschaften
6. Verantwortung gegenüber der Öffentlichkeit
7. Ergebnisorientierung
8. Kundenorientierung

Diese sind im Sinne des so genannten Radar-Konzeptes (Results, Approach, Deployment, Assessment und Review) umzusetzen. Ein Unternehmen muss also zuerst die gewünschten

Ergebnisse bestimmen, dann das Vorgehen für die Umsetzung planen, die Umsetzung durchführen und schließlich sowohl das Vorgehen (war es effektiv?), als auch die Umsetzung (war sie effizient?) bewerten und überprüfen. Ein wesentlicher Gedanke des Modells ist der, das eigene Handeln und die eigenen Ergebnisse ständig mit dem Wettbewerb – und zwar mit den Besten im Wettbewerb – zu vergleichen.

11.4 Übersicht über spezielle Qualitätsmanagementnormen

Übersicht über weitere spezielle Normen zum QM, teilweise als Ergänzung oder als Leitfaden zur EN ISO 9001:2015 gedacht:

- ISO 10006 Leitfaden Qualitätsmanagement in Projekten
- ISO/TR 10013 Leitfaden für die Dokumentation des Qualitätsmanagementsystems
- ISO 10014 Qualitätsmanagementsysteme – Leitfaden zur Erzielung finanziellen und wirtschaftlichen Nutzens
- ISO/TR 14969 Qualitätssicherungssysteme – Medizinprodukte – Anleitung zur Anwendung von ISO 13485
- ISO 15189 Medizinische Laboratorien – Besondere Anforderungen an die Qualität und Kompetenz
- ISO 15378 Primärverpackungen für Arzneimittel – Besondere Anforderungen für die Anwendung von ISO 9001:2000 entsprechend der Guten Herstellungspraxis (GMP)
- ISO/TS 16949 Qualitätsmanagementsysteme – Besondere Anforderungen bei Anwendung von ISO 9001:2008 für die Serien- und Ersatzteil-Produktion in der Automobilindustrie
- ISO/IEC 17025 Allgemeine Anforderungen an die Kompetenz von Prüf- und Kalibrierlaboratorien
- ISO/IEC 19796-1 Informationstechnik – Lernen, Ausbilden und Weiterbilden – Qualitätsmanagement, -sicherung und -metriken – Teil 1: Allgemeiner Ansatz
- ISO/TS 29001 Erdöl-, petrochemische und Erdgasindustrie – Bereichsspezifische Qualitätsmanagementsysteme – Anforderungen an Organisationen für Produkt- und Dienstleistungsbereitstellung
- ISO 29990 Lerndienstleistungen für die Aus- und Weiterbildung – Grundlegende Anforderungen an Dienstleister
- ISO/IEC 90003 Software- und Systemtechnik – Richtlinien für die Anwendung der ISO 9001:2000 auf Software
- EN ISO 13485 Medizinprodukte – Qualitätsmanagementsysteme – Anforderungen für regulatorische Zwecke

- EN ISO 16106 Verpackung – Verpackungen zur Beförderung gefährlicher Güter – Gefahrgutverpackungen, Großpackmittel (IBC) und Großverpackungen – Leitfaden für die Anwendung der ISO
- EN 9100, AS 9100 Luft- und Raumfahrt – Qualitätsmanagementsysteme – Anforderungen (basiert auf ISO 9001:2000) und Qualitätssysteme
- EN 12507 Dienstleistungen im Transportwesen – Leitfaden zur Anwendung von EN ISO 9001:2000 auf den Straßen- und Schienengüterverkehr, die Lagerhaltung und die Verteilerindustrie
- prEN 12798:1999 Qualitätsmanagement für die Beförderung – Beförderung auf der Straße, mit der Eisenbahn und auf Binnenwasserstraßen – Forderungen des Qualitätsmanagementsystems zur Ergänzung von EN ISO 9001 im Hinblick auf Sicherheit bei der Beförderung gefährlicher Güter
- EN 13980 Explosionsgefährdete Bereiche – Anwendung von Qualitätsmanagementsystemen
- EN 15038 Übersetzungsdienstleistungen – Dienstleistungsanforderungen
- EN 15224 Dienstleistungen in der Gesundheitsversorgung – Qualitätsmanagementsysteme – Anleitung zur Anwendung von EN ISO 9001:2008
- EN 15838 Qualitätsmanagementsystem mit besonderen Anforderungen an die Call Center spezifischen Voraussetzungen – erste europäische Branchennorm für diesen Bereich
- prCEN/TS 15358 Feste Sekundärbrennstoffe – Qualitätsmanagementsysteme – Besondere Anforderungen für die Anwendung bei der Herstellung von festen Sekundärbrennstoffen
- CEN/TR 15592 Dienstleistungen in der Gesundheitsversorgung – Qualitätsmanagementsysteme – Leitfaden für die Anwendung der EN ISO 9004:2000 auf die Dienstleistungen in der Gesundheitsversorgung zur Leistungsverbesserung
- KTQ Anforderungen an Einrichtungen des Gesundheitswesens, insb. Krankenhäuser
- VDA 6.1 Regelwerk der deutschen Automobilindustrie – QM-Systemaudit –
- VDA 6.2 Regelwerk der deutschen Automobilindustrie – Dienstleistungen –
- VDA 6.4 Regelwerk der deutschen Automobilindustrie – Produktionsmittelherstellung –
- E DIN VDE 0753-4: Anwendungsregeln für Verfahren zur chronischen extrakorporalen Nierenersatztherapie – Qualitätsmanagement in Dialyseeinrichtungen
- PAS 1037 Anforderungen an Qualitätsmanagementsysteme von Organisationen der wirtschaftsorientierten Aus- und Weiterbildung: QM STUFEN-MODELL
- S 9000 Regelwerk der nordamerikanischen Automobilindustrie (gültig bis 14. Dezember 2006, danach Upgrade auf ISO/TS 16949:2002 gefordert)
- TL 9000 QuEST – Quality Excellence for Suppliers of Telecommunications
- IRIS (Bahnstandard) International Railway Industry Standard – Anforderung an das Qualitätsmanagementsystem der Lieferanten von Bahnsystemherstellern
- ISAS BC-9001 Internationale Qualitätsmanagementnorm für die Medienbranche – Anforderungen an das Qualitätsmanagementsystem von Rundfunkorganisationen

11.5 Qualität und Qualitätsmanagement

Es gibt viele Versuche, den Begriff Qualität fassbar zu machen. Das Wort Qualität entstammt dem Lateinischen (qualitas), seine Bedeutung reicht von Güte bis hin zur Beschaffenheit. Bestimmt wird die Qualität anhand von objektiven Merkmalen und deren subjektiven Bewertungen. Qualität ist somit, wenn sie die Bewertung eines Produktes oder einer Dienstleistung als „Gesamtpaket" zum Ziel hat, ein subjektiver Begriff. Um die Qualität von Anbietern trotz dieser Unzulänglichkeiten des Qualitätsbegriffes vergleichbar zu machen, wurden Normen mit einheitlichen Qualitätsmaßstäben für Betriebe entwickelt.

Qualität ist der Grad, in dem ein Satz inhärenter Merkmale Anforderungen erfüllt (DIN EN ISO 9000). Entsprechend der früher gültigen DIN EN ISO 8402 wird unter Qualität die Gesamtheit von Merkmalen einer Einheit bezüglich ihrer Eignung, festgelegte und vorausgesetzte Erfordernisse zu erfüllen, verstanden.

Das Qualitätsmanagement (QM) umfasst alle Tätigkeiten und Zielsetzungen zur Sicherung der Produkt- und Prozessqualität. Zu berücksichtigen sind hierbei Aspekte der Wirtschaftlichkeit, Gesetzgebung, Umwelt und Forderungen des Kunden. Qualitätsmanagement (QM) ist ein Organisationssystem, welches sicherstellen soll, dass Güter, Dienstleistungen und Prozesse den Anforderungen entsprechend abgearbeitet werden. QM dient damit der Schaffung von Vertrauen bei Führung und Kunden. Die Regeln für das QM sind in den Normen DIN/ISO 9001:2000 festgelegt. Eine zentrale Funktion übernimmt das Qualitäts-Management-Handbuch (QMH), in dem die Zuständigkeiten und Regeln, nach denen die Geschäftsprozesse abzulaufen haben, festgeschrieben werden. Unternehmen können sich durch eine Zertifizierungsstelle ihre korrekte Einhaltung der Regeln bestätigen lassen.

Die Wirkungsfelder des Qualitätsmanagement lassen sich in folgende 4 Phasen bzw. Aufgabenfelder: Qualitätsplanung, Qualitätslenkung, Qualitätssicherung, Qualitätsverbesserung einteilen. Bei zyklischem Durchlaufen dieser Phasen kommt ein PDCA-Zyklus zustande.

Bei der Qualitätsplanung wird die Produkt- und die Prozessplanung sowie die Qualitätsplanung des Qualitätsmanagement-Systems unterschieden. Die Qualitätslenkung beinhaltet die Prozessregelung und die Fehlerursachenbeseitigung. Zur Qualitätssicherung zählen die Qualitätsnachweisführung, die Qualitätsdatenverarbeitung und das Qualitäts-Audit.

Das Qualitätsmanagement zielt darauf ab, die Qualität von Produkten, Prozessen oder von ganzen Systemen zu erhalten oder zu verbessern.

Zunächst wird der Ist-Zustand ermittelt und analysiert. In dieser Phase werden die Rahmenbedingungen für das Qualitätsmanagement festgelegt. Dazu gehören die Qualitätsziele, die notwendigen Ausführungsprozesse und die Berücksichtigung der vorhandenen bzw. notwendigen Ressourcen. Nach diesen Festlegungen werden Konzepte erstellt und Abläufe erarbeitet.

Die Qualitätslenkung versucht, durch die gezielte Vorgabenlenkung die Produktqualität zu erhöhen. Die dazu notwendige Qualitätsprüfung fällt somit in den Aufgabenbereich der Qualitätslenkung. Die aus diesen Ergebnissen abgeleiteten Maßnahmen können sich auf das Produkt, den Herstellungsprozess oder das zur Herstellung eingesetzte Personal beziehen.

In dieser Phase werden die Ergebnisse ausgewertet und ausführlich dargelegt. Sie dient sowohl der Überprüfung der vorher gemachten Annahmen als auch der Vertrauensbildung.

Am Ende steht idealerweise der Qualitätsgewinn. Die gewonnenen Einsichten aus den drei vorigen Bereichen/Phasen werden zur Optimierung und Verbesserung von Strukturen und Prozessen genutzt und eingesetzt. Die Ergebnisse und Erfolge werden dokumentiert und kommuniziert.

Weiterführende Literatur

Benes, G. M. E., & Groh, P. E. (2011). *Grundlagen des Qualitätsmanagements*. Munich: Hanser.
Binner, H. F. (2005). *Auf dem Weg zur Spitzenleistung: Managementleitfaden für die EFQM-Modellumsetzung*. Munich: Hanser.
Herrmann, J. (2011). *Qualitätsmanagement, Lehrbuch für Studium und Praxis*. Munich: Beck.
Horn, S. (2008). Das „EFQM-Modell für Excellence" für Controller. *Controlling & Management, 52*(3), 28–32.
Kamiske, G. F. (Hrsg.). (2013). *Handbuch QM-Methoden. Die richtige Methode auswählen und erfolgreich umsetzen*. München: Carl Hanser Verlag GmbH Co KG.
Kamiske, G. F., & Bauer, J. P. (2012). *ABC des Qualitätsmanagements*. München: Carl Hanser Verlag GmbH Co KG.
Kamiske, G. F., & Sommerhoff, B. (2013). *EFQM zur Organisationsentwicklung*. Munich: Hanser.
Knoll, J. (2000). Das europäische Qualitätsmodell der EFQM-Darstellung und würdigende Einordnung in die Total Quality Management Diskussion.
Koubek, A. (2015). Praxisbuch ISO 9001:2015: Die neuen Anforderungen verstehen und umsetzen.
Mayer, E., Liessmann, K., & Freidank, C. C. (2013). *Controlling-Konzepte: Werkzeuge und Strategien für die Zukunft*. Berlin: Springer-Verlag.
Schmitt, R., & Pfeifer, T. (2015). *Qualitätsmanagement: Strategien – Methoden – Techniken*. Munich: Hanser.
Schnauber, H., & Schuster, A. (2012). *Erfolgsfaktor Qualität–Einsatz und Nutzen des EFQM-Excellence-Modells*. Symposion, Düsseldorf
Shewhart, W. A., & Deming, W. E. (1939). *Statistical method from the viewpoint of quality control. Courier Corporation*. New York: Dover Publications Inc.
Wagner, K. W., & Käfer, R. (2017). *PQM-Prozessorientiertes Qualitätsmanagement: Leitfaden zur Umsetzung der ISO 9001*. Munich: Hanser.
Wildemann, H. (2013). *Controlling im TQM: Methoden und Instrumente zur Verbesserung der Unternehmensqualität*. Berlin: Springer-Verlag.
Zink, K. J. (2004). *TQM als integratives Managementkonzept: Das EFQM Excellence Modell und seine Umsetzung*. Munich: Hanser.

12 Umweltzertifizierungen ISO 14001 und EMAS

Möchte ein Unternehmen seine nachhaltige Ausrichtung verbessern und damit auch gezielt zum Schutz der Umwelt beitragen, bieten sich die Einführung von Umweltmanagementsystemen und eine Umweltzertifizierung an. Es gibt am Markt hierzu eine Vielzahl von Konzepten, unter denen derzeit der Normenreihe ISO 14001 ff. und EMAS die größte Bedeutung zukommt. Möchte sich ein Unternehmen nachhaltig ausrichten und zielgerichtet auch betrieblichen Umweltschutz verwirklichen, so müssen umweltrelevante Schwachstellen des Unternehmens aufgedeckt und beseitigt werden. Es müssen Maßnahmen konzipiert, d. h. geplant, umgesetzt und koordiniert werden. Es bedarf einer systematischen Steuerung des Prozesses. Hierzu dienen Umweltmanagementsysteme (UMS). Wesentliche Vorteile der konsequenten Umsetzung eines Umweltmanagementsystems sind z. B. die Sicherstellung der Gesetzeskonformität und die Betrachtung der bindenden Verpflichtungen. Ein weiterer wichtiger Vorteil ist die Betrachtung der möglichen umweltrelevanten Ressourcen, welche bei der Erstellung der Produkte oder Dienstleistungen eingesetzt und kontinuierlich reduziert werden sollen.

Eine Zertifizierung des Unternehmens kann ferner auch unmittelbar wirtschaftliche Vorteile bringen. Zertifizierte Betriebe können, unter den gegebenen Voraussetzungen, von Gebühren entlastet werden. Oft sind Erleichterungen von Verwaltungsvorgängen und eine Verbesserung des Images ebenfalls mit der Zertifizierung verwirklichte Ziele.

Neben den hier in Grundzügen dargestellten Systemen nach ISO 14001 ff. und EMAS gibt es weitere Umweltmanagementsysteme, wie z. B. QuB (Qualitätsverbund umweltbewusster Betriebe) und ÖKOPROFIT (Ökologisches Projekt für Integrierte Umwelt-Technik). Bei QuB ist speziell auf das Anforderungsprofil kleiner Unternehmen ausgerichtet. Bei ÖKOPROFIT handelt es sich um ein Kooperationsprojekt zwischen Kommunen und der örtlichen Wirtschaft mit dem Ziel der Betriebskostensenkung unter gleichzeitiger Schonung der natürlichen Ressourcen wie beispielsweise Wasser und Energie. ÖKOPROFIT richtet sich an produzierende Unternehmen, Dienstleister und Sozialeinrichtungen und Handwerker gleichermaßen. Diese und weitere UMS setzen im Kern allerdings häufig auf der Systematik von ISO 14001 ff. und EMAS auf. Daher ist es notwendig, sich mit beiden Systematiken auseinanderzusetzen.

Grundsätzlich sollte sich jedes Unternehmen jedoch genau überlegen, warum die Einführung eines Umweltmanagementsystems sinnvoll sein kann und welchen Mehrwert die Organisation hieraus erzielen möchte.

12.1 Umweltmanagement-Normen

Die Umsetzung von Umweltmanagement und der Aufbau eines Umweltmanagementsystems basiert auf Normen. Von zentraler Bedeutung im Umweltmanagement sind hier die ISO Normen der 14000er Reihe.

In der Technik und in der Wirtschaft spielen Normen bei der Umsetzung von Prozessen und dem Aufbau von Organisationsstrukturen und bei der Produktion von Gütern und Dienstleistungen eine zentrale Rolle. Normen bilden in diesem Kontext Regeln und den Stand der Technik ab.

▶ Der Begriff **Normung** bezeichnet die Formulierung, Herausgabe und Anwendung von Regeln, Leitlinien oder Merkmalen durch eine anerkannte Organisation und deren Normengremien. Sie sollen auf den gesicherten Ergebnissen von Wissenschaft, Technik und Erfahrung basieren und auf die Förderung optimaler Vorteile für die Gesellschaft abzielen. Die Festlegungen werden mit Konsens erstellt und von einer anerkannten Institution angenommen.

Normen sollen die Eignung von Produkten, Prozessen und Dienstleistungen für ihren geplanten Zweck verbessern, den Austausch von Waren und Dienstleistungen fördern und die technische und kommunikative Zusammenarbeit erleichtern. Mit der Normung können weitere Ziele wie die Rationalisierung, Verminderung der Vielfalt, Kompatibilität oder Gebrauchstauglichkeit und Sicherheit verbunden sein. Daneben tragen Normen zu besseren gegenseitigen Verständigung bei, da Begriffsinhalte eindeutig definiert und somit Auslegungsschwierigkeiten und Missverständnisse als mögliche Fehlerquellen reduziert werden.

▶ Eine Umweltmanagementnorm ist eine allgemeine Anleitung, mit deren Hilfe Organisationen (Unternehmen, Behörden etc.) ein systematisches Umweltmanagement betreiben bzw. ein strukturiertes Umweltmanagementsystem aufbauen können.

Von herausragender Bedeutung im Umweltmanagement sind die Normen ISO 14001 ff. Die Normen dieser Reihe können in zwei Kategorien eingeteilt werden: die organisationsorientierten und die produktorientierten Normen.

In vielen Organisationen sind mittlerweile Integrierte Managementsysteme (IMS), also solche Managementsysteme, die zumindest Umwelt- und Qualitätsanforderungen zusammen abdecken, etabliert. Daher wurden einige Leitfäden der 14000er-Reihe durch die ISO 19011 ersetzt.

12.2 Umweltmanagement nach ISO 14001 ff. – Grundlagen

In Deutschland ist die ISO 14001 die am meisten angewendete Umweltmanagementsystemnorm. Sie wurde im Zuge der großen 2015er-Revision grundlegend aktualisiert. Im Jahr 2012 wurde die internationale Norm für Umweltmanagementsysteme überarbeitet. Nach Abschluss der Arbeiten wurde der neue Standard ISO 14001:2015 veröffentlicht. Die Überarbeitung der Norm bringt auch eine Vielzahl von Änderungen mit sich. Für die Anwendung der Norm gelten festgelegte Begriffe, welche zur eindeutigen Auslegung der Normforderungen notwendig sind.

Dabei kann zwischen organisations- und produktbezogenen Normen, wie in Tab. 12.1 dargestellt unterschieden werden.

Tab. 12.1 Organisations- und Produktbezogenheit der Normen ISO 14001 ff.

Norm	bezieht sich auf	organisationsorientiert	produktorientiert
ISO 14001	Umweltmanagementsystem	ja	nein
ISO 14004	Umweltmanagementsystem	ja	nein
ISO 14010 ersetzt durch ISO 19011	Umweltaudit Leitfäden für Audits von Qualitätsmanagement- und/oder Umweltmanagementsystemen	ja	nein
ISO 14020	Umweltkennzeichnungen / -deklarationen	nein	ja
ISO 14031	Umweltleistungsbewertung	ja	nein
ISO 14040	Ökobilanz	nein	ja
ISO 14051	Materialflusskostenrechnung	nein	ja
ISO 14064	Umweltmanagementsystem Messung, Berichterstattung und Verifizierung von Treibhausgasemissionen	ja	nein
ISO 14001	Umweltmanagementsystem	ja	nein
ISO 14004	Umweltmanagementsystem	ja	nein
ISO 14010 ersetzt durch ISO 19011	Umweltaudit Leitfäden für Audits von Qualitätsmanagement- und/oder Umweltmanagementsystemen	ja	nein
ISO 14020	Umweltkennzeichnungen / -deklarationen	nein	ja
ISO 14031	Umweltleistungsbewertung	ja	nein
ISO 14040	Ökobilanz	nein	ja
ISO 14064	Materialflusskostenrechnung	nein	ja

Hiernach kommt dem Umweltmanagement innerhalb eines Unternehmens eine höhere Bedeutung zu. Auch wird die Rolle der Führungskräfte eines Unternehmens stärker betont. Die revidierte Norm hebt zudem die Bedeutung effektiver Kommunikation hervor, sowie die Betrachtung der Lebenszyklen eines Produktes von der Entwicklung über die Produktion bis zur Wiederverwertung oder endgültigen Entsorgung. Die grundlegende Änderung war der Aufbau gemäß der „High Level Structure" (HLS). Die HLS ist ein Leitfaden für die Entwickler von Managementsystem-Standards, welche eine übergeordnete Struktur und einheitliche Anforderungen für künftige Normen festlegt. Abb. 12.1 zeigt die Grundstruktur eines UMS auf.

Die Revision der ISO 14001 hatte zum Ziel, die Heterogenität der Management-Systemstandards zu reduzieren bzw. zu beseitigen. Zuvor hatten alle verschiedenen Standards eine unterschiedliche Struktur und verschiedene Anforderungen sowie abweichende Definitionen. Um dies zukünftig zu vereinfachen, hat die International Organization for Standardization (ISO) einen Leitfaden für die Entwicklung neuer Normen erstellt, welcher die Struktur und die verbundenen Anforderungen weitgehend vereinheitlicht und mit der ISO 14001:2015 veröffentlicht – die Normentwicklung wurde quasi genormt. Neben den geänderten Anforderungen haben sich entsprechend einige Begriffsdefinitionen geändert, wobei auch oftmals eine detaillierte Beschreibung bereits zuvor vorhandener Begriffe

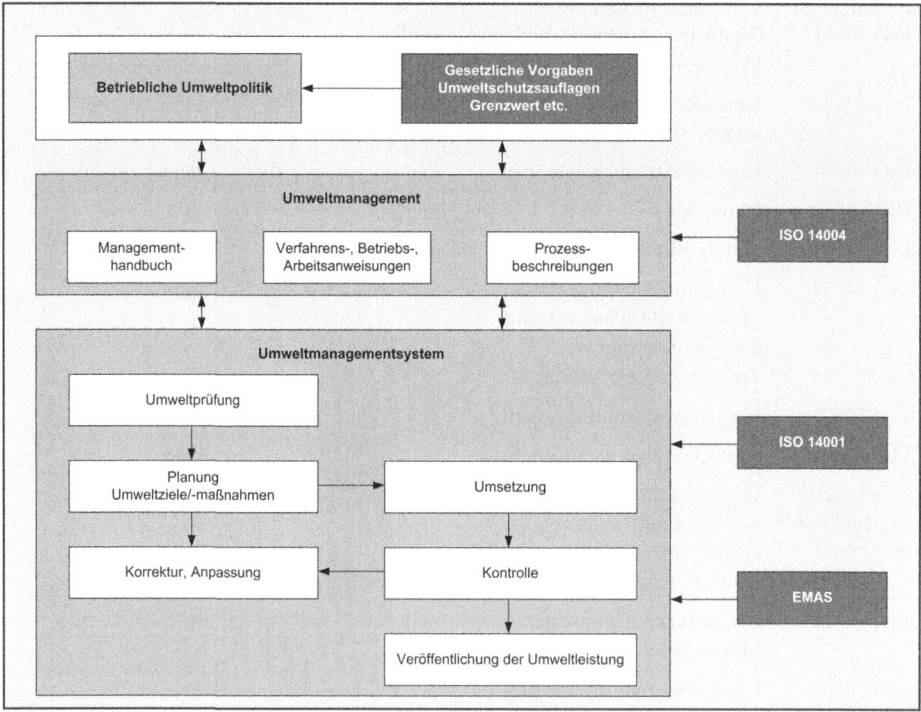

Abb. 12.1 Struktur eines Umweltmanagementsystems (UMS)

12.2 Umweltmanagement nach ISO 14001 ff. – Grundlagen

erfolgte, welche deren Aussage spezifizierten. In der Norm werden ebenfalls Modalverben verwendet, welchen für den verbindlichen Umsetzungsstand in den Unternehmen sowie der Überprüfung durch Zertifizierungsunternehmen eine entscheidende Bedeutung zukommt. Diese sind:

- „muss" bezeichnet eine Anforderung;
- „sollte" bezeichnet eine Empfehlung;
- „darf" bezeichnet eine Erlaubnis;
- „kann" bezeichnet eine Möglichkeit oder Fähigkeit.

Die in der Norm unter Kap. 3 beschriebenen Begriffe werden in einigen Fällen mit zusätzlichen „Anmerkungen zum Begriff" genauer beschrieben, um zusätzliche, ergänzende Informationen zu bieten.

▶ Ein **Managementsystem** ist ein Satz zusammenhängender oder sich gegenseitig beeinflussender Elemente einer Organisation, welche dazu angewendet werden, Politiken, Ziele und Prozesse festzulegen, um diese Ziele erreichen zu können. Die Begrifflichkeit bezieht sich dabei auf die verschiedenen Managementsysteme, die zertifiziert werden können. Ein Managementsystem kann dabei eine oder auch mehrere Gebiete abdecken, wie zum Beispiel Qualität, Umwelt, Energie, Arbeitsschutz, Gesundheitsschutz usw. Der Anwendungsbereich eines Managementsystems kann die ganze Organisation, bestimmte Funktionsbereiche der Organisation, bestimmte Bereiche der Organisation oder eine oder mehrere Funktionsbereiche über eine Gruppe von Organisationen hinweg umfassen. Dies muss detailliert dargestellt werden.

▶ Ein **Umweltmanagementsystem** ist der Teil des gesamten übergreifenden Managementsystems, der die Organisationsstruktur, Zuständigkeiten, Verhaltensweisen, förmlichen Verfahren, Abläufe und Mittel für die Festlegung und Durchführung der Umweltpolitik einschließt.

Der Begriff **Organisation** umfasst nicht nur einzelne Personen oder Personengruppen, die eigene Funktionen und Befugnisse zur Erreichung ihrer Ziele besitzen, sondern auch Einzelunternehmen, Gesellschaften, Konzerne, Behörden und sonstige Institutionen, ob öffentlich oder privat, eingetragen oder nicht.

Die **Oberste Leitung** ist eine Person oder Personengruppe, die auf oberster Ebene die Organisation führt und steuert. Verantwortlichkeiten können dabei durchaus delegiert werden, wobei hier die nötigen Ressourcen bereitgestellt werden müssen.

Interessierte Parteien sind Organisationen oder auch Einzelpersonen, die eine Tätigkeit beeinflussen oder sich selbst beeinflusst fühlen. Dies können beispielsweise u. a. Kunden, Gemeinden, Behörden, Anwohner, Mitarbeiter oder Investoren sein.

Durch die Neuaufnahme der „ausgegliederten Prozesse" und der Betrachtung des Lebensweges der Produkte oder Dienstleistungen (Life-Cycle) rücken auch die Unternehmen in den Mittelpunkt, welche bislang noch nicht durch Kunden zu einem Umweltmanagementsystem verpflichtet wurden.

Die Einführung eines Umweltmanagementsystems ist grundsätzlich nichts anderes als die Durchführung eines Projektes. Insofern kann auf die im Kapitel Projektmanagement dargestellten Grundlagen verwiesen werden. Aus diesem Grund können hier auch alle Verfahren und Vorgehensweisen des Projektmanagements angewendet werden.

Bei der Anwendung sollte dabei nach dem PDCA-Modell vorgegangen werden, nach welchem sich auch die Grundstruktur der DIN EN ISO 14001:2015 sowie sämtliche Managementsystemnormen richten, die nach der „High Level Structure" (HLS) aufgebaut sind und dementsprechend auch meist als integriertes Managementsystem erstellt und geführt werden. Gemäß dem PDCA-Modell teilt sich auch die ISO 14001 Einführung eines Umweltmanagementsystems in fünf Grundphasen auf, die in Abb. 12.2 dargestellt werden:

- Phase 1: Vorphase
- Phase 2: Planungsphase
- Phase 3: Anwendungsphase
- Phase 4: Kontrollphase
- Phase 5: Verbesserungsphase

Die **Vorphase** (Phase 1) ist eine der wichtigsten Phasen bei der ISO 14001 Einführung eines Umweltmanagementsystems. Aus diesem Grund sollte dieser Teil mit einer

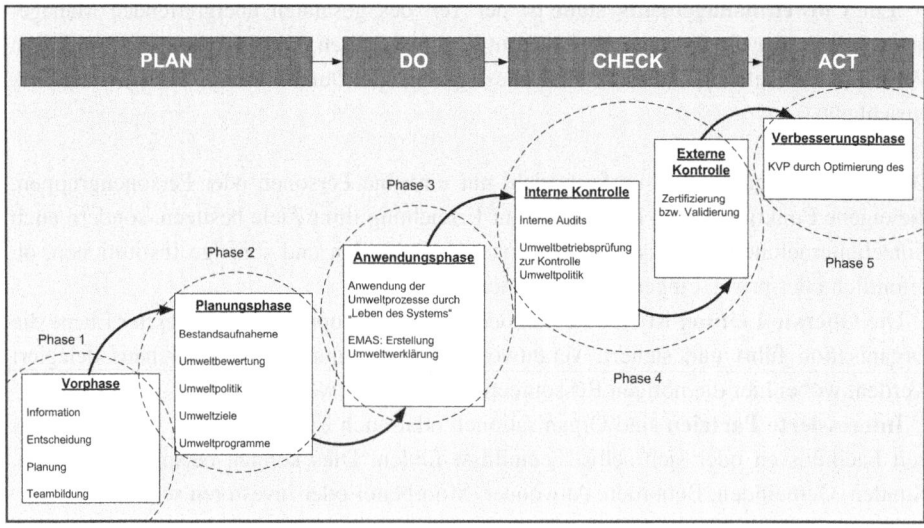

Abb. 12.2 Grundphasen UMS nach ISO 14001 ff

12.2 Umweltmanagement nach ISO 14001 ff. – Grundlagen

entsprechenden Sorgfalt und Tiefe durchgeführt werden. Die Vorphase selbst lässt sich dabei in 4 Unterphasen splitten:

- Informationsphase
- Entscheidungsphase
- Planungsphase
- Teambildungsphase

In der Informationsphase steht das Erhalten von Umweltmanagementinformationen im Vordergrund. Um Umweltmanagementinformationen zu den Voraussetzungen und dem Vorgehen sowie der Anwendung eines UM-Systems zu erhalten, können unterschiedliche Wege genutzt werden. Hierzu können Fachliteratur und Fachartikel studiert, Informationsveranstaltungen oder Seminare besucht werden. Auch ein Informationsaustausch mit Unternehmen und Kooperationspartnern, welche bereits ein Umweltmanagementsystem besitzen, können geeignet sein, um erste Überblicke der abzuleitenden Aufgaben, Tätigkeiten und entstehenden Kosten zu erhalten. Gutes Management setzt hier voraus, dass dabei die Vor- und ggf. Nachteile gegeneinander abgewogen werden.

In der Entscheidungsphase wird die Leitung der Organisation nach der Informationsphase entscheiden, ob ein Managementsystem im Unternehmen gewünscht ist oder nicht. Hier muss das Management insbesondere die Kosten für den Fall des Abbruchs eines bereits begonnenen Einführungsprojekts berücksichtigen. Ebenfalls sollte eine Wirtschaftlichkeitsbetrachtung für den Fall von Verzögerungen erfolgen. Die Entscheidung sollte auf Basis einer soliden Datengrundlage und Kalkulation erfolgen.

Es folgt innerhalb der Vorphase bereits eine *Planung*. Hier werden nach der bewussten Entscheidung zur Einführung eines UM-Systems in den nächsten Schritten der Ablauf, die Zuständigkeiten und Termine festgelegt und definiert. Grundsätzlich sollte ebenfalls in der Planungsphase entschieden werden, ob die Einführung eines Umweltmanagementsystems ausschließlich mit eigenen Mitarbeitern intern oder ggf. mit externer Unterstützung durchgeführt werden soll. Ein Vorteil bei der externen Unterstützung ist die Abdeckung des erhöhten Arbeitsaufwandes in der Aufbau- und Einführungsphase.

An diese Phase schließt sich noch innerhalb der Vorphase die Teambildungsphase an. Die Aufgaben, Verantwortlichkeiten und Zuständigkeiten für das Umweltmanagementsystem ISO 14001:2015 – Projekt werden festgelegt. Bei der Zusammensetzung der Teams muss berücksichtigt werden, dass alle internen Mitarbeiter Zeitressourcen benötigen, um einerseits das UM-System so zu integrieren, dass dies wenn möglich ohne größere Unterbrechungen erfolgen kann, und um andererseits die „normale Arbeit" parallel weiterlaufen zu lassen, ohne dass diese darunter leidet. Auch wenn die DIN EN ISO 14001:2015 nicht die Benennung eines UM-Beauftragten fordert, hat es sich allerdings bewährt, den späteren UM-Beauftragten bereits in der Aufbauphase von Beginn an federführend zu berücksichtigen. Neben dem möglichen UM-Beauftragen müssen gemäß den Forderungen des Abschn. 5.3 der ISO 14001:2015 auch sämtliche Rollen, Verantwortlichkeiten und Befugnisse in der Organisation festgelegt werden.

In der eigentlichen **"Planungsphase"** (Phase 2) folgt nach dem Abschluss der Vorphase die eigentliche Planung zum Aufbau des Umweltmanagementsystems. In dieser Phase erfolgt die Erfassung und Definition des Ist-Zustandes und der Ausrichtung des UM-Systems, sie kann in vier Phasen unterteilt werden:

- Bestandsaufnahme
- Bewertung der Umweltaspekte
- Definition Umweltpolitik
- Umweltziele und Maßnahmen

Bei der *Bestandsaufnahme* bzw. Soll-/Ist-Analyse ist zu entscheiden, welche bereits vorhandenen Elemente, Prozesse und ggf. Dokumentationen mit in das Umweltmanagementsystem ISO 14001:2015 integriert werden und beim Aufbau des Systems berücksichtigt werden sollen. Hierzu ist es notwendig, den Geltungsbereich des UM-Systems genau festzulegen (siehe Abschn. 4.3 der ISO 14001:2015). In der Bestandsaufnahme entscheidet sich bereits, welche Elemente und Prozesse mit aufgenommen und ins UM-System integriert werden. Gemäß den Forderungen des Abschn. 6.1.3 der ISO 14001:2015 müssen auch die „bindenden Verpflichtungen" bei der Bestandsaufnahme berücksichtigt werden.

Die Ermittlung und *Bewertung der Umweltaspekte* ist das Umsetzungs-Tool, mit welchem entschieden wird, welche Umweltaspekte unbedeutend und vernachlässigbar oder bedeutend sind und somit in der Definition der Umweltprogramme und -ziele vorrangig berücksichtigt werden müssen. Gemäß Abschn. 6.1.2 der ISO 14001:2015 müssen die Umweltaspekte anhand des Lebensweges der Produktrealisierung oder Dienstleistungserbringung betrachtet werden.

Im Anschluss an die Bewertung der Umweltaspekte folgt die *Definition der Umweltpolitik*. Abschn. 5.2 der ISO 14001:2015 stellt Forderungen auf, die gewährleisten sollen, dass durch die oberste Leitung die Umweltpolitik nicht nur wie bisher festgelegt wird. Sie ist ebenfalls für deren Verwirklichung und Aufrechterhaltung verantwortlich. Mit der Festlegung der Umweltpolitik wird die Gesamtausrichtung des UM-Systems definiert, durch welche die in der Organisation erzeugten Umweltbelastungen vermieden und die unternehmensspezifischen Umweltaspekte kontinuierlich verbessert werden.

Anschließend erfolgt die *Festlegung der Umweltziele und Planung der Maßnahmen*. Die Forderungen im Abschn. 6.2 der ISO 14001:2015 zielen auf eine Festlegung der Umweltziele und die Planung der Maßnahmen zur Erreichung der Umweltziele ab, um bedeutende Umweltaspekte zu verbessern. Die ISO 14001:2015 betont hierbei besonders, dass Umweltziele messbar sein sollten und diese überwacht, vermittelt und – wenn erforderlich – auch aktualisiert werden müssen. Es ist hier gewünscht, dass die Umweltziele in den strategischen Geschäftsprozessen der Organisation berücksichtigt werden.

Die **"Anwendungsphas**e" (Phase 3) ist die Verwirklichung der geplanten Prozesse und Ziele in der Organisation. Hierzu müssen alle Ressourcen (Abschn. 7.1, ISO 14001:2015), die Kompetenzen (Abschn. 7.2, ISO 14001:2015), das Bewusstsein (Abschn. 7.3, ISO 14001:2015), die Kommunikation (Abschn. 7.4, ISO 14001:2015), die Dokumentation

(Abschn. 7.5, ISO 14001:2015) der geplanten Prozesse ebenso umgesetzt und gelebt werden, wie die Forderungen aus dem Kap. 8 der ISO 14001:2015. Hierzu zählen die betriebliche Planung und Steuerung (Abschn. 8.1, ISO 14001:2015) und die Notfallvorsorge und Gefahrenabwehr (Abschn. 8.2, ISO 14001:2015).

In der **„Kontrollphase"** (Phase 4) wird überprüft, ob die geplanten und umgesetzten Prozesse geeignet, den Vorgaben entsprechend, effizient, aktuell und sinnvoll sind. Dies beinhalten die Forderungen gemäß Abschn. 9.1 der ISO 14001:2015 (Überwachung, Messung, Analyse und Bewertung). Hier erfolgt z. B. die Bewertung der Einhaltung von Verpflichtungen (Abschn. 9.1.2), die Planung und Durchführung interner Audits (Abschn. 9.2) sowie die Durchführung der Managementbewertung (Abschn. 9.3) durch die oberste Leitung. Nach der Durchführung und Anwendung der Normforderungen (Kap. 4 bis 10 der ISO 14001:2015) erfolgt auch in der Kontrollphase ebenfalls die Überprüfung der Normkonformität durch ein Zertifizierungsunternehmen (z. B. TÜV, DEKRA, DQS etc.). Sämtliche in der Kontrollphase definierten Chancen und Risiken werden in der Verbesserungsphase analysiert, wirksam behoben und tragen so zum kontinuierlichen Verbesserungsprozess (KVP) bei.

Abschließend erfolgt in der **„Verbesserungsphase"** (Phase 5) soweit möglich die Umsetzung der in der Kontrollphase gewonnenen und definierten Erkenntnisse. Der Managementprozess selbst und die Umweltaspekte sind systematisch zu verbessern. Alle Werkzeuge der Verbesserung sind im Kap. 10 der ISO 14001:2015 beschrieben. Die Organisation muss demnach Möglichkeiten zur Verbesserung bestimmen und notwendige Maßnahmen verwirklichen, um die beabsichtigten Ergebnisse ihres UM-Systems zu erreichen. Die Hauptforderungen ergeben sich dabei aus Abschn. 10.2 der ISO 14001:2015 (Nichtkonformität und Korrekturmaßnahmen) sowie Abschn. 10.3 der ISO 14001:2015 (Fortlaufende Verbesserung). Durch die fortlaufende Verbesserung sollen die Umweltleistungen der Organisation verbessert werden. In dieser Phase werden hauptsächlich die Aspekte des KVP-Managementansatzes verwirklicht.

12.3 EMAS

Im Jahre 1993 hat die Europäische Gemeinschaft das „Gemeinschaftsystem für das freiwillige Umweltmanagement und die Umweltbetriebsprüfung (Eco-Management and Audit Scheme, EMAS) entwickelt. An EMAS teilnehmende Organisationen und Unternehmen verpflichten sich dazu eine Umwelterklärung zu erstellen, in der sie beispielsweise den Ressourcen- und Energieverbrauch oder die Menge an Emissionen und Abfällen aufführen, die sie verursachen. Ferner nennen sie Umweltziele, die von ihnen angestrebt werden und auf deren Verwirklichung sie abzielen. Unabhängige staatlich zugelassene Umweltgutachter beurteilen diese Umwelterklärungen unter Zuhilfenahme interner Dokumente. Nach bestandener Prüfung darf der Betrieb das EMAS-Logo verwenden und wird in ein Register eingetragen. Der EMAS-Kreislauf ist in Abb. 12.3 dargestellt

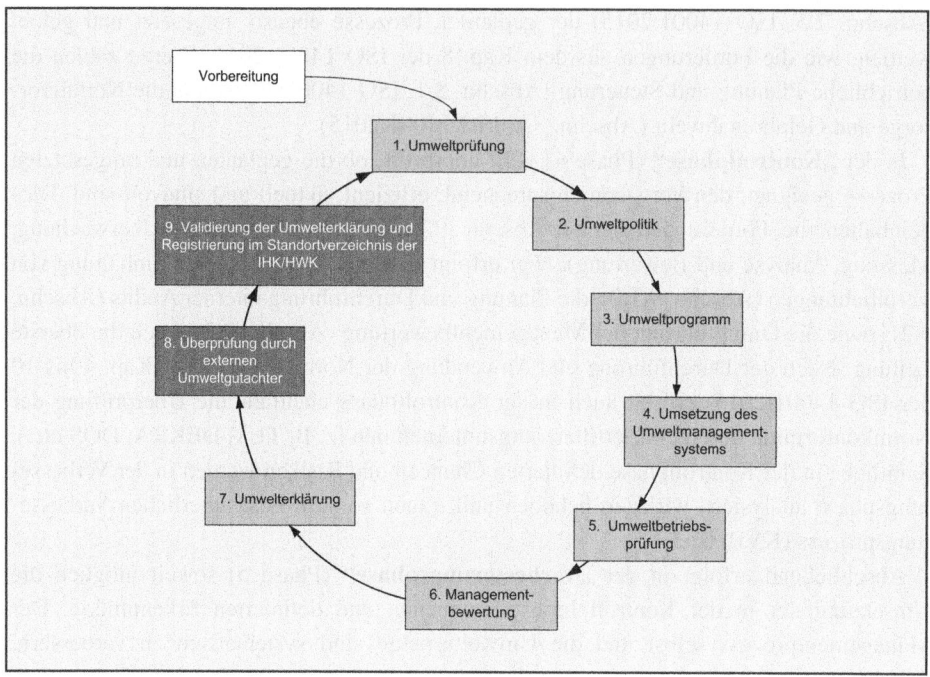

Abb. 12.3 EMAS – Kreislauf

Durch EMAS sollen folgende Ziele erreicht werden:

- die stetige Verbesserung der umweltbezogenen Aspekte im betrieblichen Ablauf, der Umweltauswirkungen und der Umweltleistungen,
- Mitarbeiterinnen und Mitarbeiter in den kontinuierlichen Verbesserungsprozess einbeziehen,
- die interne und externe Kommunikation des Engagements im Umweltschutz,
- die Einhaltung aller umweltrelevanten Rechts- und Verwaltungsvorschriften,
- die Verhinderung von Unfällen und Notfallsituationen und die Planung von Notfallmaßnahmen.

Als eine Organisation im Rahmen von EMAS wird eine Einheit bezeichnet, die durch eigene Funktionen und eine eigene Verwaltung gekennzeichnet ist. Unter diesen Begriff fallen sowohl öffentliche als auch private Gesellschaften, Körperschaften, Betrieb, Unternehmen, Behörden und Einrichtungen – unabhängig von der Frage, ob sie über eine eigene Rechtspersönlichkeit verfügen, oder nicht. Auch Teile oder Kombinationen der vorgenannten Einheiten gelten als Organisationen im Sinne von EMAS. Teilnahmeberechtigt am Verfahren sind auch Organisationen außerhalb des Europäischen Wirtschaftsraumes. Die Entscheidung, ob eine Organisation EMAS anwendet und den Aufbau ihres UMS an ihr ausrichtet oder nicht, erfolgt freiwillig und aus eigener Motivation.

12.3 EMAS

Die Einführung und Implementierung eines UMS basierend auf EMAS erfolgt in neun Schritten. Diese werden im Sinne des KVP zyklisch bei der Aufrechterhaltung (Revalidierung) durchlaufen und angepasst.

Umweltprüfung (Phase 1)- Erhebung der Ist-Situation In der ersten Umweltprüfung wird die Ist-Situation bei „Normalbetrieb" und für Notfallsituationen ermittelt. Dabei sind drei Kategorien von herausragender Bedeutung: umweltrelevante Aspekte, rechtliche Regelungen und Zuständigkeiten.

Bei der Ermittlung der umweltrelevanten Aspekte wird auf folgende Frage abgestellt: Welche Aspekte der betrieblichen Tätigkeiten und der Produkte haben wesentliche Auswirkungen auf die Umwelt?

Von besonderer Bedeutung sind die direkten Umweltaspekte, also solche, die die Organisation unmittelbar beeinflussen kann. Einbezogen werden aber auch die indirekten Umweltaspekte, auf die die Organisation nur mittelbar Einfluss nehmen kann.

Tab. 12.2 gibt einen Überblick über direkte und indirekte Umweltaspekte.

Relevante rechtliche Regelungen werden über folgende Fragestellung ermittelt:

Welche umweltrelevanten Rechtsvorschriften gelten für die Tätigkeit der Organisation und müssen eingehalten werden? Diese Frage ist aufgrund der komplexen Zusammenhänge und der vielfältigen umweltbezogenen Rechtsvorschriften oft nicht einfach zu beantworten, insbesondere für kleine Unternehmen.

Letztlich ist die Zuständigkeit zu klären. Zu ermitteln ist, wer derzeit im Unternehmen für welche Umweltbelange zuständig ist und welche Regelungen es in der Organisation für die Zuständigkeiten gibt.

Umweltpolitik (Phase 2) – Leitlinien, Grundsätze und Gesamtziele definieren Die Führungsspitze der Organisation schreibt umweltbezogene Leitlinien, Handlungsgrundsätze und Gesamtziele fest. Diese Umweltpolitik bildet die langfristige Grundlage und den Rahmen des umweltbezogenen unternehmerischen Handelns. Die Verpflichtung der

Tab. 12.2 Direkte und indirekte Umweltaspekte

Direkte Umweltaspekte	Indirekte Umweltaspekte
• Flächenverbrauch bei Neu- und Ausbauten • Gefahr von umweltbelastenden Unfällen durch die betriebliche Tätigkeit • Produktbedingte Emissionen, Abwasser und Abfälle • Rohstoff- und Energieverbrauch, Verbrauch an natürlichen Ressourcen • Verkehr durch eigenen Vertrieb von Waren und Dienstleistungen	• Kapitalinvestitionen • Produkt- und tätigkeitsbezogene Auswirkungen – z. B.: Transport durch Vertragspartner, Verwendung, Wiederverwertung, Entsorgung und Information • Technologie- und Ausbildungsstandards in Auslandsmärkten • Umweltverhalten von Auftragnehmern und Lieferanten • Verwaltungs- und Planungsenzscheidungen der zuständigen Behörden

Organisation, die Umweltleistung kontinuierlich zu verbessern und alle umweltrelevanten Vorgaben einzuhalten, ist zwingender Bestandteil.

Umweltprogramm (Phase 3) – konkrete Einzelziele formulieren Im Umweltprogramm formuliert die Organisation konkrete Umweltziele, die an den Schwachstellen ansetzen und sich an den langfristigen Umweltleitlinien orientieren. Zudem wird festgelegt, bis wann, mit welchen Maßnahmen und mit welchen Mitteln die Ziele erreicht werden sollen. Hier sind auch die Verantwortlichen für die Durchführung der Maßnahmen benannt. Ein wichtiges konkretes, quantifizierbares Ziel kann beispielsweise sein, innerhalb eines Jahres den Energie-oder Papierverbrauch um einen bestimmten Prozentsatz zu verringern.

Implementierung und Durchführung (Phase 4)– Maßnahmen umsetzen Um den Umweltschutz in der Organisation zu verankern, müssen zunächst die entsprechenden Strukturen aufgebaut werden:

Zunächst werden Verantwortliche benannt, beispielsweise für die regelmäßige Kontrolle der Emissionen (enthalten in der sogenannten Aufbauorganisation). Außerdem wird der Umweltmanagementbeauftragte bestimmt, der die Umsetzung der EMAS-Verordnung sicherstellt und der Leitung der Organisation berichtet. Zusätzlich werden interne Auditoren benannt, die das System regelmäßig überprüfen. Die Verantwortlichen werden über ihre Aufgaben informiert, gegebenenfalls geschult und den übrigen Mitarbeitern bekannt gegeben.

Auch die Prozesse mit denen der Umweltschutz realisiert wird müssen beschrieben werden (sie sind in der sogenannten Ablauforganisation enthalten). Dazu gehören insbesondere auch Notfallpläne. Weitere wichtige Punkte sind die Aus- und Weiterbildung der Mitarbeiter und der Aufbau von Strukturen für die interne und externe Kommunikation.

Dabei sollten nach Möglichkeit die bestehenden Verantwortlichen und Prozesse in der Organisation beibehalten werden, beispielsweise die Beauftragten für Strahlenschutz, Gewässerschutz oder Abfall. Die Verantwortlichen und Prozesse müssen im Managementhandbuch dokumentiert werden: Wo es sinnvoll ist, wird in Verfahrensanweisungen näher beschrieben, welche Umweltaspekte in einzelnen Prozessen zu berücksichtigen sind. Das Managementhandbuch dient als Nachschlagewerk und als Hilfestellung für die Mitarbeiter. Im weiteren Verlauf müssen auch alle getroffenen Maßnahmen schriftlich festgehalten und die Aufzeichnungen archiviert werden

Kontroll- und Korrekturmaßnahmen (Phase 5) – Prüfung und Korrektur Alle Maßnahmen müssen kontrolliert werden. Dazu werden die Umweltaspekte erneut erfasst und die Einhaltung der Rechtsvorschriften geprüft. Gleichzeitig führen die internen Auditoren Umweltbetriebsprüfungen durch und bewerten die Verankerung und Wirksamkeit des Umweltmanagementsystems. Dazu begehen die Auditoren in sogenannten internen

Audits den Betrieb, sehen relevante Dokumente ein und befragen die Mitarbeiterinnen und Mitarbeiter.

Die Ergebnisse dieser Erhebungen werden in einem Soll-Ist-Vergleich den Zielen gegenübergestellt. Wo die Ziele verfehlt werden, müssen die Ursachen identifiziert und gegebenenfalls Korrekturmaßnahmen eingeleitet werden. Sowohl die Abweichungen als auch die Korrekturmaßnahmen werden dokumentiert.

Management Review (Phase 6): bewerten und nachbessern Nach der Einführung, Kontrolle und Korrektur bewertet die Organisationsleitung das Umweltmanagementsystem. Dazu legt der Umweltmanagementbeauftragte einen schriftlichen Bericht vor. Bewertet wird, inwiefern die Ziele erreicht wurden, ob die festgelegten Korrekturmaßnahmen sinnvoll waren und ob das Umweltmanagementsystem insgesamt für die Verwirklichung der Umweltpolitik geeignet ist. Sollte dies nicht der Fall sein, muss die Leitung entsprechende Änderungen veranlassen.

Umwelterklärung (Phase 7): die Öffentlichkeit informieren EMAS verpflichtet die teilnehmenden Organisationen, die Öffentlichkeit über ihre Aktivitäten zu unterrichten. Dazu wird jährlich eine Umwelterklärung erstellt, die über die umweltrelevanten Aspekte des Betriebsablaufs, die Umweltauswirkungen sowie die kontinuierliche Verbesserung dieser Aspekte informiert. Die Erklärung dient der Außendarstellung und sollte daher auch die Umweltpolitik, das Umweltprogramm sowie die Beschreibung des Umweltmanagementsystems beinhalten.

Begutachtung (Phase 8) Nach der Einführung des Umweltmanagementsystems wird es von einem externen und unabhängigen Umweltgutachter geprüft. Die Zulassung der Gutachter ist branchenbezogen und erfolgt bei der Deutschen Akkreditierungs- und Zulassungsgesellschaft für Umweltgutachter mbH (DAU). Die DAU ist auch für die Beaufsichtigung der Gutachter zuständig. Der Gutachter kontrolliert in der Organisation insbesondere die Einhaltung der Vorschriften der EMAS-Verordnung, die Einhaltung der einschlägigen Rechtsvorschriften, die Glaubwürdigkeit und Richtigkeit der Daten und Informationen der Umwelterklärung.

Erfüllt die Organisation alle Vorgaben der Verordnung, so erklärt der Gutachter die Umwelterklärung für gültig. Dies bezeichnet man als Validierung.

Registrierung und Logo (Phase 9) Mit der validierten Umwelterklärung kann sich die Organisation an die zuständige Registrierstelle wenden. In Deutschland sind dies die Industrie- und Handelskammern (IHK) sowie die Handwerkskammern (HWK). Liegen keine Verstöße gegen Umweltvorschriften vor, wird die Organisation in das EMAS-Register eingetragen. Sie darf nun mit dem EMAS-Logo werben und ihre Umwelterklärung veröffentlichen. Für den Verbraucher signalisiert das EMAS-Logo, dass die Organisation ein Umweltmanagementsystem nach EMAS eingeführt und sich verpflichtet hat, den betrieblichen Umweltschutz kontinuierlich zu verbessern. Es kennzeichnet die Umweltfreundlichkeit der Organisation, macht jedoch keine Aussagen über einzelne Produkte oder Dienstleistungen. Daher darf es auch nicht zur Produktwerbung eingesetzt werden.

12.4 Kurzvergleich EMAS und ISO 14001

Zusammenfassend kann festgehalten werden: Bei einer Zertifizierung nach ISO 14001 handelt es sich um eine Zertifizierung auf Basis einer international privatrechtlichen Norm. Sie ist damit im internationalen Umfeld anerkannt. Sie hat damit in global tätigen Unternehmen eine größere Bedeutung als EMAS. Seit der Entwicklung von EMAS aufbauend auf der Verordnung (EWG) Nr. 1836/93 des Rates vom 29. Juni 1993 über die freiwillige Beteiligung gewerblicher Unternehmen an einem Gemeinschaftssystem für das Umweltmanagement und die Umweltbetriebsprüfung, aus dem Jahr 1993 hat es zwei bedeutenden Novellierungen EMAS II und EMAS III gegeben.

EMAS II wurde 2001 mit der Verordnung (EG) Nr. 761/2001 des Europäischen Parlaments und des Rates vom 19. März 2001 über die freiwillige Beteiligung von Organisationen an einem Gemeinschaftssystem für das Umweltmanagement und die Umweltbetriebsprüfung (EMAS) eingeleitet. EMAS II zielte im Kern auf eine Erweiterung der bestehenden Anwendungsbereiche von gewerblichen Unternehmen auf sog. Organisationen ab. Es wurde eine systematische Verbesserung der Regelungen im Hinblick auf ISO 14001 vorgenommen, sodass das Umweltmanagement nach EMAS nun „kompatibel" zum Umweltmanagementbegriff der ISO 14001 ff. ist. Ferner wurde bei Unternehmen mit mehreren Standorten eine Validierung in einem Verfahren ermöglicht.

EMAS III basiert auf der Verordnung (EG) Nr. 1221/2009 des Europäischen Parlaments und des Rates vom 25. November 2009 über die freiwillige Teilnahme von Organisationen an einem Gemeinschaftssystem für Umweltmanagement und Umweltbetriebsprüfung und zur Aufhebung der Verordnung (EG) Nr. 761/2001, sowie der Beschlüsse der Kommission 2001/681/EG und 2006/193/EG. Die bedeutendste Änderung durch EMAS III betrifft Erleichterungen für kleine und mittlere Unternehmen. Sie müssen ihre Umwelterklärung nur alle zwei Jahre aktualisieren. Regelmäßig war früher eine jährliche Erstellung der Umwelterklärung verpflichtend. Die Validierung muss durch einen Gutachter nun alle vier (früher drei) Jahre erfolgen. Außerdem konkretisiert die EMAS-III-Verordnung die Anforderungen an den Inhalt der Umwelterklärung und erweitert den Anwendungsbereich der Verordnung auf Unternehmen außerhalb der EU. EMAS III verpflichtet die Mitgliedsstaaten, die Verbreitung von EMAS zu unterstützen. Tab. 12.3. zeigt einige wesentliche Unterschiede zwischen ISO 14001 und dem EMAS-System.

Tab. 12.3 Vergleich zwischen EMAS und ISO 14001

	EMAS	ISO 14001
Grundlage	• Öffentlich-rechtliche Grundlage als europäische Verordnung • Basiert auf Umweltauditgesetz	• Internationaler Standard DIN EN ISO 14001 • Keine rechtliche Grundlage
Inhalt	• Umweltmanagementsystem • Interne und externe Überprüfung • Umweltbericht • Öffentliche Registrierung	• Umweltmanagementsystem • Interne und externe Überprüfung • Zertifikat
Ziele	• Ergebnis und Umweltleistungsorientiert • Kontinuierliche Verbesserung der Umweltleistung	• Verfahrens- und systemorientiert • Kontinuierliche Verbesserung des Umweltmanagementsystems
Anforderungen	• Anforderungen der ISO 14001 • Umweltprüfung (IST-Zustand) • Nachweis über Einhaltung von Rechten und Genehmigungen • Verbesserung der Umweltleistung • Mitarbeiterbeteiligung • Externe Kommunikation • Bereitstellung von Umweltinformationen durch die Umwelterklärung	• Anforderungen der ISO 14001 • Umweltpolitik • Geltende rechtliche Verpflichtungen ermitteln und einhalten • Umsetzung des UMS sicherstellen und intern kommunizieren • Dokumentation und Aufzeichnung • Notfallvorsorge und Gefahrenabwehr • Überprüfung, Messung, Korrekturen, interne Audits und Vorbeugemaßnahmen • Managementbewertung
Betrachtungsebene	• Organisations- und standortbezogen	• organisationsbezogen
Prüfungsinhalt	• Einsicht in Dokumente, Audit vor Ort • Umsetzung der Umweltprüfung, Umweltpolitik, interne Umweltbetriebsprüfung und des Umweltmanagementsystems müssen EMAS-Verordnung entsprechen Prüfung der Daten und Informationen in der Umwelterklärung	• Einsicht in Dokumente, Audit vor Ort • Umweltmanagementsystem muss mit Anforderungen der ISO 14001 übereinstimmen
Prüfer	• EMAS-Umweltgutachter, Umweltgutachterorganisationen und Zertifizierungsorganisationen	• Zertifizierungsorganisationen

Tab. 12.3 (Fortsetzung)

	EMAS	ISO 14001
Nachweis	• Gültigkeitserklärung gültig für drei Jahre • Registrierung in EMAS-Register	• Zertifikat gültig für drei Jahre
Zeitlicher Rhythmus	• Wiederholungsaudit alle drei Jahre • Jährliche Validierung des Umweltberichtes	• Wiederholungsaudit alle drei Jahre • Jährliches Überwachungsaudit
Einbeziehung externer Organisationen	• Zuständige Umweltbehörde wird mit einbezogen	• Keine Einbeziehung
Externe Kommunikation	• Externe Kommunikation ist durch • Umweltbericht bindend	• Umweltpolitik muss der Öffentlichkeit zugänglich sein
Einhaltung der Rechtsvorschriften	• Nachweis erforderlich	• Verfahren zur Bewertung der Einhaltung von rechtlichen Vorschriften erforderlich
Externe Kommunikation	• Externe Kommunikation ist durch Umweltbericht bindend	• Umweltpolitik muss der Öffentlichkeit zugänglich sein
Einhaltung von Rechtsvorschriften	• Nachweis erforderlich	• Verfahren zur Bewertung der Einhaltung von rechtlichen Vorschriften erforderlich
Einbeziehung der Mitarbeiter	• Erforderlich	• Erforderlich

Weiterführende Literatur

Bahner, O. (2013). *Innovationswirkungen normierter Umweltmanagementsysteme: eine ökonomische Analyse von EMAS-I, EMAS-II und ISO 14001*. Berlin: Springer-Verlag.

Brauweiler, J. (2010) Umweltmanagementsysteme nach ISO 14001 und EMAS. In Matthias Kramer (Hrsg.),. *Integratives Umweltmanagement: Systemorientierte Zusammenhänge zwischen Politik, Recht, Management und Technik* (S. 279–299). Wiesbaden: Gabler.

Brauweiler, J. (2013). *Benchmarking von umweltorientiertem Wissen auf unterschiedlichen Aggregationsebenen: eine exploratorische Untersuchung am Beispiel eines Vergleichs von Deutschland, Polen und Tschechien*. Berlin: Springer-Verlag.

Brauweiler, J., & Zenker-Hoffmann, A. (2015). *Umweltmanagementsysteme nach ISO 14001: Grundwissen für Praktiker*. Berlin: Springer-Verlag.

Brauweiler, J., Will, M., & Zenker-Hoffmann, A. (2015). *Auditierung und Zertifizierung von Managementsystemen: Grundwissen für Praktiker*. Berlin: Springer-Verlag.

Förtsch, G., & Meinholz, H. (2014). Umweltmanagementsystem nach DIN EN ISO 14001. In Handbuch Betriebliches Umweltmanagement (S. 93-112). Wiesbaden: Springer Fachmedien.

Janson-Mundel, O., & Reimann, G. (2016). *Erfolgreiches Umweltmanagement nach DIN EN ISO 14001 und EMAS: Lösungen zur praktischen Umsetzung*. Berlin: Beuth.

Kramer, M., & Brauweiler, J. (2000). Strukturen und Aspekte eines Modellansatzes ‚Internationales und interdisziplinäres Umweltmanagement in Zukunftsmärkten'. Umweltschutz in der verwaltungswissenschaftlichen Ausbildung. *Schriftenreihe der Fachhochschule des Bundes für öffentliche Verwaltung, Bd. 35*, 39–51.

Kramer, M., Brauweiler, J., & Helling., K. (2013). *Internationales Umweltmanagement: Band II: Umweltmanagementinstrumente und-systeme*. Berlin: Springer-Verlag.

Markert, B. (2005). Internationales Umweltmanagement. *Umweltwissenschaften und Schadstoff-Forschung, 17*(3), 187.

Pape, J., Unger, K., Rieger, H., & Müller, M. (2013). *Umweltmanagementsysteme zwischen Anspruch und Wirklichkeit: eine interdisziplinäre Auseinandersetzung mit der EG-Öko-Audit-Verordnung und der DIN EN ISO 14001*. D. N. Öko-Audit Ev (Hrsg.). Berlin: Springer-Verlag.

Sailer, U. (2017). *Nachhaltigkeitscontrolling. Was Controller und Manager über die Steuerung der Nachhaltigkeit wissen sollten*. Berlin: UVK.

Sattler, W., & Wange, A. (2016). *Controlling der Nachhaltigkeit. Ethik im Mittelstand* (S. 271–283). Wiesbaden: Springer Fachmedien.

Aufgaben und Wiederholungsfragen 13

13.1 Aufgaben zum Rechnungswesen

Aufgabe 1: Bilanz und GuV – Zuordnen von Positionen
Ordnen Sie folgende Positionen einer Position in der Bilanz oder GuV zu.

a. Raumkosten (Miete)
b. Bürobedarf
c. Zum Verkauf bestimmte Konservendosen
d. Abfüllanlage
e. Bank
f. Löhne und Gehälter
g. Telefonkosten
h. Kasse
i. Betriebsausstattung
j. Körperschaftsteuerrückstellung
k. Markenname
l. Schreibtisch
m. Verluste durch außergewöhnliche Schadensfälle
n. Zinsen für ein von uns an einem Mitarbeiter gewährtes Darlehen
o. Zinsen für Bankdarlehen zur Finanzierung von Betriebskosten
p. Darlehen an einen Gesellschafter
q. EDV-Software

r. Beitrag für die Berufshaftpflichtversicherung
s. Einbehaltene Umsatzsteuer
t. Abzugsfähige Vorsteuer
u. Eingelagerter Laborbedarf

Aufgabe 2: Wesentliche Strukturmerkmale und Grundbegriffe
Beantworten Sie die folgenden Fragen:
a. Beschreiben Sie grundlegend den Unterschied zwischen internem und externem Rechnungswesen.
b. Definieren und erklären Sie die Grundbegriffe: Einzahlung, Auszahlung, Einnahme, Ausgabe, Ertrag, Aufwand, Leistung, Kosten.
c. Nach welchen Kriterien gliedert sich die Bilanz?
d. Welche Verfahren kennen Sie zur Gliederung der Gewinn- und Verlustrechnung?

Aufgabe 3: Kontenrahmen
Häufig wird in Betrieben der Standardkontenrahmen SKR 04 eingesetzt.
Finden Sie die entsprechende Nummer des Kontos:

a. Unbebaute Grundstücke
b. Konzessionen
c. Verbindlichkeiten im Rahmen der sozialen Sicherheit
d. Kasse
e. Raumkosten
f. Bank
g. Forderungen aus Lieferungen und Leistungen
h. Löhne und Gehälter
i. Roh-, Hilfs-, Betriebsstoffe
j. Umsatzerlöse

Aufgabe 4: Buchungssätze
Bilden Sie folgende Geschäftsvorfälle in Buchungssätzen ab.
Hinweis: Ihnen stehen folgende Konten zur Verbuchung zur Verfügung: Fuhrpark, Immaterielle VG, VSt., USt., Fremdleistungen, BGA, Spende, Verb. aLL, Bank, Kasse, Personalaufwand, Bürobedarf, Verb. gg. Kreditinstituten

a. Wir beauftragen eine Werbeagentur mit der Gestaltung einer Homepage und eines Content-Managementsystems für 35.000 Euro. Diese Leistung wird uns zzgl. 19 % MwSt. in Rechnung gestellt.
b. Wir müssen 13 Hilfskräfte beschäftigen. Je Hilfskraft entsteht uns ein Personalaufwand von 675 Euro. Nehmen Sie an, dass der Gesamtbetrag in einer Sammelbuchung unserem Geschäftsgirokonto belastet wird.
c. Es muss Büromaterial im Wert von 2689 Euro inkl. MwSt. 19 % beschafft werden. Dies wird in der Mailingaktion sofort verbraucht.

13.1 Aufgaben zum Rechnungswesen

d. Bei Semesterbeginn wirbt die Versicherungsgesellschaft, für die Sie beschäftigt sind, an 55 deutschen Universitäten um neue Studenten als Versicherungsmitglieder. Ihr Budget sieht hierfür 123.000 Euro vor. Diese Leistung haben Sie ebenfalls an eine Werbeagentur vergeben, die nun eine Rechnung über 130.000 Euro zzgl. MwSt 19 % stellt.
e. Sie müssen einen neuen Messestand anschaffen. Dieser gehört ab sofort ihrer Versicherung und wird jährlich auf vielen Messen eingesetzt. Die Kosten hierfür belaufen sich auf 45.000 Euro inkl. 19 % MwSt.
f. Das Unternehmen, bei dem Sie beschäftigt sind, spendet 60.000 Euro an den WWF.

Aufgabe 5: Übung erfolgsneutrale und erfolgswirksame Buchungsvorgänge
Bei welchen Buchungen aus Aufgabe 4 handelt es sich um erfolgsneutrale, bei welchen um erfolgswirksame Buchungen?

Aufgabe 6: Übung erfolgsneutrale und erfolgswirksame Buchungsvorgänge
Bei welchen der Geschäftsvorfällen handelt es sich um Kosten?

Aufgabe 7: Übung erfolgsneutrale und erfolgswirksame Buchungsvorgänge
Wir hoch ist der Saldo Ihres Umsatzsteuer- bzw. Vorsteuerkontos?

Hinweis: Ob die Vorsteuer tatsächlich in einem Versicherungsunternehmen zum Abzug gebracht werden kann, sei für die Ersterfassung in der Buchführung nicht relevant. Nehmen Sie an, dass über eine Umbuchung eine nachgelagerte Stelle entscheidet.

Aufgabe 8:
Übung erfolgsneutrale und erfolgswirksame Buchungsvorgänge

a. Was sind die wesentlichen Bestandteile des Jahresabschlusses?
b. Wie gliedert sich die Bilanz?

Aufgabe 9: Weitere Kostenbegriffe
Definieren bzw. erklären Sie kurz folgende Kostenbegriffe:

a. Plankosten
b. Sollkosten
c. Istkosten
d. Normalkosten

Aufgabe 10:
Sie sind im Rechnungswesen tätig und sollen die nachfolgenden Sachverhalte im Hinblick auf folgende Begriffe untersuchen: Einzahlung, Auszahlung, Einnahmen, Ausgabe, Ertrag, Aufwand, Leistung, Kosten. Es soll zu Vereinfachung davon ausgegangen werden, dass keine Umsatzsteuer anfällt.

a. A betreibt sein Labor in der Rechtsform einer GmbH. Er kaufte am 06.11.13. 10.000 Liter einer Chemikalie, die sofort in seinem Betrieb verarbeitet werden, für 15.000 Euro. Der Lieferant gewährt ihm ein Zahlungsziel von 4 Wochen. Am 07.12.13 überweist er den Betrag.
b. A kauft am 26.11.13 Büromaterial bar für 260 Euro.
c. A benötigt eine Spezialmaschine. Im Internet findet er den Hersteller K. Laut Internet kostet die Maschine 6000 Euro. Er sendet eine Bestellung über das Internet.
d. K zahlt am 01.11.13 das Oktobergehalt für seinen angestellten Laboranten aus.
e. L fährt auf eine Wochenendfortbildung und bucht ein Hotel. Er bleibt 2 Tage länger und besucht während dieser Zeit seine alten Freunde. Er erhält eine Woche später die Rechnung über 4 Übernachtungen je 100 Euro (Summe 400 Euro). Er überweist die Rechnung umgehend am 03.11.13.
f. Z zahlt Beitrag für die Berufsgenossenschaft für 2014 von 2500 Euro am 06.06.15.
g. A kauft ein Grundstück im angrenzenden Neubaugebiet in der Absicht, dieses nächstes Jahr an einen Bekannten weiter zu verkaufen. Das Geschäft wickelt A über seine Firma (Labor) ab. Er zahlt eine Maklerprovision in Höhe von 2000 Euro.

Aufgabe 11
Ordnen Sie folgende Sachverhalten den folgenden Begriffen zu: neutraler Aufwand, periodenfremder, betriebsfremder, außerordentlicher Aufwand, ordentlicher Ertrag, Zweckaufwand, Grundkosten, Anderskosten, kalkulatorische Kosten, Zusatzkosten.

a. J betreibt seinen Maschinenbaubetrieb in Räumlichkeiten, die sich im Privateigentum seiner Familie befinden. Diese werden ihm unentgeltlich zur Verfügung gestellt. Er möchte allerdings in seiner Kalkulation 900 Euro hierfür ansetzen.
b. P ist Handwerker. Er kann sich derzeit nur ein geringes Gehalt von 2000 Euro aus seinem Betrieb auszahlen. Er rechnet allerdings mit 4000 Euro.
c. K wird konfrontiert mit einer Steuernachzahlung von 2689 Euro.
d. Ein Mitarbeiter hat sich aus der Barkasse Ihres Unternehmens „bedient" (Diebstahl). Es fehlen 5600 Euro.
e. Eine Maschine wird durch Hochwasser vollständig zerstört.

Aufgabe 12
Ordnen Sie zu: Primärkosten, Sekundärkosten, Gemeinkosten, Einzelkosten, Fixkosten, variable Kosten.

a. Gehalt für einen angestellten Umweltwissenschaftler
b. Aufwendungen für den Motorblock, die bei einem Automobilhersteller anfallen
c. Akkordlohn eines Fließbandarbeiters
d. Fixum eines Vertriebsmitarbeiters
e. Aufwendungen für Schrauben, welche in einem Möbelstück verbaut sind

f. Aufwendungen für die Heizung (Gas) der Fertigungshalle
g. Abwasser
h. Feuerversicherung
i. Fahrtkosten eines Außendienstmitarbeiters
j. Miete für die Büros

13.2 Betriebliche Organisation und Rechtsformen

Aufgabe 1: Rechtsformen – Grundlagen

a. Welche Aspekte beeinflussen die Entscheidung bei der Wahl der Rechtsform?
b. Nennen Sie wesentliche Merkmale, die Personen- und Kapitalgesellschaften voneinander unterscheiden.
c. Wodurch ist eine Fusion gekennzeichnet?
d. Nennen Sie Gründe für Fusionen.
e. Nennen Sie 2 weitere Konzentrationsformen.
f. Wieso sind Fusionen für den Wettbewerb schädlich? Nennen Sie 3 Argumente.
g. Welche Behörde wacht über Fusionen?

Aufgabe 2: Rechtsformen – Eigenschaften
Jogi (J), Tom (T) und Samu (S) haben vor, einen Handel mit Fitness- und Wellnessartikeln zu eröffnen. Sie können als Kapital maximal 25.000 EUR aufbringen.

a. Nennen Sie 4 mögliche Rechtsformen, die Jogi, Tom und Samu für ihr Unternehmen wählen könnten. Hinweis: Es soll sich um deutsche Rechtformen handeln.
b. Nennen sie zu jeder der genannten Rechtsformen 3 Eigenschaften bzw. Charakteristika

Aufgabe 3: Gewinnverteilung in Rechtsformen
J, T und S gründen das Unternehmen und bringen folgende Einlagen
    J: 12.500 EUR
    T: 6725 EUR
    S: 6725 EUR

Es wird im ersten Jahr ein Gewinn von 70.000 Euro erwirtschaftet. Wie viel Euro erhält jeder Gesellschafter wenn:

a. J, T, S eine GbR gegründet haben?
b. J, T, S eine OHG gegründet haben? Für diesen Fall soll angenommen werden, dass T bereits für seine Tätigkeit als Geschäftsführer 50.000 Euro erhalten hat und dieser Betrag bereits den Gewinn gemindert hat.

Aufgabe 4: Kooperations- und Konzentrationsformen Sie haben Kooperationsformen und Konzentrationsformen im Markt kennengelernt. Kennzeichnen Sie die Konzentrationsformen mit (A) und die Kooperationsformen mit (B).

Konzern	
Einkaufsgenossenschaft	
Franchise	
Trust	
Kartelle	
Interessengemeinschaft	
Konsortium	

Multiple-Choice: Wiederholung und Vertiefung 14

1. Eine Aktiengesellschaft AG ist grundsätzlich nach HGB buchführungspflichtig.
   - ☐ richtig
   - ☐ falsch

2. Im Handelsgesetzbuch (HGB) gibt es etliche Vorschriften, die grundsätzlich eine Kosten-Leistungsrechnung für den Kaufmann vorschreiben.
   - ☐ richtig
   - ☐ falsch

3. Im Hinblick auf die Buchführung ist das Geschäftsjahr stets gleich dem Kalenderjahr.
   - ☐ richtig
   - ☐ falsch

4. Das externe Rechnungswesen erfolgt freiwillig. Es gibt keine gesetzlichen Vorgaben.
   - ☐ richtig
   - ☐ falsch

5. Eine Überweisung von bzw. auf ein Girokonto kann weder eine Einzahlung noch eine Auszahlung darstellen, da keine Barzahlung stattfindet.
   - ☐ richtig
   - ☐ falsch

6. Das Handelsgesetzbuch gilt nicht für die GmbH.
   - ☐ richtig
   - ☐ falsch

7. Folgende Adressaten gelten im Hinblick auf das Rechnungswesen als interne Adressaten:
   - ☐ Betriebsführung
   - ☐ Gesellschafter
   - ☐ Mitarbeiter
   - ☐ Kunden

8. Folgende Aufwendungen gehören zum neutralen Aufwand:
   - ☐ betriebsfremder Aufwand
   - ☐ Zweckaufwand
   - ☐ periodenfremder Aufwand
   - ☐ Anderskosten

9. Ein Betriebsinhaber überweist am 03.06.15 die Gewerbesteuer für das Jahr 2016. Es handelt sich um:
   - ☐ einen neutralen Aufwand
   - ☐ Anderskosten
   - ☐ kalkulatorische Zinsen
   - ☐ periodenfremden Aufwand

10. Die Kostenrechnung ist Teil des internen Rechnungswesens. Ihre Teilbereiche sind:
    - ☐ Kostenartenrechnung
    - ☐ Kostenstellenrechnung
    - ☐ Kostenplanrechnung

11. Ziele sollten unter anderem im Projektmanagement der SMART-Formel entsprechen. Dies bedeutet.
    - ☐ Smart beutet in diesem Zusammenhang – clever, schlau
    - ☐ S steht für Schnell
    - ☐ M steht für messbar
    - ☐ R steht für risikoarm
    - ☐ T steht für teamorientiert

12. Welche der folgenden Merkmale treffen auf das Rechnungswesen zu?
    - ☐ Ausschließlich vergangenheitsorientiert
    - ☐ Lückenhafte Dokumentation
    - ☐ Ist auch Informationsverarbeitung
    - ☐ Kennt sowohl externe als auch interne Adressaten

13. Die externe Rechnungswesen beinhaltet u. a.:
    - ☐ Inventar
    - ☐ Jahresabschluss

- Kostenträgerrechnung
- Betriebsstatistik
- Sonderbilanzen

14. Susi K. arbeitet in einer Werkstatt. Sie kauft am 01.06.13 Ersatzteile auf Rechnung. Die Ware erhält sie sofort und legt sie auf Lager. Der Lieferant gewährt ihr ein Zahlungsziel von 3 Monaten. Sie zahlt am 01.09. dieses Jahres. Der Geschäftsvorfall vom 01.06. diesen Jahres ist eine:
    - Auszahlung
    - Ausgabe
    - Aufwand
    - Kosten

15. Sie betreiben ein Handelsgeschäft und erbringen am 06.06.13 eine (Dienst)Leistung. Die Rechnung wird noch am selben Tage erstellt und dem Kunden zugesandt. Die Rechnung ist zur sofortigen Zahlung fällig. Der Geschäftsvorfall ist:
    - Einzahlung
    - Einnahme
    - Ertrag
    - Leistung

16. Die externe Rechnungslegung nach dem Handelsrecht hat keinen Einfluss auf die Rechnungslegung im Rahmen des Steuerrechts. Beide Gebiete sind völlig unabhängig voneinander.
    - richtig
    - falsch

17. §§ 140, 141 AO regeln grundlegend, wer nach dem Steuerrecht Bücher zu führen hat.
    - richtig
    - falsch

18. Zu den Grundsätzen der ordnungsgemäßen Buchführung gehören:
    - Übersichtliche Gliederung des Jahresabschlusses
    - Aufwendungen und Erträge sind zu verrechnen
    - Belege müssen laufend nummeriert und geordnet aufbewahrt werden
    - Die Handelsbilanz ist maßgeblich für die Steuerbilanz

19. Freiberufler bestimmen ihren Gewinn durch vollständigen Betriebsvermögensvergleich.
    - richtig
    - falsch

20. Wesentliche Freie Berufe sind in § 18 EStG aufgeführt. Zu den Freiberuflern gehören:
    - Ärzte
    - Rechtsanwälte
    - Gärtner
    - Biologen
    - Geografen
    - Bauingenieure

21. Das Gesamtdeckungsprinzip ist ein Grundsatz der Kameralistik. Er besagt, dass
    - alle Einnahmen zur Deckung aller Schulden dienen.
    - alle Einnahmen zur Deckung aller Ausgaben dienen.
    - ausschließlich die Doppik in der öffentlichen Verwaltung zur Anwendung gelangt.
    - einzelne Einnahmequellen für spezifische Ausgabenzwecke gebunden sind.

22. Folgende Aussagen zur Einnahmeüberschussrechnung sind richtig:
    - Sie ist in § 238 HGB geregelt.
    - Grundsätzlich können auch Physiotherapeuten nach ihr den Gewinn ermitteln.
    - Es gilt das Zufluss-/Abflussprinzip.
    - Nur Aufwendungen und Erträge werden erfasst.
    - Ist kompliziert und sollte nur von großen Betrieben angewandt werden.
    - Sie wird auch „4/3 Rechnung" genannt.

23. Folgende Bestandteile gehören zum (Einzel-)Jahresabschluss nach HGB:
    - Bilanz
    - GuV
    - ggf. Anhang
    - Konzernlagebericht

24. Das HGB regelt die Einnahmeüberschussrechnung und den Betriebsvermögensvergleich.
    - richtig
    - falsch

25. Der Maßgeblichkeitsgrundsatz kann so verstanden werden, dass die Handelsbilanz maßgeblich für die Steuerbilanz ist.
    - richtig
    - falsch

26. Nach HGB buchführungspflichtige Kaufleute können eine Einheitsbilanz zur Erfüllung ihrer Rechnungslegungsverpflichtungen im Rahmen der Besteuerung erstellen
    - richtig
    - falsch

27. Zu den Nachteilen der Kameralistik zählen:
    ☐ Zu große Flexibilität
    ☐ Ausgeschöpfte Budgets führen in der Regel zu Kürzung in den Folgejahren
    ☐ Keine Anreize für sparsames Wirtschaften
    ☐ Dezemberfieber

28. Zu den Grundsätzen der ordnungsgemäßen Buchführung zählen:
    ☐ Lückenhafte Ablage der Belege
    ☐ Klarheit
    ☐ Vollständigkeit
    ☐ Vielfältigkeit
    ☐ Keine Konto ohne Buchung

29. Auf der Seite der Aktiva sind folgende Bilanzpositionen aufgeführt:
    ☐ Umlaufvermögen
    ☐ Immaterielle Vermögensgegenstände
    ☐ Aufwendungen für Instandhaltung
    ☐ Sonstige betriebliche Erträge
    ☐ Forderungen
    ☐ Verbindlichkeiten

30. Positionen der GuV können sein:
    ☐ Rückstellungen für latente Steuern
    ☐ Umsatzerlöse
    ☐ Personalaufwand
    ☐ Anlagenbestand
    ☐ Bankguthaben

31. Eine GmbH muss grundsätzlich ins Handelsregister eingetragen werden.
    ☐ richtig
    ☐ falsch

32. Grundsätze der ordnungsgemäßen Buchführung sind vollständig und abschließend in Gesetzen niedergeschrieben.
    ☐ richtig
    ☐ falsch

33. Folgende Verfahren sind für den Aufbau der GuV geeignet:
    ☐ UKV
    ☐ PKV
    ☐ GKV
    ☐ PKH

34. Nach § 247 Abs. 2 HGB sind im Anlagevermögen nur die Gegenstände auszuweisen, die
    - ☐ vorübergehend dazu bestimmt sind, dem Betrieb zu dienen.
    - ☐ dauerhaft dazu bestimmt sind, dem Betrieb zu dienen.
    - ☐ für mehr als 10 Jahre dazu bestimmt sind, dem Betrieb zu dienen.
    - ☐ nur dem eigentlichen Betriebszweck dienen.

35. Verbindlichkeiten können begründet werden durch:
    - ☐ die Aufnahme eines Darlehens für betriebliche Zwecke
    - ☐ die Aufnahme eines Kredites für private Zwecke
    - ☐ den Einkauf von Rohstoffen auf Ziel
    - ☐ die Vornahme einer Abschreibung auf Güter des Anlagevermögen

36. Folgende Kriterien treffen auf die Bilanzpositionen auf der Aktivseite zu:
    - ☐ maßgeblich orientiert an der Mittelherkunft
    - ☐ maßgeblich orientiert an der Mittelverwendung
    - ☐ geordnet nach Fälligkeit
    - ☐ geordnet nach Flüssigkeit

37. Folgende Kriterien treffen auf die Bilanzpositionen auf der Passivseite zu:
    - ☐ maßgeblich orientiert an der Mittelherkunft
    - ☐ maßgeblich orientiert an der Mittelverwendung
    - ☐ geordnet nach Fälligkeit
    - ☐ geordnet nach Flüssigkeit

38. Positionen, die in der Bilanz dem Eigenkapital zuzuordnen sind, sind:
    - ☐ Verbindlichkeiten aus Lieferungen und Leistungen
    - ☐ Gezeichnetes Kapital
    - ☐ Gewinn-/Verlustvortrag
    - ☐ Jahresüberschuss/Jahresfehlbetrag
    - ☐ Drohende Verluste aus schwebenden Geschäften
    - ☐ Verbindlichkeiten gegenüber Kreditinstituten

39. Die Bilanz können Sie nach der Kontenform oder der Staffelform gliedern.
    - ☐ richtig
    - ☐ falsch

40. Die GuV können Sie nach der Konten- oder der Staffelform gliedern.
    - ☐ richtig
    - ☐ falsch

41. Bei den von Datev herausgegebenen SKR handelt es sich im Wesentlichen um branchenspezifische Kontenrahmen.
    - ☐ richtig
    - ☐ falsch

42. Der Kontenrahmen nach SKR 03 (idF. 2016) ordnet den angegebenen Nummern folgende Konten zu.
    - ☐ 0015 Konzessionen
    - ☐ 0090 Geschäftsbauten
    - ☐ 1792 Sonstige Verrechnungskonten (Interimskonten)
    - ☐ 169 Rechnungsabgrenzungsposten
    - ☐ 8655 Abschreibungen auf Sachanlagen

43. Das magische Dreieck im Projektmanagement umfasst die drei Ziele:
    - ☐ Ergebnis/Qualität
    - ☐ Termin
    - ☐ Projektleiter
    - ☐ Kosten
    - ☐ Projektteam

44. Ein Multiprojektmanagement ist nach DIN 69909 Teil 1: ein "organisatorischer und prozessualer Rahmen für das Management mehrerer einzelner Projekte. Das Multiprojektmanagement kann in Form von Programmen oder Projektportfolios organisiert werden. Dazu gehört insbesondere die Koordinierung mehrerer Projekte bezüglich ihrer Abhängigkeiten und gemeinsamer Ressourcen."
    - ☐ richtig
    - ☐ falsch

45. Welche Unternehmensformen sind Kapitalgesellschaften?
    - ☐ KG
    - ☐ OHG
    - ☐ GmbH
    - ☐ e.K.
    - ☐ AG

46. Welche Unternehmensformen sind Personengesellschaften?
    - ☐ SE
    - ☐ OHG
    - ☐ GmbH
    - ☐ KGaA
    - ☐ GmbH & Co. KG

47. Die Inventur ist gesetzlich geregelt in:
    ☐ § 240 HGB
    ☐ § 241 HGB
    ☐ § 266 HGB
    ☐ § 264a HGB

48. Es gibt keine steuerrechtlichen Vorschriften zur Inventur.
    ☐ richtig
    ☐ falsch

49. Folgende Positionen gehören zum Umlaufvermögen:
    ☐ Kasse
    ☐ Bank
    ☐ Schecks
    ☐ Grundstücke
    ☐ Maschinen

50. Die Kostenrechnung ist Teil des externen Rechnungswesen.
    ☐ richtig
    ☐ falsch

51. Das Rechnungswesen wird auch als Management Accounting bezeichnet.
    ☐ richtig
    ☐ falsch

52. Aus Sicht der Kostenrechnung stellt die Leistung an einem Kunden einen Kostenträger dar.
    ☐ richtig
    ☐ falsch

53. Folgende Aussagen zur „gGmbH" sind zutreffend
    ☐ Die Gemeinnützigkeit entsteht durch Erklärung gegenüber dem Gewerbeamt.
    ☐ Sie ist gemeinnützig und damit keine juristische Person.
    ☐ Sie ist keine Kapitalgesellschaft.
    ☐ Die Gemeinnützigkeit muss durch das Finanzamt anerkannt werden.

54. Für die Inventur sind folgende Grundsätze zu beachten:
    ☐ GoI
    ☐ GoB
    ☐ umgekehrtes Maßgeblichkeitsprinzip

55. Projekte müssen organisiert werden. Welche der folgenden Aussagen sind richtig?
    - ☐ Die Projektorganisation kann an den Grundmodellen aus der Aufbauorganisation (Einliniensystem, Mehrlininensystem, u. a. Matrixorganisation etc.) aufgebaut werden.
    - ☐ In der Projektorganisation gibt es keine Stabsstellen.
    - ☐ In Projekten werden häufig Lenkungsausschuss oder Fachausschüsse gebildet
    - ☐ Ein Lenkungsausschuss ist ein Gremium, das überwiegend beratende und unterstützende Funktion in einem Projekt hat, dem aber keine Entscheidungskompetenz zukommt. Im Vordergrund steht der fachliche Austausch.

56. Teilgebiete des externen Rechnungswesen sind:
    - ☐ FiBu und Bilanz
    - ☐ Betriebsstatistik
    - ☐ Vergleichsrechnung
    - ☐ Planungsrechnung
    - ☐ Kostenrechnung

57. Teilgebiete des internen Rechnungswesen sind:
    - ☐ FiBu und Bilanz
    - ☐ Betriebsstatistik
    - ☐ Vergleichsrechnung
    - ☐ Planungsrechnung
    - ☐ Kostenrechnung

58. Die GuV kann nach dem GKV und UKV aufgestellt werden.
    - ☐ richtig
    - ☐ falsch

59. Vorschriften speziell zur Gemeinnützigkeit finden sich in der Abgabenordnung unter:
    - ☐ § 51 AO
    - ☐ § 140 AO
    - ☐ § 141 AO
    - ☐ § 88 AO

60. Im Anlagenverzeichnis sind aufzunehmen:
    - ☐ genaue Bezeichnung des Gegenstandes
    - ☐ Tag der Anschaffung
    - ☐ Nutzungsdauer
    - ☐ Bilanzkonto
    - ☐ Angaben zur steuerlichen Bewertung

61. Es sind folgende Arten der Inventur zu unterscheiden:
    ☐ Inventar
    ☐ Körperliche Inventur
    ☐ Buchinventur
    ☐ Anlageninventur
    ☐ Betriebsprüfung

62. Um eine sinnvolle Kostenrechnung durchführen zu können ist es zweckmäßig,
    ☐ Gemeinkosten über Kostenstellen auf die Kostenträger zu verrechnen.
    ☐ Einzelkosten über Kostenstellen auf die Kostenträger zu verrechnen
    ☐ Einzelkosten direkt dem Kostenträger zuzuordnen.

63. Sie arbeiten bei einem Automobilhersteller. Ihre Abteilung erbringt eine Leistung für eine andere Abteilung.
    ☐ Die andere Abteilung ist ein Kostenträger.
    ☐ Die andere Abteilung ist eine Kostenstelle.
    ☐ Die andere Abteilung ist eine Kostenart.

64. Sie sind in einem großen Unternehmen mit umfangreichen Waren- und Lagerbeständen tätig. Die Bestände der Rohstoffe und Waren unterliegen in ihrer Höhe durch den ständigen Produktionsprozess starken Schwankungen. Welche Form der Inventur ist in der Regel am sinnvollsten?
    ☐ Stichtagsinventur
    ☐ Verlegte Inventur
    ☐ Permanente Inventur

65. Die Stichtagsinventur ist die schnellste und einfachste Inventurmethode und sollte daher immer angewandt werden.
    ☐ richtig
    ☐ falsch

66. Folgende Aussagen treffen auf das Inventar zu:
    ☐ Es wird durch eine Inventur ermittelt.
    ☐ Die Darstellung erfolgt in Staffelform.
    ☐ Die Aufbewahrungsfrist beträgt 5 Jahre.
    ☐ Mengen, Werte und Wiederbeschaffungswerte werden angegeben.

67. Ein Kollege konfrontiert sie mit folgender Definition des Rechnungswesens. Sie wissen, dass es unterschiedliche Definitionsmöglichkeiten gibt, die sich in ihrem Detaillierungsgrad unterscheiden. Ist die Definition des Kollegen vertretbar?
    „Das Rechnungswesen erfasst nicht nur Veränderungen des Bestandes an Bargeld und Bankguthaben, sondern auch die des Bestandes an Forderungen und Verbindlichkeiten

und des Sachvermögens sowie direkt durch den betrieblichen Leistungsprozess verursachte Aufwendungen. Dabei ist nur die Sicht der Unternehmensleitung entscheidend, andere Gesichtspunkte werden im Rechnungswesen nicht berücksichtigt".
- ja
- nein

68. Sie müssen in Ihrem Betrieb Bestände an Waren, Vorräten, Verbindlichkeiten und Forderungen bestimmen. Sie können sich für die Stichtagsmethode, die verlegte Inventur oder die permanente Inventur oder das Stichprobenverfahren entscheiden. Folgende Aussagen sind richtig:
    - Sie können sich nur für eine Methode entscheiden.
    - Sie können je nach Bedarf und Zweckmäßigkeit für den jeweiligen Bereich eine Inventurmethode auswählen.
    - Sie müssen in einem solchen Fall immer die Stichtagsinventur wählen.

69. Welche Arten der Abschreibungen gibt es u. a.?
    - lineare Abschreibung
    - gewillkürte Abschreibung
    - geometrisch-degressive Abschreibung
    - leistungsbezogene Abschreibung

70. Kapitalgesellschaften sind Formkaufmann und unterliegen auch der Buchführungspflicht nach HGB. Für die GmbH gibt es ergänzende Regelungen zur Buchführung und Bilanz in den folgenden §§:
    - § 41 GmbHG
    - § 13 GmbHG
    - § 35 GmbHG
    - § 42 GmbHG

71. Kapitalgesellschaften sind Formkaufmann und unterliegen auch der Buchführungspflicht nach HGB. Für die AG gibt es ergänzende Regelungen zur Buchführung und Bilanz/Jahresabschluss in den folgenden §§:
    - § 90 AktG
    - § 91 AktG
    - § 101 AktG
    - § 236 AktG

72. Bei der Einkommensteuer handelt es sich um eine Steuer mit folgenden Merkmalen:
    - Personensteuer
    - Verbrauchsteuer
    - Quellensteuer
    - Indirekte Steuer

73. Die Einkommensteuerpflicht knüpft an folgende Merkmale bezgl. des Steuerpflichtigen an:
    ☐ Wohnsitz im Ausland
    ☐ Wohnsitz im Inland
    ☐ Ort des gewöhnlicher Aufenthalt in Deutschland
    ☐ Deutsche Staatsbürgerschaft

74. Es gibt folgende Gewinneinkunftsarten:
    ☐ Einkünfte aus Land- und Forstwirtschaft
    ☐ Einkünfte aus Gelegenheitsgeschäften
    ☐ Einkünfte aus selbständiger Arbeit
    ☐ Einkünfte aus Gewerbebetrieb
    ☐ Einkünfte aus internationalen Handelsgeschäften
    ☐ Einkünfte aus nicht selbständiger Arbeit

75. Folgende Einkünfte gehören zu den Überschusseinkünften
    ☐ Einkünfte aus heilberuflicher Tätigkeit
    ☐ Einkünfte aus nichtselbständiger Arbeit
    ☐ Einkünfte aus Erbschaften
    ☐ Einkünfte aus Schenkungen
    ☐ Einkünfte aus Vermietung und Verpachtung
    ☐ Einkünfte aus Kapitalvermögen

76. Der Lohn, den ein Geschäftsführer einer GmbH erhält, ist als Einkunft aus selbständiger Arbeit zu qualifizieren.
    ☐ richtig
    ☐ falsch

77. Im Rahmen der Einkommensteuer ist lediglich das Einkommensteuergesetz zu berücksichtigen. Es gibt keine weiteren Rechtsvorschriften, die zu berücksichtigen sind.
    ☐ *richtig*
    ☐ *falsch*

78. Folgende Steuern sind Verbrauchsteuer:
    ☐ Mineralölsteuer
    ☐ Tabaksteuer
    ☐ Einkommensteuer
    ☐ Grunderwerbsteuer

79. Zu den Nebenbüchern in der Buchhaltung zählen:
    ☐ das Lagerbuch
    ☐ das Journal

☐ das Hauptbuch
☐ das Rechnungsausgangsbuch

80. Folgende Sätze zu der Einnahmeüberschussrechnung sind zutreffend:
☐ Eine Inventur ist jedes Jahr erforderlich.
☐ Sie gibt einen genauen Überblick über ihr Vermögen und ihre Schulden.
☐ Die Anschaffungskosten für Anlagegüter (Anlagevermögen) dürfen nicht bei Auszahlung als Ausgabe voll berücksichtigt werden, sondern nur in Höhe der AfA.
☐ Sie ist besser als die doppelte Buchführung für die Planung und Steuerung des Betriebes geeignet.
☐ Sie kann generell von jedem Unternehmen als Gewinnermittlungsform für das externe Rechnungswesen verwendet werden.

81. Welche Formen des Rechnungswesens sind dem Bereich der öffentlichen Verwaltung zuzuordnen?
☐ Kameralistik
☐ Doppik
☐ Doppelte Buchführung
☐ Einnahmeüberschussrechnung

82. Die Umsatzsteuer hat sowohl Merkmale einer Verkehrsteuer als auch einer Verbrauchsteuer.
☐ richtig
☐ falsch

83. Folgende Zahlungen werden bei der Ermittlung der Einkommensteuerzahllast an das Finanzamt berücksichtigt:
☐ bereits entrichtete Lohnsteuer
☐ Umsatzsteuer
☐ Zinsabschlagsteuer

84. Dr. Helge S. ist Toxikologe arbeitet als „Freelancer" für mehrere Unternehmen. Er erzielt aus dieser Tätigkeit Einkünfte in Höhe von 150.000 Euro p.a.. Nebenbei betreibt er mit seinem Bruder Otto W. einen Handel mit Laborbedarf. Hierzu haben Sie die Rechtsform einer OHG gewählt. Hieraus erzielt er Einkünfte in Höhe von 20.000 Euro p.a.. Helge S. hat sich ebenfalls vor einigen Jahren ein kleines Appartement zugelegt, welches er nun vermietet. Er erzielt hier Einkünfte von 60.000 Euro. Welche der folgenden Aussagen sind richtig:
☐ Helge S erzielt 170.000 Euro im Bereich der Überschusseinkunftsarten.
☐ Helge S erzielt 170.000 Euro im Bereich der Gewinneinkunftsarten.
☐ Helge S erzielt 60.000 Euro im Bereich der Überschusseinkunftsarten.
☐ Helge S erzielt 230.000 Euro im Bereich Gewinneinkunftsarten.

85. Die Veranlagung ist das förmliche Verfahren, nach dem die Besteuerungsgrundlagen im Rahmen der Einkommensteuer ermittelt werden und die Steuerschuld festgesetzt wird. Es ist geregelt in
    ☐ § 13 EStG
    ☐ § 15 EStG
    ☐ §w § 25 ff. EStG
    ☐ § 32 a EStG

86. Die Höhe der Abschreibung richtet sich nach der:
    ☐ Einschätzung des Unternehmer
    ☐ Nutzungsdauer
    ☐ Art der Buchführung
    ☐ Vorgabe der IHK
    ☐ Vorgabe durch den Steuerberater
    ☐ Art der Kostenrechnung

87. Sie betreiben in Ihrem Betrieb die doppelte Buchführung. Oft sind Ausgaben auch Kosten. In welchen der nachfolgenden Fälle ist dies nicht der Fall?
    ☐ Kreditrückzahlung
    ☐ Gehälter
    ☐ Reparatur eines Mikroskops
    ☐ Berufshaftpflichtversicherung eines Arztes
    ☐ Kauf eines Computers

88. Der Regelkreis des Qualitätsmanagement umfasst.
    ☐ Qualitätsplanung
    ☐ Qualitätslenkung
    ☐ Qualitätspolitik
    ☐ Qualitätssicherung

89. TQM bezeichnet die durchgängige, fortwährende und alle Bereiche einer Organisation erfassende, aufzeichnende, sichtende, organisierende und kontrollierende Tätigkeit, die dazu dient, Qualität als Systemziel einzuführen und dauerhaft zu garantieren.
    ☐ richtig
    ☐ falsch

90. Güter sind Mittel zur Befriedigung von Bedürfnissen.
    ☐ richtig
    ☐ falsch

91. Welche der folgenden Beschreibungen trifft auf den Begriff „Skonto" zu?
    □ Preisnachlass bei der Erfüllung besonderer Voraussetzungen
    □ Prozentualer Abzug vom Rechnungsbetrag bei Bezahlung innerhalb einer gesetzten Frist
    □ Rückgängigmachung eines Kaufvertrages
    □ Verzinsung des Kaufpreises bei Zahlungsverzug

92. Konzerne stellen eine Konzentrationsform von Unternehmen dar. Ein horizontaler Konzern ist gekennzeichnet durch:
    □ Die Verflechtung mehrerer Unternehmen auf derselben Wertschöpfungsebene
    □ Die Verflechtung mehrerer Unternehmen auf unterschiedlichen Wertschöpfungsstufen
    □ Die Verflechtung mehrerer Unternehmen aus unterschiedlichsten Branchen

93. Das gerichtliche Mahnverfahren beginnt mit dem:
    □ Verzug
    □ Mahnung
    □ Inkassoschreiben
    □ Antrag auf Erlass eines Mahnbescheides
    □ Vollstreckungsbescheid

94. Fixkosten verändern sich nicht mit der produzierten Menge. Fixkosten ändern sich mit der Produktionskapazität.
    □ richtig
    □ falsch

95. Welche der folgenden Begriffe sind primär Begriffe des externen Rechnungswesens?
    □ Erträge
    □ Kosten
    □ Leistungen
    □ Aufwendungen
    □ Auszahlungen

96. Werden Unternehmensgewinne einbehalten, so spricht man von:
    □ Approximation
    □ Thesaurierung
    □ Evaluierung
    □ Factoring

97. Eine zweifelhafte Forderung liegt vor, wenn
    □ der Kunde nicht zahlen möchte.
    □ ein Vergleichsverfahren vor Gericht eröffnet ist.
    □ ein Wechselprotest erfolgt.

98. Kosten für Produktionsfaktoren, die ein Unternehmen nicht selbst herstellt, sondern von Beschaffungsmärkten bezieht, sind
    ☐ Sekundärkosten
    ☐ Primärkosten
    ☐ Einzelkosten
    ☐ Gemeinkosten

99. Kosten, die direkt einem Kostenträger zugerechnet werden können sind
    ☐ Sekundärkosten
    ☐ Primärkosten
    ☐ Einzelkosten
    ☐ Gemeinkosten

100. Die Abkürzung EMAS steht für:
    ☐ Eco-Management and Audit Scheme
    ☐ European Management and Audit Scheme
    ☐ Eco-Management Accounting Schedule
    ☐ Ecological Matrix and Accounting Scheme

101. Zu den Vorteilen von EMAS gehören:
    ☐ Das System erfordert wenig Lern- und Organisationsbereitschaft im Unternehmen
    ☐ Durch eine veröffentlichte Umwelterklärung werden die Umweltauswirkungen für Dritte transparenter.
    ☐ Das System trägt automatisch zu Effizienzsteigerungen bei.
    ☐ EMAS erfasst alle Bereiche von Unternehmungen und Organisationen.
    ☐ EMAS wirkt in Richtung des reinen Umweltschutzes als auch unter dem Aspekte der Verbesserung der Öko-Effizienz

102. Folgende Aussagen zu EMAS sind richtig:
    ☐ EMAS III führt zu Erleichterungen für kleinere und mittlere Unternehmen
    ☐ Umwelterklärungen müssen nach EMAS III alle zwei Jahre aktualisiert werden.
    ☐ Umwelterklärungen müssen nach EMAS III jedes Jahr aktualisiert werden.
    ☐ Nach EMAS III erfolgt eine Validierung der Umwelterklärung alle vier Jahre.
    ☐ Nach EMAS III erfolgt eine Validierung der Umwelterklärung alle drei Jahre.
    ☐ Wesentliche Teile der EMAS-Verordnung werden in Deutschland durch das Umweltauditgesetzes (UAG) umgesetzt.
    ☐ Das UAG legt Höchstwerte für CO_2-Emissionen von zertifizierungsfähigen Unternehmen fest.
    ☐ Das UAG konstituiert den Umweltgutachterausschuss (UAG).
    ☐ Der UAG hat die Aufgabe ein Register bzgl. aller Umweltmanagementbeauftragten in der EU zu erstellen.

- Der UAG setzt sich aus Vertretern der Wirtschaft, Umweltgutachtern, Umwelt- und Wirtschaftsverwaltung des Bundes und der Länder, Gewerkschaften und Umweltverbänden zusammen.
- EMAS basiert auf der Verordnung (EWG) Nr. 1836/1893 des Rates vom 29. Juni 1993 über die freiwillige Beteiligung gewerblicher Unternehmen an einem Gemeinschaftssystem für das Umweltmanagement und die Umweltbetriebsprüfung, aus dem Jahr 1993.

103. Welche der folgenden Aussagen zu Umweltmanagementsystemen ist richtig?
- UMS werden häufiger nach EMAS als nach ISO 14001 aufgebaut und zertifiziert.
- EMAS ist international akzeptiert.
- Die Umsetzung von ISO 14001 ff. ist für jedes Unternehmen verpflichtend.
- Allgemein kann man sagen, dass die Umweltpolitik die langfristige Grundlage und den Rahmen des umweltbezogenen unternehmerischen Handelns bildet und auf umweltbezogenen Leitlinien und Handlungsgrundsätzen ein Gesamtziel festlegt.

104. Sie wissen, dass EMAS III Umweltleistungen über Kernindikatoren in der Umwelterklärung berücksichtigt. Zu den Umweltleistungen zählen:
- Energieeffizienz
- Mitarbeiterzufriedenheit
- Ökonomische Kennzahlen, wie Gewinn/Verlust, Bilanzsumme, Umsatzrentabilität
- Materialeffizienz
- Wasser
- Abfall
- Kundezufriedenheit
- Biologische Vielfalt
- Emissionen

105. Der Vorgang der Begutachtung durch einen Umweltgutachter im Rahmen des Umweltmanagements wird auch als Validierung bezeichnet.
- richtig
- falsch

106. Folgende Aussagen zur Normung sind zutreffend:
- Durch Normung kann die Eignung von Produkten, Prozessen und Dienstleistungen für ihre geplanten Zwecke verbessert werden.
- Es ist immer im Sinne des Konsumenten genormte Produkte und Dienstleistungen zu konsumieren.
- Normung zielt auch auf eine Förderung des Austausches von Waren und Dienstleistungen ab.
- Normung erleichtert die technische und kommunikative Zusammenarbeit.
- Normung schafft eine große Heterogenität.

107. Eine Umweltzertifizierung nach EMAS läuft in mehreren Phasen ab. Welche der unten genannten Phasen gehören zum EMAS-Kreislauf?
    - ☐ Umweltprüfung
    - ☐ Managementbewertung
    - ☐ Controlling
    - ☐ Umwelterklärung
    - ☐ Prüfung durch einen QMB
    - ☐ Registrierung durch das BMU
    - ☐ Umweltprogramm

108. Im Rahmen des Aufbau eines UMS kommen u. a. folgende betriebswirtschaftliche Konzepte zum Einsatz:
    - ☐ Business-Process-Reengineering
    - ☐ KVP
    - ☐ PDCA

109. Betrachtet man die Einrichtung eines UMS unter den Gesichtspunkten des PDCA-Zyklus, so gehören folgende Prozesse in die DO-Phase:
    - ☐ Erstellen einer Umwelterklärung
    - ☐ Interne Audits
    - ☐ Anwenden des Umweltprozesse durch „Leben des Systems"
    - ☐ Zertifizierung
    - ☐ Definition der Umweltpolitik

110. Sie haben das Konzept des CSR kennengelernt. Welche Aussagen sind richtig:
    - ☐ Nach Carroll wird die gesellschaftliche Verantwortung von Unternehmen in fünf Ebenen eingeteilt
    - ☐ Grundsätzlich wird nach ökologischen, sozialen und ökonomischen Aspekten differenziert.
    - ☐ Die ökonomische Perspektive hat sich der ethischen Verantwortung unterzuordnen.
    - ☐ Auf der obersten Stufe der CSR-Pyramide steht die ökonomische Perspektive. Hier ist es mindestens erforderlich, dass das Unternehmen kostendeckend arbeitet.

111. Welche Aussagen zum Qualitätsmanagement sind richtig:
    - ☐ Die interne Kommunikation hat keinen Einfluss auf die Qualität der erzeugten Leistung
    - ☐ Anordnungswege und Mittelungswege sind im Rahmen der internen Kommunikation von Bedeutung und können die Qualität des Leistungsprozess beeinflussen.
    - ☐ Die Aufbauorganisation wird in Organigrammen abgebildet.
    - ☐ Die Ablauforganisation bezieht sich auf die Prozesse eines Unternehmens.
    - ☐ Die qualitätsorientierte Sichtweise zwingt die Mitarbeiter dazu nicht über die Unternehmensgrenzen hinaus zu denken.

112. Der PDCA-Zyklus wird auch Deming-Kreis (nach seinem Erfinder) genannt.
    ☐ richtig
    ☐ falsch

113. Zu den Aufgaben des Qualitätsmanagementbeauftragten gehören:
    ☐ Einführung und Weiterentwicklung des Qualitätsmanagement-Systems
    ☐ die Planung, Überwachung und Korrektur des Qualitätsmanagement-Systems
    ☐ die Koordination der Erstellung, Überwachung und Lenkung des Qualitätsmanagement-Handbuchs sowie der Dokumente und Aufzeichnungen
    ☐ Anfertigen des Jahresabschlusses
    ☐ die Planung, Initiierung, Koordination und Evaluation von internen Qualitätsmanagement-Projekten einschließlich einrichtungsbezogener und/oder -übergreifender Arbeitsgruppen bzw. Qualitätszirkel
    ☐ das Sammeln und Auswerten von Informationen und Daten im Rahmen des Qualitäts-Controllings
    ☐ Überwachung einzelner Betriebsstäten im Hinblick auf ihren Umsatz
    ☐ die Planung und Durchführung von internen Audits
    ☐ die regelmäßige Berichterstattung an die Leitung über den Entwicklungsstand und die Wirksamkeit des Qualitätsmanagement-Systems einschließlich der Übermittlung qualitätsrelevanter Daten
    ☐ die Vor- und Nachbereitung sowie Begleitung externer Audits
    ☐ Auswahl des Auditors
    ☐ Beratung der Unternehmensleitung bei der Entwicklung der Qualitätsziele und -politik
    ☐ die Planung und Durchführung von Schulungsmaßnahmen bezüglich des Qualitätsmanagements
    ☐ die Motivation und Beratung der Mitarbeiter/innen in Fragen zum Qualitätsmanagement
    ☐ die Bearbeitung von Patientenbeschwerden

114. Zu den Grundsätzen des Qualitätsmanagements zählen:
    ☐ Kundenorientierung
    ☐ Verantwortlichkeit der Führung
    ☐ Einbeziehung der beteiligten Personen
    ☐ Prozessorientierter Ansatz
    ☐ Systemorientierter Managementansatz
    ☐ Kostenrechnung
    ☐ Kontinuierliche Verbesserung
    ☐ Beteiligungscontrolling
    ☐ Sachbezogener Entscheidungsfindungsansatz
    ☐ Lieferantenbeziehungen zum gegenseitigen Nutzen

115. Im PDCA – Zyklus findet die Einführung von Maßnahmen oft in Form eines Ausprobierens von Neuerungen in der:
    ☐ P-Phase
    ☐ D-Phase
    ☐ C-Phase
    ☐ A-Phase
    ☐ statt.

116. Folgende Aussagen treffen auf Controlling zu?
    ☐ Controlling basiert in der Regel nicht auf Rechtsvorschriften und ist in das Ermessen des Betriebes gestellt.
    ☐ Controlling ist nur auf Kontrolle und Überwachung innerbetrieblicher Vorgänge gerichtet.
    ☐ Controlling ist nur auf Kontrolle und Überwachung innerbetrieblicher und außerbetrieblicher Vorgänge gerichtet.
    ☐ Wesentliche Aufgaben des Controlling sind Planung, Steuerung und Kontrolle betrieblicher Vorgänge.

117. Welche Aussagen treffen auf den Controller zu?
    ☐ Controller leisten begleitenden betriebswirtschaftlichen Service für das Management zur zielorientierten Planung und Steuerung.
    ☐ Controller sorgen für die Ergebnis-, Finanz-, Prozess- und Strategietransparenz und tragen somit zur höheren Wirtschaftlichkeit bei.
    ☐ Controller koordinieren Teilziele und Teilpläne ganzheitlich und organisieren unternehmensübergreifend zukunftsorientiertes Berichtswesen.
    ☐ Controller stellen den Jahresabschluss auf.
    ☐ Controller moderieren den Controlling-Prozess so, dass jeder Entscheidungsträger zielorientiert handeln kann.
    ☐ Das HGB schreibt vor, dass Betriebe mit mehr als 500 Mitarbeitern einen Controller bestellen müssen.
    ☐ Controller gestalten und pflegen die Controlling-Systeme.

118. Die BCG-Matrix ist eine Portfolio-Technik.
    ☐ richtig
    ☐ falsch

119. In der BCG-Matrix werden vier Felder: Fragezeichen, Stern, Melkkuh und arme Hunde unterschieden. Die Fragezeichen sind gekennzeichnet durch:
    ☐ Niedrigen Marktanteil und hohes Marktwachstum
    ☐ Hohen Marktanteil und hohes Marktwachstum
    ☐ Niedriger Marktanteil und niedriges Marktwachstum
    ☐ Hoher Marktanteil und niedriges Marktwachstum

120. Lesen Sie die folgende Beschreibung und ordnen Sie diese einem Portfolio-Feld zu.
  „Etablierte Produkte in unattraktiv gewordenen Markt, geringer Finanzbedarf aufgrund geringer Konkurrenzbedrohung, sehr gute Ertragssituation, hoher Cash-flow. Halten der Marktposition erforderlich, Abschöpfen der Überschüsse."
  ☐ Star
  ☐ *Poor Dog*
  ☐ *Cash Cow*
  ☐ *Questionmark*

121. Die Vorwärtskalkulation bezeichnet eine Kalkulationsart, die durchzuführen ist, bevor ein Produkt auf den Markt kommt.
  ☐ richtig
  ☐ falsch

122. Die Teilkostenkalkulation bezeichnet eine Kalkulationsart, die nur Einzel- und Gemeinkosten berücksichtigt.
  ☐ richtig
  ☐ falsch

123. Zero-Base-Budgetierung ist eine Kalkulationsart.
  ☐ richtig
  ☐ falsch

124. Ziel des Zero-Base-Budgeting (ZBB) ist es, Einzelkosten zu senken.
  ☐ richtig
  ☐ falsch

125. Für unseren Betrieb fallen Zinsaufwendungen für ein dem Betrieb gewährten Darlehen (Betriebsmittelkredit) an. Die Zinsen sind:
  ☐ Einzelkosten
  ☐ Gemeinkosten
  ☐ Primärkosten
  ☐ Sekundärkosten
  ☐ Zusatzkosten
  ☐ Anderskosten
  ☐ Grundkosten

126. Kosten repräsentieren den Wert von zugegangen Gütern und Dienstleistungen in einer Periode.
  ☐ richtig
  ☐ falsch

127. Folgende Aussagen zur SWOT-Analyse sind richtig:
    ☐ Sie kommt regelmäßig im Rahmen der Kostenstellenrechnung zum Einsatz.
    ☐ Sie kann beim Markteintritt für ein Unternehmen hilfreich sein.
    ☐ Sie ist ein Instrument der Ergebnisrechnung.
    ☐ Ein Haupteinsatzgebiet ist das strategische Controlling.

128. Zu den Personengesellschaften zählen:
    ☐ GbR
    ☐ GmbH
    ☐ KGAA
    ☐ KG

129. Sie haben Kooperations- und Konzentrationsformen kenngelernt. Folgende Aussagen sind richtig:
    ☐ Die Fusion ist die schwächste Konzentrationsform.
    ☐ Fusionen können vollkommen frei am Markt stattfinden. Es gibt keine staatliche Aufsicht.
    ☐ Fusionen fördern den Wettbewerb.
    ☐ Fusionen beinhalten das Potential schwächere Marktteilnehmer zu diskriminieren und den Wettbewerb zu ihren Gunsten auszuhebeln.

130. Ein Kollege spricht mit Ihnen über Franchise. Er definiert:
    Franchising ist ein auf Partnerschaft basierendes Absatzsystem mit dem Ziel der Verkaufsförderung. Der sogenannte Franchisegeber übernimmt die Planung, Durchführung und Kontrolle eines erfolgreichen Betriebstyps. Er erstellt ein unternehmerisches Gesamtkonzept, das von seinen Geschäftspartnern, den Franchisenehmern, selbstständig an ihrem Standort umgesetzt wird.
    Ist diese Definition vertretbar?
    ☐ ja
    ☐ nein

131. Zu den Vorteilen von Franchise gehören:
    ☐ hohe Kapitalbindung
    ☐ bereits vorhandener Bekanntheitsgrad und ggf. Kundenstamm
    ☐ geringe Anfangsinvestitionen im Vergleich zu einer „echten" Neugründung.
    ☐ hohe Flexibilität und freie Auswahl im Hinblick auf die vermarkteten Produkte
    ☐ freie Wahl des Corporate Designs

132. Folgende Aussagen zu Rechtsformen sind richtig:
    ☐ Eine Fusion kann nur in der Rechtsform einer AG stattfinden.
    ☐ Ein Einzelunternehmen darf nicht mehr als 10 Angestellte haben; ansonsten ist es in eine GmbH umzuwandeln.

□ Die OHG ist eine Kapitalgesellschaft.
□ Die UG ist eine Sonderform der GmbH.
□ Die OHG ist eine Personengesellschaft.

133. Bei der Wahl der Rechtsform spielen folgende Gesichtspunkte eine Rolle
    □ Vertriebsweg
    □ Steuerliche Aspekte
    □ Kontrollmöglichkeiten der Gesellschafter
    □ Haftung

134. Kooperations- und Konzentrationsformen können hinsichtlich ihrer wirtschaftlichen und rechtlichen Verflechtung unterschieden werden. Bei welcher der folgenden Formen ist die wirtschaftliche und rechtliche Verflechtung in der Regel als gering einzustufen?
    □ Einkaufsgenossenschaft
    □ Kartell
    □ Konzern
    □ Fusion

135. Sie haben den Begriff des Deckungsbeitrages kennengelernt. Welche der Aussagen ist richtig?
    □ Deckungsbeitrag = Umsatz – Gesamtkosten
    □ Deckungsbeitrag = Umsatz – variable Kosten
    □ Deckungsbeitrag = Umsatz – Fixkosten

136. Im Rahmen des Marketings wird häufig von den sogenannten „4 Ps" gesprochen. Hierunter fallen:
    □ Kommunikationspolitik
    □ Preispolitik
    □ Produktpolitik
    □ Rechtspolitik
    □ Internationalisierung
    □ Urbanisierung
    □ Distributionspolitik

137. Zu den Kapitalgesellschaften zählen:
    □ AG
    □ KGAA
    □ OHG
    □ eK
    □ e.G
    □ GmbH & Co. KG
    □ GmbH

138. Bei der UG handelt es sich um eine eigenständige neu geschaffene Rechtsform. Sie wird durch ein eigenes Gesetz (UGG) geregelt.
    ☐ Wahr
    ☐ Falsch

139. Der Aufsichtsrat dient als Kontrollorgan in einer AG
    ☐ Wahr
    ☐ Falsch

140. Zu den Bedürfnissen auf den obersten beiden Stufen, bei denen der Handlungsdruck des Menschen am geringsten ist, gehören die Bedürfnisse nach:
    ☐ Sicherheit
    ☐ Selbstverwirklichung
    ☐ Zugehörigkeit
    ☐ Wertschätzung
    ☐ Existentielle Bedürfnisse

141. Eine wesentliche Aufgabe des Bundekartellamtes besteht in der Durchsetzung des Kartellverbotes, der Durchführung der Zusammenschlusskontrolle und der Ausübung der Missbrauchsaufsicht über marktbeherrschende Unternehmen.
    ☐ richtig
    ☐ falsch

142. Marketing umfasst lediglich die Ausrichtung des Unternehmens an den Bedürfnissen der externen Stakeholder.
    ☐ richtig
    ☐ falsch

143. Zu den Teamrollen nach Belbin gehören:
    ☐ der Richter
    ☐ der Verhandler
    ☐ der Macher
    ☐ der Spezialist
    ☐ der Perfektionist
    ☐ der Umsetzer

144. Nach Belbin gibt es auch die Rolle des „Teamarbeiters".
    Welche Merkmale treffen auf diese Rolle zu?
    ☐ verbessert Kommunikation, baut Reibungsverluste ab
    ☐ kooperativ
    ☐ diplomatisch
    ☐ mutig

- entwickelt Kontakte
- Es besteht die Möglichkeit, dass Teamarbeiter unentschlossen in kritischen Situationen agieren.

145. Welche der Aussagen treffen auf das TQM zu:
    - Einzelne Mitarbeiter sind für Fehler verantwortlich
    - Alle Mitarbeiter sind für Fehler verantwortlich
    - Zero-Tolerance, d. h. null Fehler sind das angestrebte Ziel
    - TQM geht grundsätzlich davon aus, dass Null-Fehler nicht erreichbar sind.
    - TQM zielt auf eine Partnerschaft mit vielen Lieferanten ab.
    - Alles ist vollkommen auf Kundenzufriedenheit ausgerichtet.

146. Im Rahmen des Qualitätsmanagements haben Sie das EFQM-Modell kennengelernt. Welche der folgenden Aussagen sind richtig?
    - Das EFQM-Modell kann als Modell des TQM angesehen werden.
    - Das EFQM-Modell zielt auf eine ganzheitliche Sicht der Organisation ab.
    - EFQM-Modell zielt nur auf die Erlangung der maximalen Qualität bzgl. der Fertigung/Produktion ab.
    - Die zentralen drei Säulen des einfachen Modells sind: Mensch, Prozess und Ergebnis.
    - Im Rahmen des EFQM-Modells kommt KVP zum Einsatz.
    - Das Modell wurde 1988 von der European Foundation for Quality Management (EFQM) entwickelt.

147. Im Rahmen des EFQM-Modell gehören folgende Aspekte zu den Voraussetzungen (enabler):
    - Führung
    - Kundenbezogene Ergebnisse
    - Mitarbeiterbezogene Ergebnisse
    - Strategie
    - Mitarbeiter
    - Partnerschaften und Ressourcen
    - Prozesse, Produkte und Dienstleistungen
    - Schlüsselergebnisse

148. 2010 wurde das EFQM-Modell neu formuliert. Es gelten nun folgende 8 Grundprinzipien:
    - Ausgewogene Ergebnisse erzielen
    - Kundennutzen mehren
    - Mit Vision, Inspiration und Integrität führen
    - Mittels Prozessen lenken
    - Durch Menschen erfolgreich sein

- Innovation und Kreativität fördern
- Partnerschaften aufbauen
- Verantwortung für eine nachhaltige Zukunft übernehmen

149. Der Aufbau eines Qualitätsmanagementsystems nach ISO 9001:2015 setzt das Vorhandensein eines UMS voraus.
   - richtig
   - falsch

150. Die Grundlagen des Projektmanagements finden im Qualitätsmanagement keine Anwendung.
   - richtig
   - falsch

Lösungen

15.1 Aufgaben zum Rechnungswesen

Aufgabe 1: Bilanz und GuV – Zuordnen von Positionen Ordnen Sie folgende Positionen einer Position in der Bilanz oder GuV zu.
a. Raumkosten (Miete)
   Antwort: GuV, Aufwand, sonstige betriebliche Aufwendungen
b. Bürobedarf
   Antwort: GuV, Aufwand, sonstige betriebliche Aufwendungen
c. Zum Verkauf bestimmte Konservendosen
   Antwort: Aktiva, Umlaufvermögen, Vorräte
d. Abfüllanlage
   Antwort: Aktiva, Anlagevermögen, technische Anlagen oder Einrichtungen und Ausstattungen
e. Bank
   Antwort: Aktiva, Umlaufvermögen: Kassenbestand, Bundebankguthaben, Guthaben bei Kreditinstitut …
f. Löhne und Gehälter
   Antwort: GuV, Aufwand, Personalaufwand
g. Telefonkosten
   Antwort: GuV, Aufwand, sonstige betriebliche Aufwendungen
h. Kasse
   Antwort: Aktiva, Umlaufvermögen: Kassenbestand

© Springer Fachmedien Wiesbaden GmbH 2018
A. Ampofo, *Betriebswirtschaftslehre für Umweltwissenschaftler*,
https://doi.org/10.1007/978-3-658-12517-2_15

i. Betriebsausstattung
   Antwort: Aktiva, Anlagevermögen, Sachanlagevermögen, Einrichtungen und Ausstattungen
j. Körperschaftsteuerrückstellung
   Antwort: Passiva, Rückstellungen, Steuerrückstellungen
k. Markenname
   Antwort: Aktiva, Anlagevermögen, immaterielles Anlagevermögen
l. Schreibtisch
   Antwort: Aktiva, Anlagevermögen, Einrichtungen und Ausstattungen
m. Verluste durch außergewöhnliche Schadensfälle
   Antwort: GuV, außerordentliche Aufwendungen
n. Zinsen für ein von uns an einem Mitarbeiter gewährtes Darlehen
   Antwort: GuV, Sonstige Zinsen und ähnliche Erträge
o. Zinsen für Bankdarlehen zur Finanzierung von Betriebskosten
   Antwort: GuV, GuV, Zinsen und ähnliche Aufwendungen
p. Darlehen an einen Gesellschafter
   Antwort: Aktiva, Forderungen bzw. sonstige Vermögensgegenstände
q. EDV-Software
   Antwort: Aktiva, Anlagevermögen, immaterielles Anlagevermögen
r. Beitrag für die Berufshaftpflichtversicherung
   Antwort: GuV, Aufwand, sonstige betriebliche Aufwendungen
s. Einbehaltene Umsatzsteuer
   Antwort: Passiva, Verbindlichkeiten, sonstige Verbindlichkeiten
t. Abzugsfähige Vorsteuer
   Antwort: Aktiva, Forderungen, sonstige Vermögensgegenstände
u. Eingelagerter Laborbedarf
   Antwort: Aktiva, Umlaufvermögen, Vorräte

Aufgabe 2: Wesentliche Strukturmerkmale Beantworten Sie die folgenden Fragen:
a. Beschreiben Sie grundlegend den Unterschied zwischen internem und externem Rechnungswesen.

Externes und internes Rechnungswesen unterscheiden sich im Hinblick auf die Informationsadressaten, Aufgaben, Erfolgsgrößen, den Zeitbezug, die Bezugsgrößen und die geltenden Vorschriften.

Adressaten:
Externes Rechnungswesen: externe Adressaten: Eigenkapitalgeber, Kreditoren, Staat, Öffentlichkeit
Internes Rechnungswesen: Management

15.1 Aufgaben zum Rechnungswesen

Aufgaben:
Externes Rechnungswesen liefert Informationen über die Führung des Unternehmens. Internes Rechnungswesen liefert Informationen zur Führung: planen, steuern, kontrollieren.

Erfolgsgrößen: *Externes Rechnungswesen: Aufwendungen und Erträge*
Internes Rechnungswesen: Kosten und Leistungen

Zeitbezug:
Externes Rechnungswesen: vergangenheitsbezogen
Internes Rechnungswesen: zukunfts-, gegenwarts- und vergangenheitsbezogen

Ausrichtung:
Externes Rechnungswesen: Fokus auf das gesamte Unternehmen
Internes Rechnungswesen: differenziert, betrachtet auch Teilbereiche und Teilfunktionen des Unternehmens. So findet u. a. eine Betrachtung von Kostenstellen, Geschäftsprozessen, Kostenträger, Marktsegment und Ergebnisrechnung und Profitcenter statt.

Vorschriften:
Externes Rechnungswesen: zwingende gesetzliche Grundlagen, wie z. B. HGB, AO, EStG, KStG, ...
Internes Rechnungswesen: erfolgt in der Regel freiwillig, ist in das Ermessen des Betriebes gestellt. Der Nutzen der Information muss höher sein als die Kosten der Informationsgewinnung und Bereitstellung.

b. Definieren und erklären Sie die Grundbegriffe: Einzahlung, Auszahlung, Einnahme, Ausgabe, Ertrag, Aufwand, Leistung, Kosten.
   Eine Einzahlung ist der Zufluss von liquiden Mitteln in einer Periode.
   Eine Auszahlung ist der Abfluss von liquiden Mitteln in einer Periode.
   Eine Einnahme ist der Wert aller veräußerten Leistungen in einer Periode.
   Eine Ausgabe ist der Wert aller zugegangen Güter- und Dienstleistungen in einer Periode.
   Der Aufwand ist der Wert aller verbrauchten Güter und Dienstleistungen in einer Periode nach handels- oder steuerrechtlichen Vorschriften.
   Der Ertrag ist der Wert aller erzeugten Güter und Dienstleistungen in einer Periode nach handels- oder steuerrechtlichen Vorschriften.
   Kosten ist der Wert aller sachzielbezogenen verbrauchten Güter und Dienstleistungen in Periode.
   Leistung ist der sachzielbezogener Wertzuwachs, d. h. der Wert aller im Rahmen der eigentlichen betrieblichen Tätigkeit erzeugten Güter und Dienstleistungen in einer Periode.

c. Nach welchen Kriterien gliedert sich die Bilanz?
Die Bilanz wird in Kontenform aufgestellt. Die linke Seite bildet die Aktiva, d. h. die Vermögenswerte ab. Auf der rechten Seite werden Passiva, d. h. das Kapital abgebildet. Die Seite der Aktiva gibt Auskunft darüber, in welche Vermögenswerte das Kapital investiert wurde (Mittelverwendung). Die Passiva geben Auskunft über die Mittelherkunft. Das wesentliche Gliederungskriterium auf Seiten der Aktiva ist die Liquidität der Vermögensgegenstände. Das wesentliche Ordnungskriterium auf der Passivseite ist die Fälligkeit. Die wichtigsten Positionen auf der Seite der Aktiva lauten chronologisch: Anlagevermögen, Umlaufvermögen, aktiver Rechnungsabgrenzungsposten. Die Positionen auf der Seite der Passiva lauten: Eigenkapital, Rückstellungen, Verbindlichkeiten und passiver Rechnungsabgrenzungsposten. Rückstellungen und Verbindlichkeiten bilden zusammen das Fremdkapital.

d. Welche Verfahren kennen Sie zur Gliederung der Gewinn- und Verlustrechnung?
Die Gliederung der GuV wird in § 275 HGB geregelt. Es gibt zwei Gliederungsmöglichkeiten für die Gestaltung der GuV. Es ist die Gliederung in Form des Gesamtkostenverfahrens (GKV), möglich als auch eine Gliederung in Form des Umsatzkostenverfahrens (UKV). In der Krankenhausbuchführung (nach KHBV) ist die Gliederung nach Gesamtkostenverfahren zwingend vorgeschrieben.

Aufgabe 3: Kontenrahmen Häufig wird in Betrieben der Standardkontenrahmen SKR 04 eingesetzt. Finden Sie die entsprechende Nummer des Kontos:

a. Unbebaute Grundstücke
0215
b. Konzessionen
0110
c. Verbindlichkeiten im Rahmen der sozialen Sicherheit
3740
d. Kasse
1600
e. Raumkosten
6305
f. Bank
1800
g. Forderungen aus Lieferungen und Leistungen
1200
h. Löhne und Gehälter
6000
i. Roh-, Hilfs-, Betriebsstoffe
1000
j. Umsatzerlöse
4000

15.1 Aufgaben zum Rechnungswesen

Aufgabe 4: Buchungssätze Bilden Sie folgende Geschäftsvorfälle in Buchungssätzen ab. *Hinweis: Ihnen stehen folgende Konten zur Verbuchung zur Verfügung: Fuhrpark, Immaterielle VG, VSt., USt., Fremdleistungen, BGA, Spende, Verb. aLL, Bank, Kasse, Personalaufwand, Bürobedarf, Verb. gg. Kreditinstituten*

a. Wir beauftragen eine Werbeagentur mit der Gestaltung einer Homepage und eines Content-Managementsystems für 35.000 Euro. Diese Leistung wird uns zzgl. 19 % MwSt. in Rechnung gestellt.
Immaterielle Vermögensgegenstände 35.000 AN Verb. aLL. 41.650
VSt. 6.650

b. Wir müssen 13 Hilfskräfte beschäftigen. Je Hilfskraft entsteht uns ein Personalaufwand von 675 Euro. Nehmen Sie an, dass der Gesamtbetrag in einer Sammelbuchung unserem Geschäftsgirokonto belastet wird.
Personalaufwand 8.775 AN Bank 10.800

c. Es muss Büromaterial im Wert von 2.689 Euro inkl. MwSt. 19 % beschafft werden. Dies wird in der Mailingaktion sofort verbraucht.
Bürobedarf 2.259,66 AN Verb. aLL. 2.689
VSt. 429,34

d. Bei Semesterbeginn wirbt ihre Versicherungsgesellschaft, für die Sie beschäftigt sind an 55 deutschen Universitäten um neue Studenten als Versicherungsmitglieder. Ihr Budget sieht hierfür 123.000 Euro vor. Diese Leistung haben Sie ebenfalls an eine Werbeagentur vergeben, die nun eine Rechnung über 130.000 Euro zzgl. MwSt 19 % stellt.
Fremdleistungen 130.000 AN Verb. aLL 154.700
VSt. 24.700

e. Sie müssen einen neuen Messestand anschaffen. Dieser gehört ab sofort ihrer Versicherung und wird jährlich auf vielen Messen eingesetzt. Die Kosten hierfür belaufen sich auf 45.000 Euro inkl. 19 % MwSt.
BGA 37.815,13 AN Verb. aLL 45.000
VSt. 7.184,87

f. Das Unternehmen bei dem Sie beschäftigt sind 60.000 Euro an den WWF.
Spende 60.000 AN Bank 60.000

Aufgabe 5: Übung erfolgsneutrale und erfolgswirksame Buchungsvorgänge
Bei welchen Buchungen aus Aufgabe 4 handelt es sich um erfolgsneutrale, bei welchen um erfolgswirksame Buchungen?
Erfolgswirksame Buchungen sind: b, c, d, f.
Erfolgsneutrale Buchungen sind: a, e.

Aufgabe 6: Übung erfolgsneutrale und erfolgswirksame Buchungsvorgänge
Bei welchen der Geschäftsvorfällen handelt es sich um Kosten?
Bei den Geschäftsvorfällen a, c, d entstehen Kosten. Bei der Spende handelt es sich nicht um Kosten, da sie mit dem eigentlichen Betriebszweck nicht in Verbindung steht. Sie ist nicht sachzielbezogen.

Aufgabe 7: Übung erfolgsneutrale und erfolgswirksame Buchungsvorgänge
Wir hoch ist der Saldo Ihres Umsatzsteuer- bzw. Vorsteuerkontos?
Hinweis: Ob die Vorsteuer tatsächlich in einem Versicherungsunternehmen zum Abzug gebracht werden kann, sei für die Ersterfassung in der Buchführung nicht relevant. Nehmen Sie an, dass über eine Umbuchung eine nachgelagerte Stelle entscheidet.
Auf dem Umsatzsteuerkonto wurde nichts gebucht. Damit ergibt sich ein Saldo von 0 Euro.
Auf dem Vorsteuerkonto ergibt sich ein Saldo von 38.964,21 Euro.
Berechnung: 6.650 + 429,34 + 24.700 + 7.184,87 = 38.964,21 Euro

Aufgabe 8: Übung erfolgsneutrale und erfolgswirksame Buchungsvorgänge

a. Was sind die wesentlichen Bestandteile des Jahresabschlusses?
   Bilanz, GuV, ggf. Anhang
b. Wie gliedert sich die Bilanz?
   Aktiva: Anlagevermögen, Umlaufvermögen, ARAP
   Passiva: Eigenkapital, Rückstellungen, Verbindlichkeiten, PRAP

Aufgabe 9: Weitere Kostenbegriffe Definieren bzw. erklären Sie kurz folgende Kostenbegriffe:

a. Plankosten
   Plankosten sind die Kosten die für zukünftige Kosten geplant sind.
b. Sollkosten
   Sollkosten sind diejenigen Kosten, die sich aus der tatsächlichen Beschäftigung, der Istbeschäftigung, bewertet mit dem im Voraus festgelegten Plankostensatz ergeben.
c. Istkosten
   Istkosten sind die in einer vergangenen Abrechnungsperiode tatsächlich angefallenen Kosten.
d. Normalkosten
   Normalkosten sind die durchschnittlichen Istkosten mehrerer vergangener Perioden. Die Betrachtung von Normalkosten soll die Nachteile von Zufallsschwankungen in der einperiodigen Istkostenrechnung ausgleichen.

Aufgabe 10 Sie sind im Rechnungswesen tätig und sollen die nachfolgenden Sachverhalte im Hinblick auf folgende Begriffe untersuchen: Einzahlung, Auszahlung, Einnahmen, Ausgabe, Ertrag, Aufwand, Leistung, Kosten. Es soll zu Vereinfachung davon ausgegangen werden, dass keine Umsatzsteuer anfällt.

a. A betreibt sein Labor in der Rechtsform einer GmbH. Er kaufte am 06.11.13. 10.000 Liter einer Chemikalie, die sofort in seinem Betrieb verarbeitet werden, für 15.000 Euro. Der Lieferant gewährt ihm ein Zahlungsziel von 4 Wochen. Am 07.12.13 überweist er den Betrag.
   Am 06.11.13: Ausgabe, Aufwand, Kosten
   Am 07.12.13: Auszahlung

b. A kauft am 26.11.13 Büromaterial bar für 260 Euro.
   Auszahlung, Ausgabe, Aufwand, Kosten. (Aufwand und Kosten liegen vor, wenn man annimmt, das das Büromaterial im laufenden Geschäftsjahr verbraucht wird)
c. A benötigt eine Spezialmaschine. Im Internet findet er den Hersteller K. Laut Internet kostet die Maschine 6.000 Euro. Er sendet eine Bestellung über das Internet.
   Keiner der Begriffe ist erfüllt. Es ist kein Kaufvertrag abgeschlossen worden. Es besteht keine Lieferverpflichtung.
d. K zahlt am 01.11.13 das Oktobergehalt für seinen angestellten Laboranten aus.
   Im Oktober: Ausgabe, Aufwand, Kosten
   Am 01.11.13: Auszahlung
e. L fährt auf eine Wochenendfortbildung und bucht ein Hotel. Er bleibt 2 Tage länger und besucht während dieser Zeit seine alten Freunde. Er erhält eine Woche später die Rechnung über 4 Übernachtungen je 100 Euro (Summe 400 Euro). Er überweist die Rechnung umgehend am 03.11.13.
   Zum Zeitpunkt der Beherbergung: Ausgabe, Aufwand (200 Euro betriebsfremd, 200 Euro Zweckaufwand), Kosten (allerdings nur der Anteil von 200 Euro im Zeitraum der Fortbildung)
   Am 03.11.13: Auszahlung
f. Z zahlt Beitrag für die Berufsgenossenschaft für 2014 von 2.500 Euro am 06.06.15.
   06.0615: Auszahlung, Ausgabe, periodenfremder Aufwand, (keine Kosten)
g. A kauft ein Grundstück im angrenzenden Neubaugebiet in der Absicht, dieses nächstes Jahr an einen Bekannten weiter zu verkaufen. Das Geschäft wickelt A über seine Firma (Labor) ab. Er zahlt eine Maklerprovision in Höhe von 2.000 Euro.
   Grundstück: Auszahlung, Ausgabe
   Maklerprovision: Auszahlung, Ausgabe, (betriebsfremd) Aufwand, (keine Kosten)

Aufgabe 11 Ordnen Sie folgende Sachverhalten den folgenden Begriffen zu: neutraler Aufwand, periodenfremder, betriebsfremder, außerordentlicher Aufwand, ordentlicher Ertrag, Zweckaufwand, Grundkosten, Anderskosten, kalkulatorische Kosten, Zusatzkosten.

a. J betreibt seinen Maschinenbaubetrieb in Räumlichkeiten, die sich im Privateigentum seiner Familie befinden. Diese werden ihm unentgeltlich zur Verfügung gestellt. Er möchte allerdings in seiner Kalkulation 900 Euro hierfür ansetzen.
   Zusatzkosten, kalkulatorische Miete
b. P ist Handwerker. Er kann sich derzeit nur ein geringes Gehalt von 2.000 Euro aus seinem Betrieb auszahlen. Er rechnet allerdings mit 4.000 Euro.
   Zweckaufwand (2000 Euro), Anderskosten (4.000 Euro), kalkulatorischer Unternehmerlohn
c. K wird konfrontiert mit einer Steuernachzahlung von 2.689 Euro.
   Periodenfremder Aufwand, neutraler Aufwand
d. Ein Mitarbeiter hat sich aus der Barkasse Ihres Unternehmens „bedient" (Diebstahl). Es fehlen 5.600 Euro.
   Außerordentlicher Aufwand, neutraler Aufwand
e. Eine Maschine wird durch Hochwasser vollständig zerstört.
   Außerordentlicher Aufwand, neutraler Aufwand

Aufgabe 12 Ordnen Sie zu: Primärkosten, Sekundärkosten, Gemeinkosten, Einzelkosten, Fixkosten, variable Kosten.

a. Gehalt für einen angestellten Umweltwissenschaftler
   Primärkosten, Gemeinkosten, Fixkosten
b. Aufwendungen für den Motorblock, die bei einem Automobilhersteller anfallen.
   Primärkosten, Einzelkosten, variable Kosten
c. Fixum eines Vertriebsmitarbeiters
   Primärkosten, Gemeinkosten, Fixkosten
d. Aufwendungen für Schrauben, welche in einem Möbelstück verbaut sind.
   Primärkosten, (unechte) Gemeinkosten, variable Kosten
e. Aufwendungen für die Heizung (Gas) der Fertigungshalle
   Primärkosten, Gemeinkosten, variable Kosten
f. Abwasser
   Primärkosten, Gemeinkosten, variable Kosten
g. Feuerversicherung
   Primärkosten, Gemeinkosten, Fixkosten
h. Fahrtkosten eines Außendienstmitarbeiters
   Primärkosten, Gemeinkosten, variable Kosten
i. Miete für die Büros
   Primärkosten, Gemeinkosten, Fixkosten

15.2 Betriebliche Organisation und Rechtsformen

Aufgabe 1: Rechtsformen – Grundlagen

a. Welche Aspekte beeinflussen die Entscheidung bei der Wahl der Rechtsform?
   Mitbestimmung der Mitarbeiter, Arbeitnehmermitbestimmung
   Leitungsrechte
   Kontrollrechte
   Haftung
   Mindestkapital, Einlage
   Gewinnverteilung
   Finanzierungsmöglichkeiten
   Publizität und Prüfung
b. Nennen Sie wesentliche Merkmale, die Personen- und Kapitalgesellschaften voneinander unterscheiden.

Von den nachstehend angegeben Merkmalen gibt es zahlreiche Ausnahmen. Sie stellen lediglich eine grundlegende Orientierung dar.

15.2 Betriebliche Organisation und Rechtsformen

	Personengesellschaft	Kapitalgesellschaft
Art	Natürliche Person	Juristische Person
Haftung	Unbeschränkt	Beschränkt
Besteuerung	Jeder Gesellschafter für sich, i.d. R. Einkommensteuer	Körperschaftssteuer
Leitung	Grundsätzlich jeder Gesellschafter	Über Organe: Vorstand, Geschäftsführung etc.
Handelsregister	Eintrag in Abteilung A	Eintrag in Abteilung B

a. Wodurch ist eine Fusion gekennzeichnet?
   Zwei oder mehrere rechtlich selbständige Unternehmen gehen zusammen. Die alten Unternehmen gehen dabei völlig in einer neuen Gesellschaft auf. Sie hören auf zu existieren. Es entsteht ein neues Unternehmen. Es handelt sich um die stärkste Konzentrationsform. Fusion = Verschmelzung
b. Nennen Sie Gründe für Fusionen.
   Gewinnmaximierung
   Marktmacht
   Kostensenkung
   Personaleinsparungen
   Risikominimierung
   Größendegressionsvorteile – Ausnutzung von Skaleneffekten
   Eintritt in neue Märkte – neue Märkte erschließen
c. Nennen Sie 2 weitere Konzentrationsformen.
   Kartelle, Beteiligungen, Konzerne
d. Wieso sind Fusionen für den Wettbewerb schädlich? Nennen Sie 3 Argumente.
   Preisanstieg
   Bewegung in Richtung einer Monopolbildung
   Anstieg der Kosten für Externe (Unternehmen/Konsumenten)
   Qualitätseinbußen bei der Leistung
e. Welche Behörde wacht über Fusionen?
   Bundeskartellamt
   Folgende Aufgaben gehören zu den Hauptaufgaben des Bundeskartellamts:
   Missbrauchsaufsicht
   Kartellaufsicht
   Fusionskontrolle/Zusammenschlusskontrolle

Aufgabe 2: Rechtsformen – Eigenschaften Jogi (J), Tom (T) und Samu (S) haben vor einen Handel mit Fitness- und Wellnessartikeln zu eröffnen. Sie können als Kapital maximal 25.000 EUR aufbringen.

a. Nennen Sie 4 mögliche Rechtsformen, die Jogi, Tom und Samu für ihr Unternehmen wählen könnten. Hinweis: Es soll sich um deutsche Rechtformen handeln.
   UG, GmbH, GbR, OHG, KG
b. Nennen sie zu jeder der genannten Rechtsformen 3 Eigenschaften bzw. Charakteristika

UG:	*Mindestkap. 1 €*	*haftungsbeschränkt*	*HRB.*
GmbH:	*Mindestkap. 25 T €*	*haftungsbeschränkt*	*HRB*
GbR:	*kein Mindestkap.*	*Vollhaftung*	*kein Eintrag ins HR*
OHG:	*kein Mindestkap.*	*Vollhaftung*	*HRA*
KG:	*kein Mindestkap.*	*Komplentär vollhaftend, Kommanditist beschränkt haftend*	*HRA*

Aufgabe 3: Gewinnverteilung in Rechtsformen J,T und S gründen das Unternehmen und bringen folgende Einlagen
  J: 12.500 EUR
  T: 6.725 EUR
  S: 6.725 EUR
  Es wird ein Gewinn im ersten Jahr von 70.000 Euro erwirtschaftet. Wie viel Euro erhält jeder Gesellschafter wenn:

a. J, T, S eine GbR gegründet haben.
   70.000 / 3 = 23.333,33 EUR
b. J, T, S eine OHG gegründet haben. Für diesen Fall soll angenommen werden, dass T bereits für seine Tätigkeit als Geschäftsführer 50.000 Euro erhalten hat und dieser Betrag bereits den Gewinn gemindert hat.
   4 %-Verzinsung der Kapitalanteile
   12.500 x 0,04 = 500 EUR
   6.725 x 0,04 = 269 EUR
   6.725 x 0,04 = 269 EUR
   130.000 – 1.038 = 128.962 EUR
   128.962 EUR / 3 = 42.987,33 EUR

15.2 Betriebliche Organisation und Rechtsformen

Aufgabe 4: Kooperations- und Konzentrationsformen Sie haben Kooperationsformen und Konzentrationsformen im Markt kennengelernt. Kennzeichnen Sie die Konzentrationsformen mit (A) und die Kooperationsformen mit (B).

Konzern	A
Einkaufsgenossenschaft	B
Franchise	B
Trust	A
Kartelle	A
Interessengemeinschaft	B
Konsortium	B

16 Multiple-Choice-Lösungen: Wiederholung und Vertiefung

1. Eine Aktiengesellschaft AG ist grundsätzlich nach HGB buchführungspflichtig.
   - ☒ richtig
   - ☐ falsch

2. Im Handelsgesetzbuch (HGB) gibt es etliche Vorschriften, die grundsätzlich eine Kosten-Leistungsrechnung für den Kaufmann vorschreiben.
   - ☐ richtig
   - ☒ falsch

3. Im Hinblick auf die Buchführung ist das Geschäftsjahr stets gleich dem Kalenderjahr.
   - ☐ richtig
   - ☒ falsch

4. Das externe Rechnungswesen erfolgt freiwillig. Es gibt keine gesetzlichen Vorgaben.
   - ☐ richtig
   - ☒ falsch

5. Eine Überweisung von bzw. auf ein Girokonto kann weder eine Einzahlung noch eine Auszahlung darstellen, da keine Barzahlung stattfindet.
   - ☐ richtig
   - ☒ falsch

6. Das Handelsgesetzbuch gilt nicht für die GmbH.
   - ☐ richtig
   - ☒ falsch

7. Folgende Adressaten gelten im Hinblick auf das Rechnungswesen als interne Adressaten:
   - ☒ Betriebsführung
   - ☐ Gesellschafter
   - ☐ Mitarbeiter
   - ☐ Kunden

8. Folgende Aufwendungen gehören zum neutralen Aufwand:
   - ☒ betriebsfremder Aufwand
   - ☐ Zweckaufwand
   - ☒ periodenfremder Aufwand
   - ☐ Anderskosten

9. Ein Betriebsinhaber überweist am 03.06.15 die Gewerbesteuer für das Jahr 2016. Es handelt sich um:
   - ☒ einen neutralen Aufwand
   - ☐ Anderskosten
   - ☐ kalkulatorische Zinsen
   - ☒ periodenfremden Aufwand

10. Die Kostenrechnung ist Teil des internen Rechnungswesens. Ihre Teilbereiche sind:
    - ☒ Kostenartenrechnung
    - ☒ Kostenstellenrechnung
    - ☐ Kostenplanrechnung
    - ☒ Kostenträgerrechnung

11. Ziele sollten unter anderem im Projektmanagement der SMART-Formel entsprechen. Dies bedeutet:
    - ☐ Smart beutet in diesem Zusammenhang – klever, schlau
    - ☐ S steht für Schnell
    - ☒ M steht für messbar
    - ☐ R steht für risikoarm
    - ☐ T steht für teamorientiert

12. Welche der folgenden Merkmale treffen auf das Rechnungswesen zu?
    - ☐ Ausschließlich vergangenheitsorientiert
    - ☐ Lückenhafte Dokumentation
    - ☒ Ist auch Informationsverarbeitung
    - ☒ Kennt sowohl externe als auch interne Adressaten

13. Die externe Rechnungswesen beinhaltet u.a.:
    - ☐ Inventar
    - ☒ Jahresabschluss

- ☐ Kostenträgerrechnung
- ☑ Betriebsstatistik
- ☑ Sonderbilanzen

14. Susi K. arbeitet in einer Werkstatt. Sie kauft am 01.06.13 Ersatzteile auf Rechnung. Die Ware erhält sie sofort und legt sie auf Lager. Der Lieferant gewährt ihr ein Zahlungsziel von 3 Monaten. Sie zahlt am 01.09. dieses Jahres. Der Geschäftsvorfall vom 01.06. diesen Jahres ist eine …
    - ☐ Auszahlung
    - ☑ Ausgabe
    - ☐ Aufwand
    - ☐ Kosten

15. Sie betreiben ein Handelsgeschäft und erbringen am 06.06.13 eine (Dienst-)Leistung. Die Rechnung wird noch am selben Tage erstellt und dem Kunden zugesandt. Die Rechnung ist zur sofortigen Zahlung fällig. Der Geschäftsvorfall ist:
    - ☐ Einzahlung
    - ☑ Einnahme
    - ☑ Ertrag
    - ☑ Leistung

16. Die externe Rechnungslegung nach dem Handelsrecht hat keinen Einfluss auf die Rechnungslegung im Rahmen des Steuerrechts. Beide Gebiete sind völlig unabhängig voneinander.
    - ☐ richtig
    - ☑ falsch

17. §§ 140, 141 AO regeln grundlegend, wer nach dem Steuerrecht Bücher zu führen hat.
    - ☑ richtig
    - ☐ falsch

18. Zu den Grundsätzen der ordnungsgemäßen Buchführung gehören:
    - ☑ Übersichtliche Gliederung des Jahresabschluss
    - ☐ Aufwendungen und Erträge sind zu verrechnen
    - ☑ Belege müssen laufend nummeriert und geordnet aufbewahrt werden
    - ☑ Die Handelsbilanz ist maßgeblich für die Steuerbilanz

19. Freiberufler bestimmen ihren Gewinn durch vollständigen Betriebsvermögensvergleich.
    - ☐ richtig
    - ☑ falsch

20. Wesentliche Freie Berufe sind in § 18 EStG aufgeführt. Zu den Freiberuflern gehören:
    - ☒ Ärzte
    - ☒ Rechtsanwälte
    - ☐ Gärtner
    - ☒ Biologen
    - ☒ Geografen
    - ☒ Bauingenieure

21. Das Gesamtdeckungsprinzip ist ein Grundsatz der Kameralistik. Er besagt, dass …
    - ☐ alle Einnahmen zur Deckung aller Schulden dienen.
    - ☒ alle Einnahmen zur Deckung aller Ausgaben dienen.
    - ☐ ausschließlich die Doppik in der öffentlichen Verwaltung zur Anwendung gelangt.
    - ☐ einzelne Einnahmequellen für spezifische Ausgabenzwecke gebunden sind.

22. Folgende Aussagen zur Einnahmeüberschussrechnung sind richtig:
    - ☐ Sie ist in § 238 HGB geregelt.
    - ☒ Grundsätzlich können auch Physiotherapeuten nach ihr den Gewinn ermitteln.
    - ☒ Es gilt das Zufluss-/Abflussprinzip.
    - ☐ Nur Aufwendungen und Erträge werden erfasst.
    - ☐ Ist kompliziert und sollte nur von großen Betrieben angewandt werden.
    - ☒ Sie wird auch „4/3 Rechnung" genannt.

23. Folgende Bestandteile gehören zum (Einzel-)Jahresabschluss nach HGB:
    - ☒ Bilanz
    - ☒ GuV
    - ☒ Ggf. Anhang
    - ☐ Konzernlagebericht

24. Das HGB regelt die Einnahmeüberschussrechnung und den Betriebsvermögensvergleich.
    - ☐ richtig
    - ☒ falsch

25. Der Maßgeblichkeitsgrundsatz kann so verstanden werden, dass die Handelsbilanz maßgeblich für die Steuerbilanz ist.
    - ☒ richtig
    - ☐ falsch

26. Nach HGB buchführungspflichtige Kaufleute können eine Einheitsbilanz zur Erfüllung ihrer Rechnungslegungsverpflichtungen im Rahmen der Besteuerung erstellen.
    - ☒ richtig
    - ☐ falsch

27. Zu den Nachteilen der Kameralistik zählen:
    - ☐ Zu große Flexibilität
    - ☐ Ausgeschöpfte Budgets führen in der Regel zu Kürzung in den Folgejahren
    - ☒ Keine Anreize für sparsames Wirtschaften
    - ☒ Dezemberfieber

28. Zu den Grundsätzen der ordnungsgemäßen Buchführung zählen:
    - ☐ Lückenhafte Ablage der Belege
    - ☒ Klarheit
    - ☒ Vollständigkeit
    - ☐ Vielfältigkeit
    - ☐ Keine Konto ohne Buchung

29. Auf der Seite der Aktiva sind folgende Bilanzpositionen aufgeführt:
    - ☒ Umlaufvermögen
    - ☒ Immaterielle Vermögensgegenstände
    - ☐ Aufwendungen für Instandhaltung
    - ☐ Sonstige betriebliche Erträge
    - ☒ Forderungen
    - ☐ Verbindlichkeiten

30. Positionen der GuV können sein:
    - ☐ Rückstellungen für latente Steuern
    - ☒ Umsatzerlöse
    - ☒ Personalaufwand
    - ☐ Anlagenbestand
    - ☐ Bankguthaben

31. Eine GmbH muss grundsätzlich ins Handelsregister eingetragen werden.
    - ☒ richtig
    - ☐ falsch

32. Grundsätze der ordnungsgemäßen Buchführung sind vollständig und abschließend in Gesetzen niedergeschrieben.
    - ☐ richtig
    - ☒ falsch

33. Folgende Verfahren sind für den Aufbau der GuV geeignet:
    - ☒ UKV
    - ☐ PKV
    - ☒ GKV
    - ☐ PKH

34. Nach § 247 Abs. 2 HGB sind im Anlagevermögen nur die Gegenstände auszuweisen, die
    - ☐ vorübergehend dazu bestimmt sind, dem Betrieb zu dienen.
    - ☒ dauerhaft dazu bestimmt sind, dem Betrieb zu dienen.
    - ☐ für mehr als 10 Jahre dazu bestimmt sind, dem Betrieb zu dienen.
    - ☐ nur dem eigentlichen Betriebszweck dienen.

35. Verbindlichkeiten können begründet werden durch:
    - ☒ die Aufnahme eines Darlehens für betriebliche Zwecke.
    - ☐ die Aufnahme eines Kredites für private Zwecke.
    - ☒ den Einkauf von Rohstoffen auf Ziel.
    - ☐ die Vornahme einer Abschreibung auf Güter des Anlagevermögens.

36. Folgende Kriterien treffen auf die Bilanzpositionen auf der Aktivseite zu:
    - ☐ maßgeblich orientiert an der Mittelherkunft
    - ☒ maßgeblich orientiert an der Mittelverwendung
    - ☐ geordnet nach Fälligkeit
    - ☒ geordnet nach Flüssigkeit

37. Folgende Kriterien treffen auf die Bilanzpositionen auf der Passivseite zu:
    - ☒ maßgeblich orientiert an der Mittelherkunft
    - ☐ maßgeblich orientiert an der Mittelverwendung
    - ☒ geordnet nach Fälligkeit
    - ☐ geordnet nach Flüssigkeit

38. Positionen, die in der Bilanz dem Eigenkapital zuzuordnen sind, sind:
    - ☐ Verbindlichkeiten aus Lieferungen und Leistungen
    - ☒ Gezeichnetes Kapital
    - ☒ Gewinn-/Verlustvortrag
    - ☒ Jahresüberschuss/Jahresfehlbetrag
    - ☐ Drohende Verluste aus schwebenden Geschäften
    - ☐ Verbindlichkeiten gegenüber Kreditinstituten

39. Die Bilanz können Sie nach der Kontenform oder der Staffelform gliedern.
    - ☐ richtig
    - ☒ falsch

40. Die GuV können Sie nach der Konten- oder der Staffelform gliedern.
    - ☒ richtig
    - ☐ falsch

41. Bei den von Datev herausgegebenen SKR handelt es sich im Wesentlichen um branchenspezifische Kontenrahmen.
    - ☒ richtig
    - ☐ falsch

42. Der Kontenrahmen nach SKR 03 (idF. 2016) ordnet den angegebenen Nummern folgende Konten zu.
    - ☒ 0015 Konzessionen
    - ☒ 0090 Geschäftsbauten
    - ☒ 1792 Sonstige Verrechnungskonten (Interimskonten)
    - ☐ 169 Rechnungsabgrenzungsposten
    - ☐ 8655 Abschreibungen auf Sachanlagen

43. Das magische Dreieck im Projektmanagement umfasst die drei Ziele:
    - ☒ Ergebnis/Qualität
    - ☒ Termin
    - ☐ Projektleiter
    - ☒ Kosten
    - ☐ Projektteam

44. Ein Multiprojektmanagement ist nach DIN 69909 Teil 1: ein "organisatorischer und prozessualer Rahmen für das Management mehrerer einzelner Projekte. Das Multiprojektmanagement kann in Form von Programmen oder Projektportfolios organisiert werden. Dazu gehört insbesondere die Koordinierung mehrerer Projekte bezüglich ihrer Abhängigkeiten und gemeinsamer Ressourcen."
    - ☒ richtig
    - ☐ falsch

45. Welche Unternehmensformen sind Kapitalgesellschaften?
    - ☐ KG
    - ☐ OHG
    - ☒ GmbH
    - ☐ e.K.
    - ☒ AG

46. Welche Unternehmensformen sind Personengesellschaften?
    - ☐ SE
    - ☒ OHG
    - ☐ GmbH
    - ☐ KGaA
    - ☒ GmbH & Co. KG

47. Die Inventur ist gesetzlich geregelt in:
    - ☒ § 240 HGB
    - ☒ § 241 HGB
    - ☐ § 266 HGB
    - ☐ § 264a HGB

48. Es gibt keine steuerrechtlichen Vorschriften zur Inventur.
    - ☐ richtig
    - ☒ falsch

49. Folgende Positionen gehören zum Umlaufvermögen:
    - ☒ Kasse
    - ☐ Bank
    - ☒ Schecks
    - ☐ Grundstücke
    - ☐ Maschinen

50. Die Kostenrechnung ist Teil des externen Rechnungswesen.
    - ☐ richtig
    - ☒ falsch

51. Das Rechnungswesen wird auch als Management Accounting bezeichnet.
    - ☐ richtig
    - ☒ falsch

52. Aus Sicht der Kostenrechnung stellt die Leistung an einem Kunden einen Kostenträger dar.
    - ☒ richtig
    - ☐ falsch

53. Folgende Aussagen zur „GmbH" sind zutreffend:
    - ☐ Die Gemeinnützigkeit entsteht durch Erklärung gegenüber dem Gewerbeamt.
    - ☐ Sie ist gemeinnützig und damit keine juristische Person.
    - ☒ Sie ist keine Kapitalgesellschaft.
    - ☒ Die Gemeinnützigkeit muss durch das Finanzamt anerkannt werden.

54. Für die Inventur sind folgende Grundsätze zu beachten:
    - ☒ GoI
    - ☒ GoB
    - ☐ umgekehrtes Maßgeblichkeitsprinzip

55. Projekte müssen organisiert werden. Welche der folgenden Aussagen sind richtig?
    - ☒ Die Projektorganisation kann an den Grundmodellen aus der Aufbauorganisation (Einliniensystem, Mehrlininensystem, u.a. Matrixorganisation etc.) aufgebaut werden.
    - ☐ In der Projektorganisation gibt es keine Stabsstellen.
    - ☒ In Projekten werden häufig Lenkungsausschuss oder Fachausschüsse gebildet.
    - ☐ Ein Lenkungsausschuss ist ein Gremium, das überwiegend beratende und unterstützende Funktion in einem Projekt hat, dem aber keine Entscheidungskompetenz zukommt. Im Vordergrund steht der fachliches Austausch

56. Teilgebiete des externen Rechnungswesen sind:
    - ☒ FiBu und Bilanz
    - ☐ Betriebsstatistik
    - ☐ Vergleichsrechnung
    - ☐ Planungsrechnung
    - ☐ Kostenrechnung

57. Teilgebiete des internen Rechnungswesen sind:
    - ☐ FiBu und Bilanz
    - ☒ Betriebsstatistik
    - ☒ Vergleichsrechnung
    - ☒ Planungsrechnung
    - ☒ Kostenrechnung

58. Die GuV kann nach dem GKV und UKV aufgestellt werden.
    - ☒ richtig
    - ☐ falsch

59. Vorschriften speziell zur Gemeinnützigkeit finden sich in der Abgabenordnung unter:
    - ☒ § 51 AO
    - ☐ § 140 AO
    - ☐ § 141 AO
    - ☐ § 88 AO

60. Im Anlagenverzeichnis sind aufzunehmen:
    - ☒ genaue Bezeichnung des Gegenstandes
    - ☒ Tag der Anschaffung
    - ☒ Nutzungsdauer
    - ☐ Bilanzkonto
    - ☐ Angaben zur steuerlichen Bewertung

61. Es sind folgende Arten der Inventur zu unterscheiden:
    - ☐ Inventar
    - ☒ Körperliche Inventur

- ☒ Buchinventur
- ☒ Anlageninventur
- ☐ Betriebsprüfung

62. Um eine sinnvolle Kostenrechnung durchführen zu können ist es zweckmäßig,
    - ☒ Gemeinkosten über Kostenstellen auf die Kostenträger zu verrechnen.
    - ☐ Einzelkosten über Kostenstellen auf die Kostenträger zu verrechnen
    - ☐ Einzelkosten direkt dem Kostenträger zuzuordnen.

63. Sie arbeiten bei einem Automobilhersteller. Ihre Abteilung erbringt eine Leistung für eine andere Abteilung.
    - ☐ Die andere Abteilung ist ein Kostenträger.
    - ☒ Die andere Abteilung ist eine Kostenstelle.
    - ☐ Die andere Abteilung ist eine Kostenart.

64. Sie sind in einem großen Unternehmen mit umfangreichen Waren- und Lagerbeständen tätig. Die Bestände der Rohstoffe und Waren unterliegen in ihrer Höhe durch den ständigen Produktionsprozess starken Schwankungen. Welche Form der Inventur ist in der Regel am sinnvollsten?
    - ☐ Stichtagsinventur
    - ☐ Verlegte Inventur
    - ☒ Permanente Inventur

65. Die Stichtagsinventur ist die schnellste und einfachste Inventurmethode und sollte daher immer angewandt werden.
    - ☐ richtig
    - ☒ falsch

66. Folgende Aussagen treffen auf das Inventar zu:
    - ☒ Es wird durch eine Inventur ermittelt.
    - ☒ Die Darstellung erfolgt in Staffelform.
    - ☐ Die Aufbewahrungsfrist beträgt 5 Jahre.
    - ☐ Mengen, Werte und Wiederbeschaffungswerte werden angegeben.

67. Ein Kollege konfrontiert sie mit folgender Definition des Rechnungswesens. Sie wissen, dass es unterschiedliche Definitionsmöglichkeiten gibt, die sich in ihrem Detaillierungsgrad unterscheiden. Ist die Definition des Kollegen vertretbar?
    „Das Rechnungswesen erfasst nicht nur Veränderungen des Bestandes an Bargeld und Bankguthaben, sondern auch die des Bestandes an Forderungen und Verbindlichkeiten und des Sachvermögens sowie direkt durch den betrieblichen Leistungsprozess

verursachte Aufwendungen. Dabei ist nur die Sicht der Unternehmensleitung entscheidend, andere Gesichtspunkte werden im Rechnungswesen nicht berücksichtigt".
- ☐ ja
- ☒ nein

68. Sie müssen in ihrem Betrieb Bestände an Waren, Vorräten, Verbindlichkeiten und Forderungen bestimmen. Sie können sich für die Stichtagsmethode, die verlegte Inventur oder die permanente Inventur oder das Stichprobenverfahren entscheiden. Folgende Aussagen sind richtig:
    - ☐ Sie können sich nur für eine Methode entscheiden.
    - ☒ Sie können je nach Bedarf und Zweckmäßigkeit für den jeweiligen Bereich eine Inventurmethode auswählen.
    - ☐ Sie müssen in einem solchen Fall immer die Stichtagsinventur wählen.

69. Welche Arten der Abschreibungen gibt es u.a.?
    - ☒ lineare Abschreibung
    - ☐ gewillkürte Abschreibung
    - ☒ geometrisch-degressive Abschreibung
    - ☒ leistungsbezogene Abschreibung

70. Kapitalgesellschaften sind Formkaufmann und unterliegen auch der Buchführungspflicht nach HGB. Für die GmbH gibt es ergänzende Regelungen zur Buchführung und Bilanz in den folgenden §§:
    - ☒ § 41 GmbHG
    - ☐ § 13 GmbHG
    - ☐ § 35 GmbHG
    - ☒ § 42 GmbHG

71. Kapitalgesellschaften sind Formkaufmann und unterliegen auch der Buchführungspflicht nach HGB. Für die AG gibt es ergänzende Regelungen zur Buchführung und Bilanz/Jahresabschluss in den folgenden §§:
    - ☐ § 90 AktG
    - ☐ § 91 AktG
    - ☐ § 101 AktG
    - ☒ § 236 AktG

72. Bei der Einkommensteuer handelt es sich um eine Steuer mit folgenden Merkmalen:
    - ☒ Personensteuer
    - ☐ Verbrauchsteuer
    - ☐ Quellensteuer
    - ☐ Indirekte Steuer

73. Die Einkommensteuerpflicht knüpft an folgende Merkmale bzgl. des Steuerpflichtigen an:
    - ☐ Wohnsitz im Ausland
    - ☒ Wohnsitz im Inland
    - ☒ Ort des gewöhnlicher Aufenthalt in Deutschland
    - ☐ Deutsche Staatsbürgerschaft

74. Es gibt folgende Gewinneinkunftsarten:
    - ☐ Einkünfte aus Land- und Forstwirtschaft
    - ☐ Einkünfte aus Gelegenheitsgeschäften
    - ☒ Einkünfte aus selbständiger Arbeit
    - ☒ Einkünfte aus Gewerbebetrieb
    - ☐ Einkünfte aus internationalen Handelsgeschäften
    - ☒ Einkünfte aus nicht selbständiger Arbeit

75. Folgende Einkünfte gehören zu den Überschusseinkünften:
    - ☐ Einkünfte aus heilberuflicher Tätigkeit
    - ☒ Einkünfte aus nichtselbständiger Arbeit
    - ☐ Einkünfte aus Erbschaften
    - ☐ Einkünfte aus Schenkungen
    - ☒ Einkünfte aus Vermietung und Verpachtung
    - ☒ Einkünfte aus Kapitalvermögen

76. Der Lohn, den ein Geschäftsführer einer GmbH erhält, ist als Einkunft aus selbständiger Arbeit zu qualifizieren.
    - ☐ richtig
    - ☒ falsch

77. Im Rahmen der Einkommensteuer ist lediglich das Einkommensteuergesetz zu berücksichtigen. Es gibt keine weiteren Rechtsvorschriften, die zu berücksichtigen sind.
    - ☐ richtig
    - ☒ falsch

78. Folgende Steuern sind Verbrauchsteuer:
    - ☒ Mineralölsteuer
    - ☒ Tabaksteuer
    - ☐ Einkommensteuer
    - ☐ Grunderwerbsteuer

79. Zu den Nebenbüchern in der Buchhaltung zählen:
    - ☒ das Lagerbuch
    - ☐ das Journal

- ☐ das Hauptbuch
- ☒ das Rechnungsausgangsbuch

80. Folgende Sätze zu der Einnahmeüberschussrechnung sind zutreffend:
    - ☐ Eine Inventur ist jedes Jahr erforderlich.
    - ☐ Sie gibt einen genauen Überblick über ihr Vermögen und ihre Schulden.
    - ☒ Die Anschaffungskosten für Anlagegüter (Anlagevermögen) dürfen nicht bei Auszahlung als Ausgabe voll berücksichtigt werden, sondern nur in Höhe der AfA.
    - ☐ Sie ist besser als die doppelte Buchführung für die Planung und Steuerung des Betriebes geeignet.
    - ☐ Sie kann generell von jedem Unternehmen als Gewinnermittlungsform für das externe Rechnungswesen verwendet werden.

81. Welche Formen des Rechnungswesens sind dem Bereich der öffentlichen Verwaltung zuzuordnen?
    - ☒ Kameralistik
    - ☒ Doppik
    - ☐ Doppelte Buchführung
    - ☐ Einnahmeüberschussrechnung

82. Die Umsatzsteuer hat sowohl Merkmale einer Verkehrsteuer als auch einer Verbrauchsteuer.
    - ☒ richtig
    - ☐ falsch

83. Folgende Zahlungen werden bei der Ermittlung der Einkommensteuerzahllast an das Finanzamt berücksichtigt:
    - ☒ bereits entrichtete Lohnsteuer
    - ☐ Umsatzsteuer
    - ☒ Zinsabschlagsteuer

84. Dr. Helge S. ist Toxikologe arbeitet als „Freelancer" für mehrere Unternehmen. Er erzielt aus dieser Tätigkeit Einkünfte in Höhe von 150.000 Euro p.a.. Nebenbei betreibt er mit seinem Bruder Otto W. einen Handel mit Laborbedarf. Hierzu haben Sie die Rechtsform einer OHG gewählt. Hieraus erzielt er Einkünfte in Höhe von 20.000 Euro p.a.. Helge S. hat sich ebenfalls vor einigen Jahren ein kleines Appartement zugelegt, welches er nun vermietet. Er erzielt hier Einkünfte von 60.000 Euro. Welche der folgenden Aussagen sind richtig:
    - ☐ Helge S erzielt 170.000 Euro im Bereich der Überschusseinkunftsarten.
    - ☒ Helge S erzielt 170.000 Euro im Bereich der Gewinneinkunftsarten.
    - ☒ Helge S erzielt 60.000 Euro im Bereich der Überschusseinkunftsarten.
    - ☐ Helge S erzielt 230.000 Euro im Bereich Gewinneinkunftsarten.

85. Die Veranlagung ist das förmliche Verfahren, nach dem die Besteuerungsgrundlagen im Rahmen der Einkommensteuer ermittelt werden und die Steuerschuld fest gesetzt wird. Es ist geregelt in:
    - ☐ § 13 EStG
    - ☐ § 15 EStG
    - ☒ § 25 ff. EStG
    - ☐ § 32 a EStG

86. Die Höhe der Abschreibung richtet sich nach der:
    - ☐ Einschätzung des Unternehmers
    - ☒ Nutzungsdauer
    - ☐ Art der Buchführung
    - ☐ Vorgabe der IHK
    - ☐ Vorgabe durch den Steuerberater
    - ☐ Art der Kostenrechnung

87. Sie betreiben in Ihrem Betrieb die doppelte Buchführung. Oft sind Ausgaben auch Kosten. In welchen der nachfolgenden Fälle ist dies nicht der Fall?
    - ☒ Kreditrückzahlung
    - ☐ Gehälter
    - ☐ Reparatur eines Mikroskops
    - ☐ Berufshaftpflichtversicherung eines Arztes
    - ☒ Kauf eines Computers

88. Der Regelkreis des Qualitätsmanagement umfasst.
    - ☒ Qualitätsplanung
    - ☒ Qualitätslenkung
    - ☐ Qualitätspolitik
    - ☒ Qualitätssicherung

89. TQM bezeichnet die durchgängige, fortwährende und alle Bereiche einer Organisation erfassende, aufzeichnende, sichtende, organisierende und kontrollierende Tätigkeit, die dazu dient, Qualität als Systemziel einzuführen und dauerhaft zu garantieren.
    - ☒ richtig
    - ☐ falsch

90. Güter sind Mittel zur Befriedigung von Bedürfnissen.
    - ☒ richtig
    - ☐ falsch

91. Welche der folgenden Beschreibungen trifft auf den Begriff „Skonto" zu?
    - ☐ Preisnachlass bei der Erfüllung besonderer Voraussetzungen
    - ☒ Prozentualer Abzug vom Rechnungsbetrag bei Bezahlung innerhalb einer gesetzten Frist
    - ☐ Rückgängigmachung eines Kaufvertrages
    - ☐ Verzinsung des Kaufpreises bei Zahlungsverzug

92. Konzerne stellen eine Konzentrationsform von Unternehmen dar. Ein horizontaler Konzern ist gekennzeichnet durch:
    - ☒ Die Verflechtung mehrerer Unternehmen auf derselben Wertschöpfungsebene
    - ☐ Die Verflechtung mehrerer Unternehmen auf unterschiedlichen Wertschöpfungsstufen
    - ☐ Die Verflechtung mehrerer Unternehmen aus unterschiedlichsten Branchen

93. Das gerichtliche Mahnverfahren beginnt mit dem:
    - ☐ Verzug
    - ☐ Mahnung
    - ☐ Inkassoschreiben
    - ☒ Antrag auf Erlass eines Mahnbescheides
    - ☐ Vollstreckungsbescheid

94. Fixkosten verändern sich nicht mit der produzierten Menge. Fixkosten ändern sich mit der Produktionskapazität.
    - ☒ richtig
    - ☐ falsch

95. Welche der folgenden Begriffe sind primär Begriffe des externen Rechnungswesens?
    - ☒ Erträge
    - ☐ Kosten
    - ☐ Leistungen
    - ☒ Aufwendungen
    - ☐ Auszahlungen

96. Werden Unternehmensgewinne einbehalten, so spricht man von:
    - ☐ Approximation
    - ☒ Thesaurierung
    - ☐ Evaluierung
    - ☐ Factoring

97. Eine zweifelhafte Forderung liegt vor, wenn:
    - ☐ der Kunde nicht zahlen möchte.
    - ☒ ein Vergleichsverfahren vor Gericht eröffnet ist.
    - ☒ ein Wechselprotest erfolgt.

98. Kosten für Produktionsfaktoren, die ein Unternehmen nicht selbst herstellt, sondern von Beschaffungsmärkten bezieht, sind:
    - ☐ Sekundärkosten
    - ☒ Primärkosten
    - ☐ Einzelkosten
    - ☐ Gemeinkosten

99. Kosten, die direkt einem Kostenträger zugerechnet werden können sind:
    - ☐ Sekundärkosten
    - ☐ Primärkosten
    - ☒ Einzelkosten
    - ☐ Gemeinkosten

100. Die Abkürzung EMAS steht für:
    - ☒ Eco- Management and Audit Scheme
    - ☐ European Management and Audit Scheme
    - ☐ Eco- Management Accounting Schedule
    - ☐ Ecological Matrix and Accounting Scheme

101. Zu den Vorteilen von EMAS gehören:
    - ☐ Das System erfordert wenig Lern- und Organisationsbereitschaft im Unternehmen
    - ☒ Durch ein veröffentlichte Umwelterklärung werden die Umweltauswirkungen für Dritte transparenter.
    - ☐ Das System trägt automatisch zu Effizienzsteigerungen bei.
    - ☐ EMAS erfasst alle Bereiche von Unternehmungen und Organisationen.
    - ☒ EMAS wirkt in Richtung des reinen Umweltschutzes als auch unter dem Aspekte der Verbesserung der Öko-Effizienz

102. Folgende Aussagen zu EMAS sind richtig:
    - ☒ EMAS III führt zu Erleichterungen für kleinere und mittlere Unternehmen
    - ☒ Umwelterklärungen müssen nach EMAS III alle zwei Jahre aktualisiert werden.
    - ☐ Umwelterklärungen müssen nach EMAS III jedes Jahr aktualisiert werden.
    - ☒ Nach EMAS III erfolgt eine Validierung der Umwelterklärung alle vier Jahre.
    - ☐ Nach EMAS III erfolgt eine Validierung der Umwelterklärung alle drei Jahre.
    - ☒ Wesentliche Teile der EMAS-Verordnung werden in Deutschland durch das Umweltauditgesetz (UAG) umgesetzt.
    - ☐ Das UAG legt Höchstwerte für CO_2-Emissionen von zertifzierungsfähigen Unternehmen fest.
    - ☒ Das UAG konstituiert den Umweltgutachterausschuss (UAG).
    - ☐ Der UAG hat die Aufgabe ein Register bzgl. aller Umweltmangementbeauftragten in der EU zu erstellen.

- ☒ Der UAG setzt sich aus Vertretern der Wirtschaft, Umweltgutachtern, Umwelt- und Wirtschaftsverwaltung des Bundes und der Länder, Gewerkschaften und Umweltverbänden zusammen.
- ☒ EMAS basiert auf der Verordnung (EWG) Nr. 1836/93 des Rates vom 29. Juni 1993 über die freiwillige Beteiligung gewerblicher Unternehmen an einem Gemeinschaftssystem für das Umweltmanagement und die Umweltbetriebsprüfung, aus dem Jahr 1993

103. Welche der folgenden Aussagen zu Umweltmanagementsystemen ist richtig:
   - ☐ UMS werden häufiger nach EMAS als nach ISO 14001 aufgebaut und zertifiziert.
   - ☐ EMAS ist international akzeptiert.
   - ☐ Die Umsetzung von ISO 14001 ff. ist für jedes Unternehmen verpflichtend.
   - ☒ Allgemein kann man sagen, dass die Umweltpolitik die langfristige Grundlage und den Rahmen des umweltbezogenen unternehmerischen Handelns bildet und auf umweltbezogenen Leitlinien und Handlungsgrundsätzen ein Gesamtziele festlegt.

104. Sie wissen, dass EMAS III Umweltleistungen über Kernindikatoren in der Umwelterklärung berücksichtigt. Zu den Umweltleistungen zählen:
   - ☒ Energieeffizienz
   - ☐ Mitarbeiterzufriedenheit
   - ☐ Ökonomische Kennzahlen, wie Gewinn/Verlust, Bilanzsumme, Umsatzrentabilität
   - ☒ Materialeffizienz
   - ☒ Wasser
   - ☒ Abfall
   - ☐ Kundezufriedenheit
   - ☒ Biologische Vielfalt
   - ☒ Emissionen

105. Der Vorgang der Begutachtung durch einen Umweltgutachter im Rahmen des Umweltmanagements wird auch als Validierung bezeichnet.
   - ☒ Wahr
   - ☐ Falsch

106. Folgende Aussagen zur Normung sind zutreffend:
   - ☒ Durch Normung kann die Eignung von Produkten, Prozessen und Dienstleistungen für ihre geplanten Zwecke verbessert werden.
   - ☐ Es ist immer im Sinne des Konsumenten genormte Produkte und Dienstleistungen zu konsumieren.
   - ☒ Normung zielt auch auf eine Förderung des Austausches von Waren und Dienstleistungen ab.
   - ☒ Normung erleichtert die technische und kommunikative Zusammenarbeit
   - ☐ Normung schafft eine große Heterogenität

107. Eine Umweltzertifizierung nach EMAS läuft in mehreren Phasen ab. Welche der unten genannten Phasen gehören zum EMAS Kreislauf?
    - ☒ Umweltprüfung
    - ☒ Managementbewertung
    - ☐ Controlling
    - ☒ Umwelterklärung
    - ☐ Prüfung durch einen QMB
    - ☐ Registrierung durch das BMU
    - ☒ Umweltprogramm

108. Der im Rahmen des Aufbau eines UMS kommen u.a. folgende betriebswirtschaftlichen Konzepte zum Einsatz:
    - ☐ Business-Process-Reengineering
    - ☒ KVP
    - ☒ PDCA

109. Betrachtet man die Einrichtung eines UMS unter den Gesichtspunkten des PDCA-Zyklus, so gehören folgende Prozesse in die DO-Phase:
    - ☒ Erstellen einer Umwelterklärung
    - ☐ Interne Audits
    - ☒ Anwenden des Umweltprozesse durch „Leben des Systems"
    - ☐ Zertifizierung
    - ☐ Definition der Umweltpolitik

110. Sie haben das Konzept des CSR kennengelernt. Welche Aussagen sind richtig?
    - ☐ Nach Carroll wird die gesellschaftliche Verantwortung von Unternehmen in fünf Ebenen eingeteilt
    - ☒ Grundsätzlich wird nach ökologischen, sozialen und ökonomischen Aspekten differenziert.
    - ☐ Die ökonomische Perspektive hat sich der ethischen Verantwortung unterzuordnen.
    - ☒ Auf der obersten Stufe der CSR – Pyramide steht die ökonomische Perspektive. Hier ist es mindestens erforderlich, dass das Unternehmen kostendeckend arbeitet.

111. Welche Aussagen zum Qualitätsmanagement sind richtig?
    - ☐ Die interne Kommunikation hat keinen Einfluss auf die Qualität der erzeugten Leistung
    - ☒ Anordungswege und Mittelungswege sind im Rahmen der internen Kommunikation von Bedeutung und können die Qualität des Leistungsprozess beeinflussen.
    - ☐ Die Aufbauorganisation wird in Organigrammen abgebildet.
    - ☒ Die Ablauforganisation bezieht sich auf die Prozesse eines Unternehmens.
    - ☐ Die qualitätsorientierte Sichtweise zwingt die Mitarbeiter dazu nicht über die Unternehmensgrenzen hinaus zu denken.

112. Der PDCA-Zyklus wird auch Deming-Kreis, nach einem seinem Erfinder genannt.
    - ☑ Richtig
    - ☐ Falsch

113. Zu den Aufgaben des Qualitätsmanagementbeauftragten gehören:
    - ☑ Einführung und Weiterentwicklung des Qualitätsmanagement-Systems
    - ☑ die Planung, Überwachung und Korrektur des Qualitätsmanagement-Systems
    - ☑ die Koordination der Erstellung, Überwachung und Lenkung des Qualitätsmanagement-Handbuchs sowie der Dokumente und Aufzeichnungen
    - ☐ Anfertigen des Jahresabschlusses
    - ☑ die Planung, Initiierung, Koordination und Evaluation von internen Qualitätsmanagement-Projekten einschließlich einrichtungsbezogener und/oder -übergreifender Arbeitsgruppen bzw. Qualitätszirkel
    - ☐ das Sammeln und Auswerten von Informationen und Daten im Rahmen des Qualitäts-Controllings
    - ☐ berwachung einzelner Betriebsstäten im Hinblick auf ihren Umsatz
    - ☑ die Planung und Durchführung von internen Audits
    - ☐ die regelmäßige Berichterstattung an die Leitung über den Entwicklungsstand und die Wirksamkeit des Qualitätsmanagement-Systems einschließlich der Übermittlung qualitätsrelevanter Daten
    - ☑ die Vor- und Nachbereitung sowie Begleitung externer Audits
    - ☑ Auswahl des Auditors
    - ☑ Beratung der Unternehmensleitung bei der Entwicklung der Qualitätsziele und -politik
    - ☑ die Planung und Durchführung von Schulungsmaßnahmen bezüglich des Qualitätsmanagements
    - ☑ die Motivation und Beratung der Mitarbeiter/innen in Fragen zum Qualitätsmanagement
    - ☑ die Bearbeitung von Kundenbeschwerden

114. Zu den Grundsätzen des Qualitätsmanagements zählen:
    - ☑ Kundenorientierung
    - ☑ Verantwortlichkeit der Führung
    - ☑ Einbeziehung der beteiligten Personen
    - ☑ Prozessorientierter Ansatz
    - ☑ Systemorientierter Managementansatz
    - ☐ Kostenrechnung
    - ☑ Kontinuierliche Verbesserung
    - ☐ Beteiligungscontrolling
    - ☑ Sachbezogener Entscheidungsfindungsansatz
    - ☑ Lieferantenbeziehungen zum gegenseitigen Nutzen

115. Im PDCA – Zyklus findet die Einführung von Maßnahmen oft in Form eines Ausprobierens von Neuerungen in der:
    - ☐ P-Phase
    - ☒ D-Phase
    - ☐ C-Phase
    - ☐ A-Phase

    statt.

116. Folgende Aussagen treffen auf Controlling zu?
    - ☒ Controlling basiert in der Regel nicht auf Rechtsvorschriften und ist in das Ermessen des Betriebes gestellt.
    - ☐ Controlling ist nur auf Kontrolle und Überwachung innerbetrieblicher Vorgänge gerichtet.
    - ☒ Controlling ist nur auf Kontrolle und Überwachung innerbetrieblicher und außerbetrieblicher Vorgänge gerichtet.
    - ☒ Wesentliche Aufgaben des Controlling sind Planung, Steuerung und Kontrolle betrieblicher Vorgänge.

117. Welche Aussagen treffen auf den Controller zu?
    - ☒ Controller leisten begleitenden betriebswirtschaftlichen Service für das Management zur zielorientierten Planung und Steuerung.
    - ☒ Controller sorgen für die Ergebnis-, Finanz-, Prozess- und Strategietransparenz und tragen somit zur höheren Wirtschaftlichkeit bei.
    - ☒ Controller koordinieren Teilziele und Teilpläne ganzheitlich und organisieren unternehmensübergreifend zukunftsorientiertes Berichtswesen.
    - ☐ Controller stellen den Jahresabschluss auf.
    - ☒ Controller moderieren den Controlling-Prozess so, dass jeder Entscheidungsträger zielorientiert handeln kann.
    - ☐ Das HGB schreibt vor, dass Betriebe mit mehr als 500 Mitarbeitern einen Controller bestellen müssen.
    - ☒ Controller gestalten und pflegen die Controlling-Systeme.

118. Die BCG-Matrix ist eine Portfolio-Technik.
    - ☒ Richtig
    - ☐ Falsch

119. In der BCG-Matrix werden vier Felder: Fragezeichen, Stern, Melkkuh und arme Hunde unterschieden. Die Fragezeichen sind gekennzeichnet durch:
    - ☒ Niedrigen Marktanteil und hohes Marktwachstum
    - ☐ Hohen Marktanteil und hohes Marktwachstum
    - ☐ Niedriger Marktanteil und niedriges Marktwachstum
    - ☐ Hoher Marktanteil und niedriges Marktwachstum

120. Lesen Sie die folgende Beschreibung und ordnen Sie diese einem Portfolio-Feld zu.
    „Etablierte Produkte in unattraktiv gewordenen Markt, geringer Finanzbedarf aufgrund geringer Konkurrenzbedrohung, sehr gute Ertragssituation, hoher Cash-flow. Halten der Marktposition erforderlich, Abschöpfen der Überschüsse."
    - ☐ Star
    - ☐ *Poor Dog*
    - ☒ *Cash Cow*
    - ☐ *Questionmark*

121. Die Vorwärtskalkulation bezeichnet eine Kalkulationsart, die durchzuführen ist, bevor ein Produkt auf den Markt kommt.
    - ☐ Richtig
    - ☒ Falsch

122. Die Teilkostenkalkulation bezeichnet eine Kalkulationsart, die nur Einzel- und Gemeinkosten berücksichtigt.
    - ☐ Richtig
    - ☒ Falsch

123. Zero-Base-Budgetierung ist eine Kalkulationsart.
    - ☐ Richtig
    - ☒ Falsch

124. Ziel des Zero-Base-Budgeting (ZBB) ist es Einzelkosten zu senken.
    - ☐ Richtig
    - ☒ Falsch

125. Für unseren Betrieb fallen Zinsaufwendungen für ein dem Betrieb gewährten Darlehen (Betriebsmittelkredit) an. Die Zinsen sind:
    - ☐ Einzelkosten
    - ☒ Gemeinkosten
    - ☒ Primärkosten
    - ☐ Sekundärkosten
    - ☐ Zusatzkosten
    - ☐ Anderskosten
    - ☒ Grundkosten

126. Kosten repräsentieren den Wert von zugegangen Gütern und Dienstleistungen in einer Periode.
    - ☐ Richtig
    - ☒ Falsch

127. Folgende Aussagen zur SWOT-Analyse sind richtig.
    - ☐ Sie kommt regelmäßig im Rahmen der Kostenstellenrechnung zum Einsatz
    - ☒ Sie kann beim Markteintritt für ein Unternehmen hilfreich sein.
    - ☐ Sie ist ein Instrument der Ergebnisrechnung
    - ☐ Ein Haupteinsatzgebiet ist das strategische Controlling.

128. Zu den Personengesellschaften zählen:
    - ☒ GbR
    - ☐ GmbH
    - ☐ KGAA
    - ☒ KG

129. Sie haben Kooperations- und Konzentrationsformen kenngelernt. Folgende Aussagen sind richtig:
    - ☐ Die Fusion ist die schwächste Konzentrationsform
    - ☐ Fusionen können vollkommen frei am Markt stattfinden. Es gibt keine staatliche Aufsicht.
    - ☐ Fusionen fördern den Wettbewerb.
    - ☒ Fusionen beinhalten das Potential schwächere Marktteilnehmer zu diskriminieren und den Wettbewerb zu ihren Gunsten auszuhebeln.

130. Ein Kollege spricht mit Ihnen über Franchise. Er definiert:
    Franchising ist ein auf Partnerschaft basierendes Absatzsystem mit dem Ziel der Verkaufsförderung. Der sogenannte Franchisegeber übernimmt die Planung, Durchführung und Kontrolle eines erfolgreichen Betriebstyps. Er erstellt ein unternehmerisches Gesamtkonzept, das von seinen Geschäftspartnern, den Franchisenehmern, selbstständig an ihrem Standort umgesetzt wird.
    Ist diese Definition vertretbar?
    - ☒ JA
    - ☐ NEIN

131. Zu den Vorteilen von Franchise gehören:
    - ☐ Hohe Kapitalbindung
    - ☒ bereits vorhandener Bekanntheitsgrad und ggf. Kundenstamm
    - ☒ geringe Anfangsinvestitionen im Vergleich zu einer „echten" Neugründung.
    - ☐ hohe Flexibilität und freie Auswahl im Hinblick auf die vermarkteten Produkte
    - ☒ freie Wahl des Corporate Designs

132. Folgende Aussagen zu Rechtsformen sind richtig:
    - ☐ Eine Fusion kann nur in der Rechtsform einer AG stattfinden.
    - ☐ Ein Einzelunternehmen darf nicht mehr als 10 Angestellte haben; ansonsten ist es in eine GmbH umzuwandeln.

- ☐ Die OHG ist eine Kapitalgesellschaft
- ☒ Die UG ist eine Sonderform der GmbH
- ☒ Die OHG ist eine Personengesellschaft

133. Bei der Wahl der Rechtsform spielen folgende Gesichtspunkte eine Rolle:
    - ☐ Vertriebsweg
    - ☒ Steuerliche Aspekte
    - ☒ Kontrollmöglichkeiten der Gesellschafter
    - ☒ Haftung

134. Kooperations- und Konzentrationsformen können hinsichtlich ihrer wirtschaftlichen und rechtlichen Verflechtung unterschieden werden. Bei welcher der folgenden Formen ist die wirtschaftliche und rechtliche Verflechtung in der Regel als gering einzustufen:
    - ☒ Einkaufsgenossenschaft
    - ☐ Kartell
    - ☐ Konzern
    - ☐ Fusion

135. Sie haben den Begriff des Deckungsbeitrages kennengelernt. Welche der Aussagen ist richtig:
    - ☐ Deckungsbeitrag = Umsatz – Gesamtkosten
    - ☒ Deckungsbeitrag = Umsatz – variable Kosten
    - ☐ Deckungsbeitrag = Umsatz – Fixkosten

136. Im Rahmen der Marketings wird häufig von den sogenannten „4 Ps" gesprochen. Hierunter fallen:
    - ☒ Kommunikationspolitik
    - ☒ Preispolitik
    - ☒ Produktpolitik
    - ☐ Rechtspolitik
    - ☐ Internationalisierung
    - ☐ Urbanisierung
    - ☒ Distributionspolitik

137. Zu den Kapitalgesellschaften zählen:
    - ☒ AG
    - ☒ KGAA
    - ☐ OHG
    - ☐ eK
    - ☐ e.G
    - ☐ GmbH & Co. KG
    - ☒ GmbH

138. Bei der UG handelt es sich um eine eigenständige neu geschaffene Rechtsform. Sie wird durch ein eigenes Gesetz (UGG) geregelt.
    - ☐ Wahr
    - ☒ Falsch

139. Der Aufsichtsrat dient als Kontrollorgan in einer AG.
    - ☒ Wahr
    - ☐ Falsch

140. Zu den Bedürfnissen auf den obersten beiden Stufen, bei denen der Handlungsdruck des Menschen am geringsten ist, gehören die Bedürfnisse nach:
    - ☐ Sicherheit
    - ☒ Selbstverwirklichung
    - ☐ Zugehörigkeit
    - ☒ Wertschätzung
    - ☐ Existentielle Bedürfnisse

141. Eine wesentliche Aufgabe des Bundekartellamtes besteht in der Durchsetzung des Kartellverbotes, der Durchführung der Zusammenschlusskontrolle und der Ausübung der Missbrauchsaufsicht über marktbeherrschende Unternehmen.
    - ☒ Wahr
    - ☐ Falsch

142. Marketing umfasst lediglich die Ausrichtung des Unternehmens an den Bedürfnissen der externen Stakeholder.
    - ☐ Wahr
    - ☒ Falsch

143. Zu den Teamrollen nach Belbin gehören:
    - ☐ der Richter
    - ☐ der Verhandler
    - ☒ der Macher
    - ☒ der Spezialist
    - ☒ der Perfektionist
    - ☒ der Umsetzer

144. Nach Belbin gibt es auch die Rolle des „Teamarbeiters". Welche Merkmale treffen auf diese Rolle zu?
    - ☒ verbessert Kommunikation, baut Reibungsverluste ab
    - ☒ kooperativ
    - ☒ diplomatisch
    - ☐ mutig

- ☐ entwickelt Kontakte
- ☒ Es besteht die Möglichkeit, dass Teamarbeiter unentschlossen in kritischen Situationen agieren.

145. Welche der Aussagen treffen auf das TQM zu?
    - ☐ Einzelne Mitarbeiter sind für Fehler verantwortlich.
    - ☒ Alle Mitarbeiter sind für Fehler verantwortlich.
    - ☒ Zero-Tolerance, d.h. Null Fehler sind das angestrebte Ziel.
    - ☐ TQM geht grundsätzlich davon aus, dass Null-Fehler nicht erreichbar sind.
    - ☐ TQM zielt auf eine Partnerschaft mit vielen Lieferanten ab.
    - ☒ Alles ist vollkommen auf Kundenzufriedenheit ausgerichtet.

146. Im Rahmen des Qualitätsmanagement haben Sie das EFQM-Modell kennengelernt. Welche der folgenden Aussagen sind richtig?
    - ☒ Das EFQM-Modell kann als Modell des TQM angesehen werden.
    - ☒ Das EFQM-Modell zielt auf eine ganzheitliche Sicht der Organisation ab.
    - ☐ EFQM-Modell zielt nur auf die Erlangung der maximalen Qualität bzgl. der Fertigung/Produktion ab.
    - ☒ Die zentralen drei Säulen des einfachen Modells sind: Mensch, Prozess und Ergebnis.
    - ☒ Im Rahmen des EFQM-Modells kommt KVP zum Einsatz.
    - ☒ Das Modell wurde 1988 von der European Foundation for Quality Management (EFQM) entwickelt.

147. Im Rahmen des EFQM-Modell gehören folgende Aspekte zu den Voraussetzungen (enabler):
    - ☒ Führung
    - ☐ Kundenbezogene Ergebnisse
    - ☐ Mitarbeiterbezogene Ergebnisse
    - ☒ Strategie
    - ☒ Mitarbeiter
    - ☒ Partnerschafen und Ressourcen
    - ☒ Prozesse, Produkte und Dienstleistungen
    - ☐ Schlüsselergebnisse

148. 2010 wurde das EFQM-Modell neu formuliert. Es gelten nun folgende 8 Grundprinzipien:
    - ☒ Ausgewogene Ergebnisse erzielen
    - ☐ Lean Management
    - ☒ Kundennutzen mehren
    - ☒ Mit Vision, Inspiration und Integrität führen
    - ☒ Mittels Prozessen lenken
    - ☐ CSR

- ☒ Durch Menschen erfolgreich sein
- ☒ Innovation und Kreativität fördern
- ☒ Partnerschaften aufbauen
- ☒ Verantwortung für eine nachhaltige Zukunft übernehmen

149. Der Aufbau eines Qualitätsmanagemtsystems nach ISO 9001:2015 setzt das Vorhandensein eines UMS voraus.
    - ☐ Richtig
    - ☒ Falsch

150. Die Grundlagen des Projektmanagements finden im Qualitätsmanagement keine Anwendung.
    - ☐ Richtig
    - ☒ Falsch

The manufacturer's authorised representative in the EU is Springer Nature Customer Service Centre GmbH, Europaplatz 3, 69115 Heidelberg, Germany. If you have any concerns regarding our products, please contact ProductSafety@springernature.com

Printed and bound by CPI Group (UK) Ltd, Croydon, CR0 4YY
23/03/2026
02076740-0012